本书获 | 上海科普教育发展基金会 | 资助
香港杏范教育基金会

科普星雨

陈积芳 著

上海科学技术文献出版社
Shanghai Scientific and Technological Literature Press

图书在版编目（CIP）数据

科普星雨/陈积芳著. —上海：上海科学技术文献出版社，2017
ISBN 978-7-5439-7491-3

Ⅰ.①科… Ⅱ.①陈… Ⅲ.①科普工作—上海—文集 Ⅳ.① G322.751-53

中国版本图书馆 CIP 数据核字（2017）第 173863 号

责任编辑：李　莺
封面设计：金家宝
版式设计：樱　桃

科 普 星 雨
陈积芳　著
出版发行：上海科学技术文献出版社
地　　址：上海市长乐路 746 号
邮政编码：200040
经　　销：全国新华书店
印　　刷：上海新开宝商务印刷有限公司
开　　本：720×1000　1/16
印　　张：20.75
版　　次：2017 年 8 月第 1 版　2018 年 6 月第 2 次印刷
书　　号：ISBN 978-7-5439-7491-3
定　　价：88.00 元
http://www.sstlp.com

序

  常听上海市科普作家协会的同志说起：上海市科学技术协会驻会领导层中，陈积芳是继高孝冲之后理解科普、投身科普活动和科普创作的又一位内行，这本《科普星雨》就是一个见证。

  2001年陈积芳由上海市科委调来担任上海市科协分管科普工作的副主席之时，正逢科普事业的黄金时代。经国务院批复，从当年开始，每年5月第三周定为"科技活动周"。由科技部会同中宣部、中国科协等19个部门和单位组成科技活动周组委会，同期在全国范围内组织实施。2002年6月29日，全国人民代表大会常务委员会又通过了《中华人民共和国科学技术普及法》（简称《科普法》）。

  上海的科普事业一直拥有良好的基础，早在1991年10月，上海就举办了第一届科技节，陈积芳参与了筹办。他一到科协工作，就每两年轮流举办全国科技活动周和上海科技节。在《科普法》的指导下，上海科普工作的规模越来越大，他的科普热情也得到了极好发挥。

  在科协做科普工作时，他多次考察外国的科技场馆，想方设法引进了德国的"科学隧道"、法国的"居里夫人展"、挪威的"北极光展"、澳大利亚的"奇妙的科学"、英国的"情迷爱因斯坦"、瑞典的"北欧科学家在南京路"等优秀的国外科普展出项目，努力推进科普国际化，丰富了上海科普的内容。

  为了让科普工作做得更生动形象，他提出创办并实施"上海国际科学与艺术展"。这一展会从2003年开始举办，面向广大的市民，用艺术的表现形式来传播科学技术，至今已连续9届，累积观众达50多万人次。科学与人文结合的"上海国际科学与艺术展"成为上海科技节（科技活动周）的特色之一。

  值得一提的是，诺贝尔物理学奖获得者美籍华人李政道教授为2005年的"上海国际科学与艺术展"送来了亲自绘制的34幅画作，并为展会揭幕。这些画作记述了李教授对科学、艺术以及科学与艺术相结合的重视。李政道先生提出的"科学与艺术是一枚硬币的两面，密不可分"，提出"科学表达自然和物质的原理与规律，艺术表现人类的思想与情感"的论述，被铭记在公众的心中。

该展览面向公众，展示科学家在科学研究中发现的宏观和微观世界的艺术作品，用科学的手段表现艺术，用艺术的想象反映科学，通过科学与艺术的结合，倡导公民注重科学文化素质的全面发展，提高上海城市的科学与文化品位。展览共设"院士画廊""科幻艺术""科学发现""科普艺术"和"数码时代"五大板块，展品丰富。参展作品来自中国、澳大利亚、英国、法国、日本、新加坡、韩国等多个国家。展览受到了广大市民的欢迎和媒体的关注。电视台、电台、报刊等新闻媒体作了广泛报道；中央电视台、凤凰台对展览作了专题报道，使该展成为上海科技节的重要品牌。

在《经历又一个科普的黄金年代》随笔中，他叙述了在市科协分管科普工作的历程：在艰辛、奋斗、创新中迎来了进展，赢得社会的公认。这篇随笔荣获第三届中国科技馆杯《我与科协》征文三等奖。

在倡导和实施的科学与艺术展览会期间，他还推出"科学与艺术"系列讲坛；邀请科学家举办"建筑与美""科学与美"等的科普报告会；组织工业设计和美学等系列研讨会；举办科学与艺术书籍展销；院士画廊赠画仪式暨科学家、艺术家、企业家联谊会等活动。这些活动得到了科学家、美术家、艺术家们和媒体的赞誉，在社会上引起了较好反响。

这些成果的取得，更引起了陈积芳的思考："科教兴国"主战略的关键是要建立以自主科技创新为核心的综合创新体系，而自主科技创新体系和氛围的形成与培育，需要科学与艺术的紧密结合，需要一大批具有综合科学素质、科学人文精神的人才队伍，来进一步推动科技的进步、教育的创新和产业的发展。在听取各方面的意见后，大家赞同他的构想：为进一步推动科学与艺术的融合，在上海建立一个科学与艺术合作与交流的大平台。在他的组织策划下，上海科学界、艺术界、教育界、新闻界等各界有志于科学与艺术发展事业的组织和人士倡导并发起，于2005年9月14日，在中秋佳节到来之际，成立了上海市科学与艺术学会。中科院院士、国家自然科学基金会副主任、上海市科协主席沈文庆当选为学会会长。著名美籍华裔物理学家、诺贝尔物理学奖获得者李政道，中国当代艺术家吴冠中，中科院院士叶叔华，中国文联副主席、中国电影家协会副主席吴贻弓应邀担任学会名誉会长，陈积芳为常务副会长。学会以多种方式展示科学与艺术映射出的深层人文景观与精神，促进科学家和艺术家之间的交流与沟通，从人类文明的历史进程角度探讨科学与艺术的共同基础与目标，增强社会公众对科学与艺术的关注、理解和参与，促进教育领域科学与艺术的互动与互补，促进人才培养和学术研究以及人类生存质量的提高，从多个方面来推动科学与艺术的融合与创新，为上海实施"科教兴市"主战略服务，为上海的科技创新、艺术创造、创意产业和产业设计的发展服务。上海市科学与艺术学会的建立为上海市科普队伍建设又增添了一支有生力量。

科普创作和科技传播，其实是科学技术普及工作中的一对孪生兄弟，一是生产，一是传送。两者共同的任务是：进行普及科学知识、传播科学方法、宣传科学思想、弘扬科学精神。前者，由科普作者、科普翻译者、评论工作者、美术工作者、影视工作者、科普编辑、科技记者、影视编导，从事科普创作的科技专家、企业家、科技管理干部等去完成；后者由新闻出版单位的科技记者、编辑，热心科学传播的科技界人士，从事科技传播教育的学校教师，以及科技企业的管理人员和企划人员等去完成。自1996年中国科协发动的"科技传播行动"以来，已获得了越来越多的科技工作者的积极响应和参与。

上海市科普作家协会自1978年成立以来，已拥有600多人的创作队伍，为繁荣上海的科普创作做出了卓越的贡献。然而，上海科技传播一直停留在散兵作战的状态，尚未形成一支强有力队伍（原来上海的科技记者协会又因故歇业），影响到科技传播的发展。尽快建立科技传播团体，这是时任市科协副主席陈积芳一直在思索的问题。他与姚诗煌（《文汇报》科技部主任）、李文祺（《解放日报》新闻研究所研究员）等资深的科普编辑、记者进行多次策划，制订实施方案。2004年12月24日，上海市科技传播学会宣告成立。中科院院士、复旦大学教授杨雄里担任理事长，陈积芳为名誉理事长，姚诗煌为常务副理事长兼秘书长。

上海市科技传播学会的成立为壮大上海的科普队伍增添了新生力量。自2007年以来，在上海科技发展基金会的支持下，市科技传播学会与市科普作家协会强强联手每年进一所高校举办"上海市大学生科普创作培训班"，培养科普创作和科技传播人才，取得了可喜的成绩，激发了大学生的科普情缘，成为闻名全国的科普品牌活动。

陈积芳在两年中连续创建了上海市科技传播学会和上海市科学与艺术学会，成为上海科技社团中的两个亮点。同时陈积芳的科普功绩也在两个学会的会员中留下了深刻的印象。

摄影艺术也是科普宣传的有效手段之一。科普摄影是利用摄影的直观形象，运用其开展科学知识的普及工作。摄影者可以调动摄影的一切造型手段，运用各种摄影技巧，使抽象深奥的科学内容变为广大群众所喜闻乐见的直观形象。科普摄影，除需满足一般摄影艺术的要求外，还要求摄影家具有特殊的技艺和素质，有时还要凭借特殊的设备才能捕捉到大千世界稍纵即逝的珍贵镜头，揭示大自然和科学技术的奥秘，使人们从美的画面中获得科学知识，激发热爱科学、献身科学事业的精神。一幅科普摄影作品有时能起到文学和其他形式难以起到的作用，显示出摄影艺术在科普宣传中的独特优势。

《科普星雨》中展现了许多栩栩如生的鸟类和自然景观等的摄影作品。科普摄影是陈积芳的一大爱好，不管是国内外旅游还是参观访问，不管是重大国际科普活动还是小型学术研讨会，他总是身挎摄影机，有时还走下主席台去抓拍有价值的场景或特写。他科普摄影作品的特点，着重于鸟类活动和自然景观。他多次到崇明东滩湿地、扎龙与鸟儿相约。在他的镜头里留下了《崇明东滩观鸟行》《丹顶鹤，醉人的英姿》《八色鸫，中华鸟儿的精灵》……

他从崇明东滩湿地拍摄的一组"鹬鸟"作品：成群结队飞掠过芦苇丛，盘旋在蓝天间，一会儿闪烁白花花的腹部，一会儿展露深灰色的背翼，一会儿齐刷刷地奋力振翅向前飞行，千姿百态，变幻万千，活跃无比。这自然的奇妙景象，令人难忘。他引用物理学家的话说："鸟儿群飞的姿态是有规律的，这是新的研究领域和新的科普内容"。

一天清晨，陈积芳在小区的草地上拍摄鸟儿，却拍到了有趣的一幕：鹩哥吃蚯蚓。他抓拍了几个画面：鹩哥在草地上寻找目标，啄到一条蚯蚓；蚯蚓不肯就范，拔河角力；捕获食物果腹；再次寻找新目标。这组精心抓拍的作品，让人们摆脱了"都以为鸟儿吃小虫"的传统观念。

陈积芳的《东滩观鸟》《会捕鱼的须浮鸥》《大雁》《你看鹩哥吃什么》（共21幅）被协会推荐参加首届"中国科普作家协会科普图片大奖赛"。他在"科幻达人秀"的活动中，抓拍了《少年宇航梦》，获得主题为"科学与人类——2016上海国际郎静山艺术摄影赛"的金像奖，既体现出他的摄影水准，又以摄影宣传了科普。

陈积芳8次赴西藏高原，并爬上高达5248米的嘉措拉山，把珠穆朗玛峰的峥嵘收入镜中。他从各个不同的角度拍摄珠穆朗玛峰的雄姿后，情不自禁地赋诗一首：

8848的高度，

从小记在脑海中。

当今天真的面对您，

仍禁不住心猛烈跳动。

您耸立天外，傲视群峰，

至高无比，至圣无比，至洁无比。

只有云和风能凌驾峰顶，

真想成为雄鹰，飞到您的身边。

他从西藏高原摄影作品中选择了部分精品，以协会的名义印制成精致的年历，赠送给诸位分享珠穆朗玛峰雄姿、雅鲁藏布江风情和佛教圣地的美景。

此外，陈积芳的相机里还收入了《神鹰飞翔的地方》《缅甸路边用午餐》《一衣带水的美丽海岛城市——长崎》《黄果树瀑布与水上石林》《小兴安岭伐木记》《北大荒的自然情趣》《老莱河》……记录了国内外的自然景观，作为地理和环境方面的科普文章。

在互联网信息科技迅速发展的背景下，他也努力向年轻人学习，力争跟上新科技的节奏，用移动通信的新手段，做微博、写美篇、制作科普PPT等，即使在旅游时，也在编辑《旅游途中的科普及人文》《来到中冰联合极光观测台》等科普文章。

《科普星雨》亦文亦图,生动、形象地展现了陈积芳在市科协工作八年以及退休后仍旧活跃在科普舞台上的足迹,值得一读。

上海市科学技术协会副主席、上海市科普作家协会理事长、中科院院士

2016 年 7 月

自序

当我筹划出版《科普星雨》文集时，想了好几个书名。如果把当今科学技术发展喻为浩瀚的天空，科普是翻腾无穷的云彩，那么自己为科普而写的文字只是一阵阵雨点，虽可湿润科普的百花园，但也只是雨点而已。于是，将多年累积的科普文字约22万字，定名为《科普星雨》。

我是从中文专业、由科技政策调研转入科普工作的。恢复高考时，我是读完高中的老高三；第一次选择是考理科，录取在大专学校没去。第二次改考文科，毕业于哈尔滨师范大学中文系。很幸运，作为赶上高考的北大荒知青，被上海市科委录用，主要做科技政策的文秘工作。从1991年举办首届科技节起，到上海市科协分管科普工作，后来退休继续做科技社团事务，经历、参与和见证了上海的科技进步与科普事业的发展历程。

由于自己有较好的文学、逻辑学、哲学及理科基础，又身处在科技管理岗位上，首先作为一名被科普者，渴望学习飞速发展的新科技，想懂得一些科技常识和科学思想等，而且觉得提高公众的科学素养真的很重要。因此，自己较好地从文理兼备的角度，做科普工作非常投入。在科技管理工作中，向身边的科技专家学习，并长期活跃在区县和社会的许多科普活动中。经多年积累，有较广的科技知识面，又有管理岗位的有利经验，便于我更好地宣传科学方法、科学思想和科学精神。

因此，本书的内容从科普管理、活动、团队等全程展示上海科普的主要线索、事件和体会收获。从一个科普工作者的视野，为进一步围绕上海科创中心建设，努力提高公民科学素质，提供可思考的重要素材，对基层科普人才的培训也有一定参考价值。

陈积芳

目录

科普活动

中国成功完成第 26 次南极科学考察 …………………………… 002
第 25 次南极科学考察队凯旋 …………………………………… 004
关于亚健康的对话 ………………………………………………… 005
我对中医的理解 …………………………………………………… 007
中欧世博科技周激光秀绚丽有趣 ………………………………… 009
中国馆精彩好看 …………………………………………………… 010
长崎和平公园见闻 ………………………………………………… 012
地震可预报吗 ……………………………………………………… 014
上海"老小孩"网站十岁了 ……………………………………… 015
米罗娜为脑瘫康复孩子发证 ……………………………………… 017
捷克馆科普展项很实在耐看 ……………………………………… 018
世博夜因科技美不胜收 …………………………………………… 021
世博精彩成功永远难舍难忘 ……………………………………… 023
食品安全，匹夫有责——上海老年科协百名食品安全监督志愿者上岗授旗 …… 025
在爱鸟周看美丽可爱的鸟——野生鸟类摄影展在虹口区图书馆举办 ………… 027
上海陵墓向园林化艺术化发展 …………………………………… 029
在香港看望沪杏科技图书馆捐赠者 ……………………………… 031
钢琴提琴产量——中国也是世界第一 …………………………… 032
放飞风筝庆祝国庆 ………………………………………………… 033
解读"科学类诺贝尔奖"科普报告会 …………………………… 034
大数据与科技创新 ………………………………………………… 040
上海海归开展 STEM 科学素养教育活动 ………………………… 044

科普随笔

饮食文化的源头 …………………………………………………… 048

经历又一个科普的黄金年代——我在上海科协的八年 ·············· 050
新年伊始——来自南极的科考信息 ·············· 054
土星探测起步，土星科普也开始 ·············· 055
讲中国人的故事——国宝总动员 ·············· 056
为飞过南极的直升机存照 ·············· 057
重返翠湖——昆明美丽的眼睛 ·············· 059
赏玉与科普 ·············· 061
科学与艺术融合的理念和实践 ·············· 062
凝聚阳光之美——玻璃绘画艺术的魅力 ·············· 071
我们以什么心态做世博的主人 ·············· 072
2010年，像漂亮的高速列车驶来前进 ·············· 073
科普眼　看国宝 ·············· 075
日本长崎养老院一瞥——做养老护理员的小伙子 ·············· 076
世界最大太阳能飞机昼夜试飞成功 ·············· 078
古琴曲《平沙落雁》本在人间自然生 ·············· 083
科学会堂院子树中的鸟窝 ·············· 083
在移动互联网条件下关于科普传播的思考 ·············· 084
名家风采科学本色 ·············· 088
海派文化应包容促进科学幻想创作的繁荣 ·············· 092
无神论宣传应适应转型社会的发展 ·············· 098
以科普的眼光欣赏世博科技之美——访上海市科学技术协会常委陈积芳 ·············· 102
上海应引进和制作更多更好的科普展 ·············· 105
以分析差异的哲学思考深化创新与发展 ·············· 107
"创新文化"是上海科技创新的强大催化剂 ·············· 115
科学家工程师与上海科技传播 ·············· 121
太极思维对现代化建设的积极作用 ·············· 125
镜头的感觉 ·············· 133

科普游记

黄果树瀑布与水上石林 ·································· 136
在那神鹰飞翔的地方 ···································· 138
关于西藏的科学与人文的遐想 ···························· 141
缅甸路边用午餐 ······································· 145
看三十年变化，情景展览剧好！··························· 146
崇明东滩观鸟行 ······································· 147
应记住这个村庄——高岭村 ······························ 149
欧若拉——黎明女神？··································· 151
中国的侏罗纪恐龙公园——你知道禄丰龙吗？················ 153
澳门的大赛车博物馆 ···································· 154
澳门的通讯博物馆——能看到多国的信箱 ··················· 155
澳门电视塔上的蹦极运动 ································ 157
他山之石 琢我美玉——名古屋世博会纪实 ·················· 157
西班牙馆的藤板墙是开水煮过的 ··························· 160
意大利馆格调典雅清新 ·································· 161
上海苏州河变得洁净美丽 ································ 164
美国运输机坠毁的地方——东川驼峰航线 ··················· 165
一衣带水的美丽海岛城市——长崎 ························· 168
欢送第26次南极科学考察起航 ···························· 170
再赴崇明东滩 ··· 171
崇明岛隧桥通车 ······································· 172
清明前拜谒秦惠箐墓 ···································· 174
碧螺绿荷掩青蛙，圣果豆苗开新葩——上海郊外的自然情趣 ····· 177
草原孩子看上海科技史 ·································· 178
在金融大厦100层看浦江 ································ 181
头发丝闪亮的"赫本"——当代艺术给人的新感觉 ············· 182
节日里苏州河畔看捕鱼 ·································· 183

西藏之行（一）——我们看到了珠穆朗玛峰 ……………………… 185
西藏之行（二）——美轮美奂的藏传佛教艺术 …………………… 187
西藏之行（三）——有幸遇到西藏的野生动物 …………………… 189
西藏之行（四）——雅鲁藏布江风情万种 ………………………… 190
西藏之行（五）——庄严的布达拉宫和大昭寺 …………………… 192
西藏之行（六）——阿里无人区见到藏羚羊 ……………………… 193
西藏之行（七）——在阿里看到藏野驴 …………………………… 195
扎龙自然保护区 …………………………………………………… 198

科普人物

医学科普做得出色的杨院长 ……………………………………… 202
汉光瓷——高贵优雅的中国瓷 …………………………………… 202
两岸科普交流的文缘深厚——我所认识的张之傑教授 ………… 204
他们为科普一生辛勤耕耘 值得我们敬重学习 …………………… 208
《追星》——文笔流畅的天文学科普图书 ………………………… 209
值得尊敬的科普作家——李正兴 ………………………………… 212
科学幻想作家也有很多粉丝 ……………………………………… 213
不畏艰险，勇闯无人之境 ………………………………………… 218
女记者张建松的极地科普新作首发 ……………………………… 222
艰苦奋斗的知青 科技创新的楷模——记知青创新者方国平 …… 224
徐传宏《科普写作技法》读后感 …………………………………… 225

文耕选录

显微镜 ……………………………………………………………… 228
为了一颗心！ ……………………………………………………… 237
小兴安岭伐木记 …………………………………………………… 241
北大荒的自然情趣 ………………………………………………… 246

老莱河	249
鸟儿，我们的好朋友	253
《杏花村》之村在池州	255
九华山	256
交响乐、东方红、玫瑰和历史变迁	258
读俄罗斯科幻《守夜人》的感受	259
篆刻与科普	266

诗歌及其他

哀悼诗	272
六一节短信与科普谜语	272
工程师之歌	273
蒲公英之歌	275
高科当今竞争处	276
老有所乐是老年首要之义——老乐歌	276
感人的诗	278

科普新媒体

八色鸫，中华鸟儿的精灵	280
一位可亲可敬的百岁老人——熊知行	281
幼儿阅读的科普与优质科普图书的进展	
——幼儿阅读专题报告会暨"好灵童"杯故事大赛颁奖活动	282
校园科普行　培养小科迷	284
上海中学生创客马拉松竞赛	285
旅游途中的科普及人文	286
来到中冰联合极光观测台	288
冰岛的国家冰川公园	291

冰岛美丽的自然风光	292
小青蛙科普微童话竞赛颁奖	294
上海科学会堂的草坪音乐会	295
VR科普成为孩子们的快乐殿堂	295
学驾驶低空飞机的时代来了	297
科海星光	300
科考队员顽强拼搏	317

科普活动

科普随笔

科普游记

科普人物

文耕选录

诗歌及其他

科普新媒体

中国成功完成第 26 次南极科学考察

4月10日上午10点,外高桥极地中心曹路院区码头,气球高升,彩旗飘扬,红色船体的"雪龙号"已靠岸。2009年10月至2010年4月间,中国成功开展第26次南极科学考察,在冰川、天文、地质、海洋、高空物理等科研领域取得突破性进展,胜利平安返回祖国上海。

2009年,"雪龙号"出发时,我们也为科考队送行。每次送行都有牵动人心的故事,那一次,"雪龙号"驾驶团队里,首次有了女性。她是三副谢洁瑛——上海海事大学的老师。外表清瘦文雅,却将要从事要顶风破浪的职业,她让男性也顿起几分敬意。

半年时间很快过去,"雪龙号"回来啦。我们都关注到极地考察船在南太平洋上的所罗门群岛附近洋面曾经意外遭遇较大风浪,当天"雪龙号"经过的洋面涌浪最高达3.5米,风力7至8级,阵风达9级。船头撞起的涌浪时而溅起十几米高的浪花,拍打到位于六层的驾驶台外窗玻璃上。他们也遇到过冰山的包围阻挡,几天几夜与之周旋,才能突围前进。

当时,吊起舷梯,科考船缓慢离岸时,我看到三副谢洁瑛在船舷旁,和亲人、送行的人们告别,和上海告别。我揿下手中相机的快门,拍下一张照片。今天,我们把这张照片,冲印出来,想要送给谢洁瑛老师。照片上的她的神情是平静的,也是深情的,她镇静地眯起了眼睛,是想再清楚地看一眼要离别半年的亲人和同事吧。出征前,离别时,她流露出女性的沉静与温柔;现在,她已与风浪和冰山周旋过,胜利归来了。

"雪龙号"的前一任船长看到这张照片,说"照得真好"。上海海事大学的校长来了,我就把这张照片交给校长,让他转赠给谢洁瑛。午饭时,我们遇到了谢洁瑛,发现她瘦了一点,黑了一点。我们请她给老科技工作者做一次南极科普报告。谢洁瑛欣然答应了。

2009年10月,"雪龙号"离岸时,我们为谢洁瑛三副拍下了告别的瞬间。这张照片,在上海科技系统"三八"妇女节摄影展上,已被列为首幅展出的作品。

第26次南极科考

南极中山站

女三副谢洁瑛赴南极前与亲友告别

飘扬在中山站的五星红旗

欢迎科考队员的人群

第 25 次南极科学考察队凯旋

我国在南极内陆"冰盖之巅"成功建立了第三个南极科学考察站——昆仑站,这标志着中国已成功跻身国际极地考察的"第一方阵",成为继美、俄、日、法、意、德后,在南极内陆建站的第 7 个国家。

目前,世界上共有 28 个国家在南极建立了 53 个科学考察站,绝大多数考察站都建在南极边缘地区,只有美国、俄罗斯、日本、法国、意大利和德国这 6 个国家,在南极内陆地区建立了 5 个内陆科考站。巍然矗立在海拔 4 093 米南极"冰盖之巅"的中国昆仑站,是目前南极所有科学考察站中海拔最高的一个。

由于我国南极长城站、中山站都在南极大陆边缘地区,25 年来,我国南极考察也大都在这些区域展开。位于内陆地区的昆仑站的建成,将实现我国南极考察从南极大陆边缘地区走向南极大陆腹地的历史性跨越。

为了在南极内陆建站,从 1996 年至 2008 年,我国南极考察工作者锲而不舍地进行了 6 次南极内陆考察。2005 年 1 月 18 日,我国第 21 次南极考察冰盖队在人类历史上首次成功到达了南极内陆冰盖的最高点——冰穹 A 地区,为我国在南极内陆建站奠定了坚实的基础;2008 年 1 月 12 日,我国第 2 次南极考察内陆冰盖队再次成功登顶,为内陆站建设开展选址工作。

昆仑站建成后,我国将有计划、有步骤地对南极内陆地区开展科学考察。其中包括开展冰川深冰芯科学钻探计划、冰下山脉钻探、天文和地磁观测、卫星遥感数据接收、人体医学研究和医疗保障等诸多内容。

中国南极科学考察队凯旋

关于亚健康的对话

陈积芳老师：您好，在静安"老年乐龄"讲坛上听了您的科普讲座《提高科学素质与老年生活质量》很受启发。抄下了您的博客地址，想上来找《亚健康的 30 种征兆》，但无奈电脑水平有限，上了您的博客，却找不到，还烦请指导一下。我是上海援藏联谊会办公室的。

张常红

张常红先生：你好，我把以下材料发给你，祝你健康快乐。 博主 陈积芳

亚健康的 30 种征兆

对"亚健康"科学界目前还没有正式的定义，大致是指"一多三少"：疲劳多，包括生理心理疲劳；活动减少，适应能力减退和反应能力减退，全身常会出现一些难以用某种疾病解释的症状等。目前，人们对亚健康的标准尚未达成共识。一般认为，在排除疾病的前提下，以下 30 种症状中，人体存在 6 种症状，即可初步认定为处于亚健康状态。这 30 种症状是：

1. 精神紧张，焦虑不安；
2. 孤独自卑，忧郁苦闷；
3. 注意力分散，思考肤浅；
4. 容易激动，无事自烦；
5. 记忆力减退，熟人忘名；
6. 兴趣变淡，欲望骤减；
7. 疏于交往，情绪低落；
8. 易感乏力，眼易疲倦；
9. 精力下降，动作迟缓；
10. 久站头昏，眼花目眩；
11. 不易入眠，多梦易醒；

12. 晨不愿起，经常打盹；
13. 局部麻木，手脚易冷；
14. 掌腋多汗，舌燥口干；
15. 自感低烧，夜有盗汗；
16. 腰酸背痛，此起彼伏；
17. 舌生白苔，口臭自生；
18. 口舌溃疡，反复发生；
19. 味觉不灵，食欲不振；
20. 反酸嗳气，消化不良；
21. 便稀便秘，腹部饱胀；
22. 易患感冒，肤起疱疹；
23. 鼻塞流涕，咽喉疼痛；
24. 憋气气急，呼吸紧迫；
25. 胸痛胸闷，心区压感；
26. 头昏脑涨，不易复原；
27. 肢体酥软，力不从心；
28. 心悸心慌，心律不齐；
29. 体重减轻，体虚力弱；
30. 耳鸣耳背，易晕车船。（摘自网络）

我对中医的理解

我不是学医的。要发表对中医的看法，难免不全面、有偏差。但是，涉及对祖国传统医学的评价，也是不小的事。只是从外行人理解与思考的角度，也说几句。

一、有较长文明史的各个民族都有自己传统医学，为早期人类生存做出过贡献，它们尽管不成熟，但有其合理的部分

1. 中华民族人口繁多，客观上说明中医的护佑作用。1840年前，中国人，包括皇帝大臣，都是用中医驱除疾病、延年益寿的，而且成效显著。

2. 伴随西方列强的入侵，西医进入中国。对中医的总体否定，与这段历史有关。北洋政府教育总长汪大燮提出了中医的主张，1929年国民党当局居然通过了《废止旧医以扫除医事卫生之障碍案》，不承认中医的合法地位。可见，否定中医，由来已久。

3. 目前，我国政府医药卫生主管部门大力扶持和发展中医，我拥护。但社会上对中医的非理性的认识，影响了对中医的进一步研究与提升。

二、中医的不足

传统医学当然是先于现代医学而存在的，它没有现代科学技术作支撑，肯定存在许多不足。对它的不足，具有现代科学知识的大多数人，都是有所认识的。

1. 缺少现代仪器作支撑的精确的科学数据。
2. 缺少现代技术手段洞察身体内部的情况。
3. 对身体疾病状态描述有很大的模糊性。
4. 中药的药理、计量、药效的证实不够严密。
5. 有些中医治疗手段与方法带着经验的特征。

而这些不足，本身就是传统医学的先天局限，我们不能苛求古人，要求他们跑步进入工业化时代，问题在于如何使中医现代化。目前西医的许多手段和仪器，已经为中医所用。

三、中医的合理成分和长处

中医药是中华民族数千年历史积淀的成果，是伴随着中华文化一起孕育和发展的，除了像《黄帝内经》这样的专门医学典籍，还受到《易经》《道德经》等传统经典的影响，医治疾病要考虑阴阳和谐、天人合一、辩证论治、经络脏腑、五行学说、寒暑变化……这些中国文化特有的理念，贯穿在中医药的理念中。

中医药从中华文化的内涵中汲取营养，并用于疾病治疗和预防，保持人体健康和延年益寿，体现出顺应自然规律、遵循生命脉动的道理，体现出祖先的智慧。尽管这些典籍与现代医学科学有一定的差距，但也包含着农耕文明时代的医者对医学之理的探索和总结。应该说，中医有科学的合理成分。

例如：1. 治未病的理念。"疾"，是指一般的不舒服，疾症积累多了，就表现为"病"。治病要研究病的起因，最好的治病方法是预防在先。

2. 重视人体自身的修复能力。要治病救人，必定要了解病人的身体状况。中医既要针对病状，又要判别身体的虚实寒温，下药切中病根，调动体内的活力。

3. 一人一方，治病个性化。西方很重视个性化，而在对最重要的生命健康上，西医恰恰很标准化。中医对老小男女、热寒差别，都能切症而论。

4. 对疑难病代谢病有特别的成效。目前，现代医学对人体代谢性的疾病仍然束手无策。如糖尿病、痛风、高血压、脑中风、腰痛、关节炎等，不能用手术解决、药物根除。全世界的医生都关注传统医学中的有效经验，下功夫研究背后的科学规律。

四、中医药事业面临更艰巨的现代化的任务

现代生命科学未能诠释人类疾病的所有疑问，中医也同样面临这类责难。说中医使用经络系统来治病，却说不清经络的原理，因而否定中医的作用，是在逻辑上说不通的。现代生命科学破译了人类基因图谱，但仍然未能弄清基因决定细胞演化的过程中，什么在起关键性作用，所以还说不清细胞癌变的根本原因。针灸镇痛已证实是经络在起决定作用，而目前未能说清原理，并不是中医的过错。

科学研究是不断进步的。我以为，在信息化的时代，中医事业的研究和发展处在极好的时代，会有令人鼓舞的成果与进展，让我们兴奋。

附言：这个话题，可以写一本书，我写不了。但已经有一本精彩的专业书：《当中医遇上西医》，区结成著，医学博士，现任香港九龙医院主管医生，香港中西医结合学会学术小组组长。

中欧世博科技周激光秀绚丽有趣

6月14日,由欧盟—欧洲委员会科研总司与上海市科学技术协会主办的以"城市中的科学(science in the city)"为主题的"中欧世博科技周",拉开帷幕。

在科学会堂的国际会议厅,14日夜晚,由瑞典隆德大学的团队,表演了"物理与激光秀",受到与会科普专家和观众的好评。在这一周里,还有欧盟科学影片展映、科学咖啡馆、科学大师班等丰富的科普活动。

在通常的空气中,火焰如常。当网罩快转起来,火焰上蹿。当坚固的油桶内部的空气被抽空时,油桶因为气压变化而变瘪。欧洲的科普工作者,用形象的方法,告诉人们看不到的抽象道理。激光秀是最后一个节目,关了灯的会议厅,屏幕上闪现出红绿蓝白黄的激光束,并勾画出各种图案。图案快速地变换着,有转动的红色地球,看得出五大洲的轮廓;还打出拿着镰刀的农民,击剑的运动员;还有乐队的指挥,可以在他的周围看到流畅的表示声音的细线条。有飞奔的骏马,有汽车,有抓取物品的灵活的手;还有代表死亡的骷髅;最多的是太阳,光芒四射的圆形。气雾升起,激光照射在缥缈的白雾上,光晕变幻,视觉效果奇特美丽,让人感到科技的生动魅力。

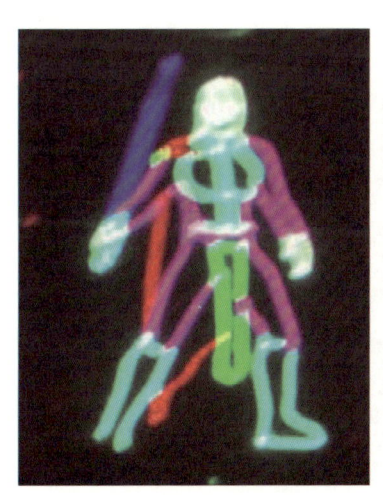

物理与激光秀之一

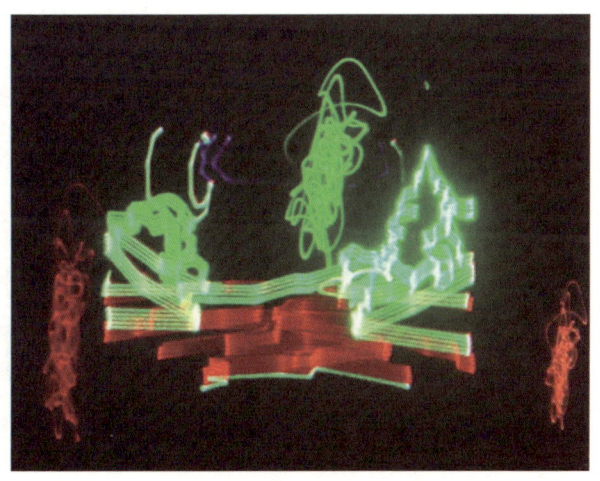

物理与激光秀之二

中国馆精彩好看

6月13日，我早晨六时就出发，到半淞园路的入口，就想去拿中国馆的预约券。可是，栅栏蛇形道内已经排满了游客，我们只好排在栅栏外边。等到放行，安检，进入园内，中国馆预约券已经发完。年轻人向前奔跑，去领取"城市名片册"。我快走了约一千米，再排队约15分钟，领到一份"城市名片册"，如果看完15个城市示范案例馆，盖完15个章，就可以换到一张中国馆的预约券。

城市示范案例馆是个极好的理念。可是，普通游客首选是先看各个国家馆。用参观15个城市案例馆，换取观看中国馆，是很合理的办法。用一上午时间，澳门德安楼、宁波藤头馆、英国零碳馆、成都水花园、沙特帐篷馆等等逐一看过来，真的很有收获。

用盖好15个章的"城市名片册"，换到了进中国馆的预约券。先看别的馆，然后才去中国馆排队，大约排了40分钟，就进馆了。乘电梯的门口，表明现在是17:37，我们已经在园区里待了近12个小时了。观众们井然有序，依次排队，耐心还挺好。

中国馆的第一个节目是放映《和谐中国》的宽银幕电影，播映了从改革开放以来，普通中国人社会生活的巨大变化和典型场景。片幕上标出年份："1978—2010"。我们都经历了这历史的变迁，看了觉得很亲切且熟悉。影片展厅的第二部分是对岁月的回眸，以家庭的摆设为场景，1978年、1989年、1999年、2009年，人民生活水平提高，生活质量更为美好。这些我们有亲身体会。

走进《清明上河图》的大厅，最精彩、让人叹为观止的是使用多媒体技术做成的巨幅动漫的艺术场面。国之瑰宝《清明上河图》已经是很壮观的中国画精品，让上面的人物和场景动起来，就十分吸引人。我是属猪的，看到画面上有一头猪，当街横穿钻进一把大伞下面，一个穿红衣服的小孩，在后面追过去。当然，我作为观众还关心那头猪，是否被追到，会不会在伞后边再跑出来？动漫设计者是聪明的。那头猪，钻到油布伞下面，再也没出来。我等了很长一会，它一定遇到很多好吃的，不愿出来啦。

河上的大船也会行进。有摇着大橹的船工，很逼真的。挑担行走的人很多，赶路闲逛的，优哉游哉。那牛车、驴车、马车，在街上行走，看着很有趣。满载货物的骆驼商队很引人注目，他们经过丝绸之路的长途跋涉，来到了京城。可见，在农耕文明的年代，中国也有和平开放的一面。夜晚的河边，繁华热闹。明月当空，映照在水面。灯光闪烁，把盏劝饮，仿佛还听得到划拳的叫喊声。游客纷纷在《清明上河图》边照相留念。

再下去的部分，仍然很精彩。《同一屋檐下》演绎了现代人要和谐相处的主题。《童趣畅想》是充满孩子们想象力的天地。坐上游览车，看到的是桥梁的历史和今天。穿行在鲜红的斗拱中，明显的中国元素闪现在眼前。零碳世界，告诉人们最新的生态与环保的理念。

走到荷花大厅，看到喷淋出的水珠，在玻璃墙上组成"天人合一、取之有道、用之有方、返璞归真"的字样。登上自动梯，我们就完成了中国馆的参观。不虚此行，收获丰硕，满足而归。

这夜，还看了壮观美丽的音乐喷泉。迈着疲惫劳累的步伐，我走出六号门，坐7号线换2号线，回到家里，已经9点多了，在世博园区待了15个小时，吃黄瓜、粽子、面包，喝过滤水。其间看了日本企业馆，吃了一份日本大阪的章鱼小丸子，35元，味道不错，喝了一杯肯德基咖啡。一路上我们遇到不少志愿者，问路问事，他们都很热情和蔼。

辉煌的中国馆夜景一角

长崎和平公园见闻

2010年当地时间8月6日，人们在日本广岛和平纪念公园悼念原子弹轰炸死难者。当天是日本广岛遭受原子弹轰炸65周年纪念日。许多日本民众来到日本广岛和平纪念公园，悼念死难者，祈祷世界和平。人们在原子弹轰炸死难者纪念碑前燃香。投下原子弹的美国也首次派驻日大使鲁斯出席了仪式。

博主去年4月参加"彩都之旅"赴长崎的观光活动，领略了长崎美丽的海岛自然风光，享受到和平生活的快乐和舒适。到长崎，总归要看纪念核爆的和平公园。再走入这里，我心情沉重，思绪连绵，想到无辜的日本平民，在恐怖的原子弹爆炸中丧生是多么悲惨。甚至回到上海做《上海—长崎友好摄影展》时，我都不想把《和平公园》的照片拿出来，写起照片说明文字来，都感觉它们和阳光明媚的快乐景致格格不入。

我想好了，要在核爆哀悼日那天，把这些照片贴出来。这总是人类战争史上的一件最重大的事件，让我们珍惜和平生活。可怕的蘑菇云与红火球，在这里升起过。在日本长崎的核爆资料馆里，记载着：1945年8月9日11：02，投下的原子弹。死伤人数：死者73 884人，伤者74 909人。以后这数字有增加。

六十五年过去了。在上海，李政道来做名为《物理的挑战》的科学报告。与听众互动时，有一位年轻的中学生问："相对论的发现，与原子弹的使用，您对这两者怎么评价？"李政道教授很平静地说道："科学家的责任是研究发现自然界的规律和原理。爱因斯坦发现相对论，开创核能利用的时代。而核能被用到战争与武器上去，那是政治家和军人的事。"回答得在理、在情，很科学。

是啊，今天年轻的生命，也知道这件人类战争史上的惨案。祈愿，和平永在，悲剧不再！

中国赠送的"和平女神"白色大理石雕像

核爆时掩护孩子的母亲

地震可预报吗

汶川地震达八级,震中烈度达十一度,突如其来的巨大灾祸袭来,夺走十多万人的生命。人们很自然会问:为什么事前没有地震预报,让人们避开灾祸?

5月21日晚上,上海市科协与《新民晚报》举办第57期科学咖啡馆——《抗震防疫科普知识》。院士中心邀请了病毒免疫学专家闻玉梅院士,地震专家同济大学罗奇峰教授主讲,对地震能否预报,有较详尽的分析。听众颇有收获。

准确的地震预报,必须报出三个要素:空间、时间、强度。就是说要经周密观察研究,有依据地报出:在哪里发生地震?在什么时间地震?地震的强度是多少级?如果你是一个地震科研工作者,平心静气想一想,这是十分难的一件事。

预报地震在哪里发生?以唐山地震为例,已经发生强大地震了,居然地震观察部门找不到震中在哪里。因为当时的装置落后,记录地震强度的指针式摆动记录仪,由于地震波太强烈,指针摆到头了,被记录的地震波强度超过仪器的最大值,不管用了。是一位机灵的司机开着汽车,直接开到北京中南海,报告唐山发生地震了!而且当时还不知道震中就在唐山城地层下。

地震是由于地球地层板块顶撞运动能量的突然释放而引发的灾害。唐山地震的地层板块的裂缝长度达100千米,在这样的长度里,要找到地震震中的位置,很难。没有根据,误差百里,完全可能。而汶川地震的地层板块的裂缝长达300千米,以目前的观察手段,的确难以准确预报在哪里发生地震。

至于地震发生的时间,也难以预报。地层板块的运动缓慢且不易察觉,一次强大地

病毒免疫学专家闻玉梅院士

震的发生，时间跨度很长，以几十年乃至上百年计。在这样缓慢的变化过程中，要准确无误地报出哪天哪时要地震，的确很难。1975年，我国地震科技工作者曾预报海城的地震，这被公认为是一次准确的预报。然后，1976年唐山地震了，遇难24万人。这似乎是地震在向人类挑战，你还是无法预报出我的吧？因而美国的学者1992年在《科学》杂志上发表文章，认为：地震是难以作短时准确预报的。

闻玉梅院士听了罗奇峰教授的分析，她说：这就像人类要征服癌症那样，目前医学科学对癌症有了较多的研究和认识，但还没能预防和彻底治愈，可是我们相信，只要一步步扎扎实实研究下去，一定能征服癌症。对地震的预报也是这样！

上海"老小孩"网站十岁了

9月18日，在上海青松城的百花厅，举办了"老小孩"十周年庆典。"老小孩"，是一个为老年人服务的网站。在网络信息时代，吴含章、王勇、张志安三位年轻的大学毕业生，为老人上网办个服务性网站，是一件好事。我当时在上海市科协工作，从电视中看到这条新闻，就向"老小孩"发去一份电子邮件，表示支持和敬意。现在，"老小孩"十岁了。我出席了庆典，并写了一副对联：

三剑客扶老敬老攀网站奇峰

十年路献爱博爱建科普乐园

"老小孩"的创业历程和主要业绩如下。2000年年末，"老小孩"网站的创始人先后放弃了原先的工作，陆续把家当搬进了位于城市西南角的精文公寓，生活有了很大的变化：比如工资归零了，不再舍得花几十块钱打车而改乘公交，告别经常下馆子的"陋习"而改吃5块钱的盒饭……在他们过着近乎清贫日子的同时，"生活质量"却与日俱增：体验着白手起家的辛苦，联合创业的团结，扶老上网的艰难。正如张志安所说：快乐源自我们对网络的深情，源自对老人的亲情，更源自从小到大做事业的收获。

2003年上海市"扶老上网"工程启动，2007年上海市"科技助老"行动启动。"老小孩"

网站作为这两项实事工程的主要承办方参与了策划、组织和实施工作，扶助十万名老人上网，让老小孩网站的老年用户与日俱增；各类活动的开展，提高了老小孩网站的知名度；为老年人度身定制的贴心服务，赢得了老年人对老小孩网站的认可。"老小孩"成为最受欢迎的长者网站、最受欢迎的生活服务类网站、上海市特色网站、上海市爱心助老特色基地、"上海市社会主义精神文明十佳好人好事"称号……一个个荣誉接踵而来，老小孩网站进入朝气蓬勃的发展阶段。

老小孩网站经过十年的沉淀厚积而薄发，从单纯的内容门户网站向老龄产业综合服务平台转变，以"老小孩智慧管家"为核心服务平台，应用信息化手段让老年人生活得更加美好。

老小孩网站三位创始人：吴含章、张志安、王勇

为"老小孩"网站十周年题词

米罗娜为脑瘫康复孩子发证

11月7日上午,我们去徐汇区致康儿童康健园,参加该园7周年庆典联谊活动,举办颁证毕业仪式。庆典上,有三位脑瘫的孩子,经过一段时间的康复治疗,有很好的效果。在这里,世博会英国馆馆长米罗娜女士,也在嘉宾席上,并为康复的孩子颁发毕业证书。她还宣布将把1万根亚克力种子纤维销售后的款项捐赠给致康园,用于对脑瘫儿童的医疗康复事业。米罗娜女士的可爱女儿也被带在身边一同参加了这一庆典。

致康园,是由吕舜玲女士创办的。推拿治疗脑瘫的方式是由吕舜玲女士倡导的。吕舜玲女士自幼得了脑瘫症,因此她对残疾人士特别同情。在父母的支持下,她1980年参加了红十字会的工作,1985年开设了自己的残疾人活动中心。

一次她看到报纸上刊登了一篇文章,内容是一位父亲在得知妻子生下脑瘫孩子离家出走。她自此决定集中精力到脑瘫儿童康复工作上,用她父母留给她生活的钱,于1992年开办了一家诊所。她改造了自家的车库和院子,开设了一家免费特殊人士康复所,这里不仅有治疗的作用,更多时候还是残疾人及他们家人的避风港和乐园。

在过去的几年中她帮助了许多的孩子和他们的父母。为了把她多年总结出的针对脑瘫儿童的推拿方法留给后人,可以帮助更多的脑瘫孩子,她卖掉了父母和兄弟姐妹们留给她的房子,于2003年11月正式开办了致康园,曾得到英国、美国等国社会组织的资助。

世博会里的英国馆,以包含种子的亚克力纤维为创意核心的构思,获得参观游客的普遍欢迎。英国馆拆卸后有6万根亚克力种子纤维,其中1万根的销售收入捐赠给了上海徐汇区致康儿童康健园。今天,世博会闭幕后,看到世博会的成功还在延续影响这个城市,继续让人们感受"城市,

左一:徐汇区致康儿童康健园创始人吕舜玲女士

让生活更美好"主题的含义,真是令人感动。

台湾佛教慈济慈善会也参加了孩童的康复活动。他们的热情、平和、耐心,令人敬爱;他们的《我们都是一家人》的歌唱,也让人动容。

捷克馆科普展项很实在耐看

世博会是世界文明的盛会,在各国运来最经典的国宝布展开箱时,媒体都做了第一时间的报道。

捷克展馆的精彩展项,是扬·科聂波姆斯基雕像下面的浮雕。当时,抱着对世博会各国文明的关注与兴趣,我听到广播报道中叙述,摆设在捷克展馆首要位置的扬·科聂波姆斯基的雕像,包含了一个有历史内容的故事:当时捷克王后向主教作了忏悔,国王下令扬·科聂波姆斯基主教将王后忏悔的内容告诉国王。主教不肯。最后,国王将扬·科聂波姆斯基主教扔到了河里。主教死了,而天空出现了金色的光芒。后来主教的雕像耸立在查理大桥的桥头,连同桥上的浮雕成为捷克的国宝。在2010上海世博会上,雕像和浮雕都运到了上海。扬·科聂波姆斯基主教的故事,与"皇帝的新衣"中的孩子一样,表达出欧洲文艺复兴的精神,而这种精神出现在宗教人士身上倒是少见的。

走进捷克馆,第一眼看到的是扬·科聂波姆斯基的雕像。背景天空中,的确有不明显的金色光芒,而扬·科聂波姆斯基的神情是凝重的。

雕像下的两块青铜浮雕,是捷克馆的"镇馆之宝",是从布拉格查理大桥上拆下的。这两块浮雕原本位于查理大桥上扬·科聂波姆斯基的雕像之下,极具传奇色彩,人们相信,只要能够摸一摸这些浮雕,就能获得好运。这好运与被扔到河里的主教有什么关系,我也弄不清楚了。在上海的世博会上,游客将首次在布拉格之外的地方触摸这两块传奇浮雕。捷克参展方表示:"查理大桥的游客们触摸这些浮雕以期带来好运,布拉格希望它们也能为世博会上的捷克共和国带来好运。"

由于经年累月被成千上万的游客所触摸,这两块青铜浮雕的中间部分已被磨得金黄锃亮,与青铜原本的灰暗色彩形成了鲜明对比。让人觉得糊涂的是,所有的游客都忙于抚摸第一块浮雕,志愿者也积极地提示,摸了会带来好运的。于是,这浮雕被川流不息的游客摸得更加的光亮,不亚于在佛庙里被摸得发亮的弥陀佛的脚趾。是啊,活在当下的人的好运,比被扔到河里的主教实惠多了。

进捷克馆,排队约20分钟。捷克馆的外观,体现出捷克首都布拉格的风貌,外墙为白色,表面覆盖由硬橡胶制成的冰球。捷克多次在国际重大冰球项目比赛中获胜,冰球也是捷克重要的出口商品。因此,展馆通过冰球来体现捷克的特色。捷克展馆主题"文明的果实"所阐述的是,城市的出现本身就是人类文明的果实。

为了城市更好地发展,不少技术革新应运而生,人们在城市里可以发现不同种类的文明成果。捷克展馆通过科技普及的项目展现虚拟的城市化景观,聚焦技术创新来体现这一理念。

馆内的超轻型飞机也是人气十足。一旦跨入超轻飞机的模拟驾驶舱内,参观者就仿佛转瞬之间置身于风景如画的捷克乡村上空,俯瞰自然美景和历史古迹。参观者不但能够控制飞机上下左右的视线,还可借助飞机前的大屏幕拍照留念。

捷克馆内的"黄金泪滴"也备受参观者关注。这件由黄金打造的展品外形犹如一颗巨型的泪滴,线条优美。只有每第500名游客,才有机会对这件展品进行近距离观赏。"黄金泪滴"本身已是弥足珍贵,但更为令人兴奋的是,幸运观众在欣赏"黄金泪滴"的同时,头上将佩戴一个高科技感应器,这个感应器可以感知体验者的情绪,进而操纵机械手,从近五十款香料中选取若干品种,调制出一款的个性化香水。亲身体验者注视缓缓旋转的"黄金泪滴",欣赏展品发散出的变幻光泽,十分钟左右,一款馥郁的个性香水便调制完成。这一极具想象力的展项,为看捷克馆的观众,留下难以磨灭的印象。

捷克馆里,有一个被称为"捷克明珠"的"万花筒"球形屏幕。它是一款非常炫目和高科技的展品,通过25颗"明珠"让人看到来自捷克的25个经典场景,包括捷克人的世界级发明——隐形眼镜、捷克作曲家德沃夏克的名作《自新大陆》、有600余年历史的天文钟、世界上最美的桥梁查理大桥、捷克啤酒、捷克水晶等。这个"万花筒"匀速地转动,让游客从容地欣赏捷克的经典场景和人文宝贝,很有创意。

艾滋病病毒的图像和入侵正常细胞的情景,色彩美丽得可怕。捷克馆内有很多新技术:演示艾滋病的原理,病毒如何侵入人体正常的细胞,图像很清晰。还有一款奇妙的"纳米蜘蛛",它并不是真蜘蛛,而是一种纳米纤维纺织设备。技术核心是使带电荷的高分子溶液或熔体在静电场中流动与变形,然后经溶剂蒸发或熔体冷却而固化,于是得到纤维化物质。因此这一过程又称静电纺丝。

在展示环境生态的状况时,表现方式也很简洁,用白色的动物塑像,如成群的天鹅、

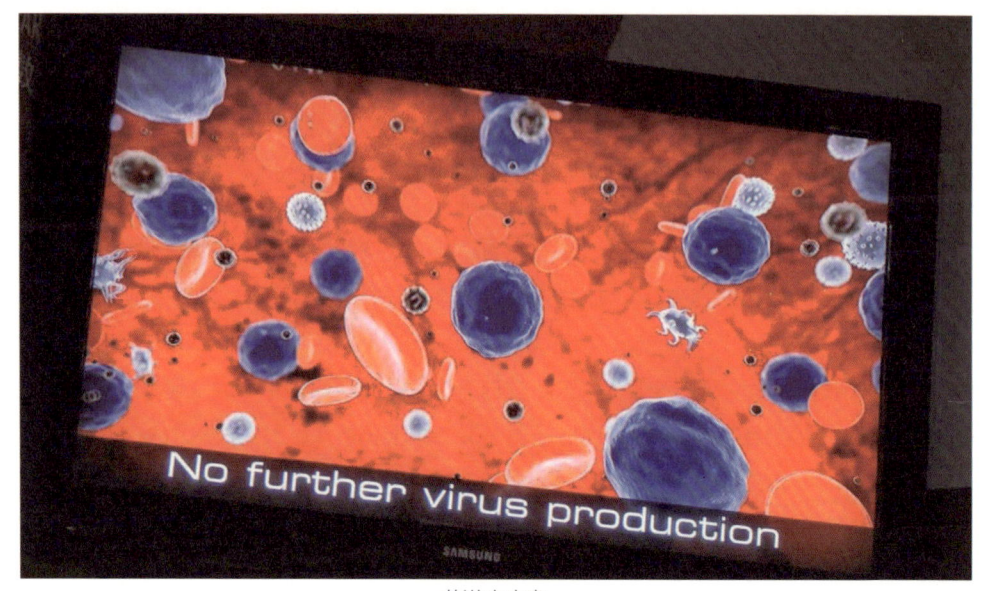

艾滋病病毒

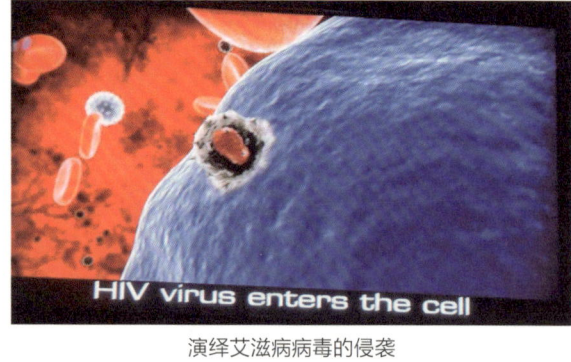

演绎艾滋病病毒的侵袭

精致的黄金水滴

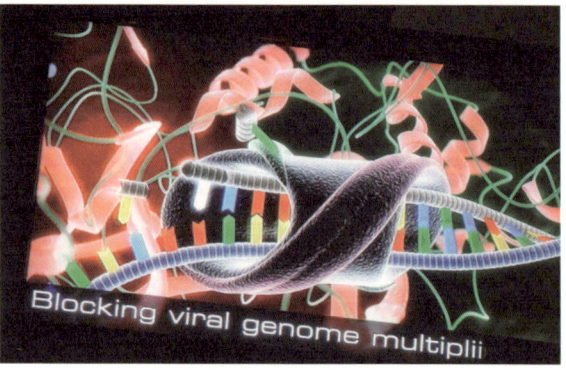

生物的 DNA 科学模型

狐狸、大象、海豚等，演示出地球生物链的多样性，看上去也很讨巧。捷克还是一个童话丰富的国度，《好兵帅克》流传很广。展厅里，为孩子们设计了多部动画的演示屏，播出许多天真可爱的场面，真是难能可贵。狐狸会聚集在一起开会吗？天鹅会聚集在一起庆祝生日吗？引用网上众多的帖子的话说：捷克馆很真诚。展会参观者感受到，捷克的展馆设计者精心地带来了他们的经典文明成就，带来了捷克人民的热忱情感。到捷克馆的卖品部，也有许多令你会消费冲动的好东西。我斟酌了一下，买了一块有捷克花香的男士用肥皂，195 元人民币。结果仔细一看说明书是"中国杭州制造"。这也不奇怪，中国制造的产品遍布全世界，捷克也不例外。还有那捷克啤酒，我也真想喝上一杯。

只是我走出了捷克展馆，脑海里还盘旋着扬·科聂波姆斯基主教的凝重寂寞的眼神，他为上帝忠于职守，宁可被扔进河里也不向国王说出王后忏悔的内容，他到底在想什么。他不远万里来到中国，寂寞地站在这里——上海世博会的展馆里，还想说怎样的故事？耐看的捷克馆！

世博夜因科技美不胜收

5月12日夜晚，我们进世博会园区游览，天色渐渐暗下来。黄浦江的水面上，辉映着夕阳金色的光芒，各个特色迥异的场馆在灯光的照射下，展露美妙的身姿。那六个巨大的"太阳谷"，在星星点点的无数 LED（Light Emitting Diode，发光二极管）灯的装饰下，显得格外地楚楚动人，温柔美丽的面纱后面，仿佛藏着个姿色绝美、国色天香的新娘似的。文化中心的飞碟式的建筑，好像在夜色中转动，更增添了神秘而令游客无限遐想的理由。在平静的开阔水面上，响起了时而雄壮、时而优雅的乐曲，喷泉伴着的优美音乐飞舞。尤其是《春江花月夜》的曲子的韵调，衬着黄浦江的背景，水柱上升旋转，水雾飘荡飞洒，一派和谐欢快的感觉。美轮美奂、美不胜收的世博会夜景令人浮想联翩。

世博会作为人类文明的一次盛会，聚集了世界各国在经济、文化和科技上的珍贵文明成果。以前的一百五十多年里，她伴随着工业化前进的步伐，把人类最新的发明和发现，尤其是能在经济和社会生活中充分应用的科技成果，淋漓尽致地展现在观众前面。"一切始于世博会"，除了是说文明的交流始于此，更要看到其背后贯穿的一条源源不断的创新长河。

世博会"博览"什么？实际上，是一次博览人类创新智慧和科技成果的全球盛会。世博会一开始就是伴随着人类创新的智慧应运而生的。火车轰隆前行，那是蒸汽机动力的应用，人类前进的速度第一次超过马匹。白炽灯点亮生活，那是爱迪生的发明，从世博会走向千家万户。奥迪斯把当时人们不认识的升降机的钢缆，当众用大斧砍断，证明了电梯的安全，人类的房屋才开始长高。航天器进入太空，人类登上月球，月亮石成为世博会的镇馆之宝。这些现在看来都是平常的信息，在当时是多么激动人心的新闻。火车速度的竞赛，福特汽车开进美国农民的庄园等等，普通人逐渐享受到了科技创新的恩泽。这些影响和改变人类历史进程的创造和发现，通过世博窗口向千万观众展示，从而得到充分应用。这些科学技术成果的广泛应用，可以说比十所大学更有力地推动了人类文明的进步。

今天，2010年上海的世博会和同样继续秉承了历届世博会创新的理念，集中展示了世界各国科技智慧、成功经验和文明的进步。上海的科研院所、高校和科技企业为世博会装备的科技创新成果就有1 100多项，具有自主知识产权，多角度、多渠道、多层面地应用到世博会的方方面面。而各国展馆，尤其是发达国家的展馆，应用的新技术和高技术的创新成果，可以说是争奇斗艳，琳琅满目。

美轮美奂的 LED 灯彩

世博精彩成功永远难舍难忘

2010年上海世博会，于10月31日要落下帷幕了。我进园18次，主要的场馆和不需排长队的场馆，都看了，达到自己以为没有遗憾的程度。当然，不能与184天每日都进世博园区的"世博奶奶"相比。

184天的世博会，常要排队进馆的情景，热闹、喜庆、欢腾。世博会还真的是中国人的盛会，快结束了我们都是依依难舍的。

红盈盈的中国馆，那么鲜明高大，她成为象征，是中国"自立于世界民族之林"的标志。

那种在世博护照上加盖馆章的热情，真是谁也没预想到过。目前出去周游世界的同胞还很少，但世博会让他们很真实地走进了每个国家的大门。

台湾馆夜景

夜晚五彩变幻的卢浦大桥

夕阳中的沙特馆与世博大道

澳门馆紧挨中国馆

看到了非洲的兄弟姐妹的微笑，听到那激越的鼓点；看到了日本小女孩坐在轮椅上得到了帮助；看到了英国馆种子圣殿的巧妙构思；看到了阿曼的小男孩小女孩随意飞行在美丽的国度；看到了美国的孩子为美化社区的院落所付出努力且最终成功的喜悦；听到了韩国的鼓声和歌声；听到印度的小乐队的欢快节奏；在德国馆随着摆动的影屏圆球而大声喊叫的激动；在捷克馆的黄金泪滴面前翩翩遐想……

在俄罗斯馆的童话世界的绚丽色彩中品味天真；欣赏意大利的工业设计的典雅与时尚；而阿根廷餐厅居然啤酒与炒牛腰会那么的可口；西班牙的小米宝宝要留在上海了，这让我们感到亲切与满足；阿曼馆的姑娘也是阿拉伯的成员，却那么友好，大大方方与游客留影合照，光彩照人，永远难忘……

伊朗馆的旋梯周围的艺术体阿拉伯文字给人深刻印象；突尼斯的展厅做得像国王的会客大厅，那些工艺品有突出的异国情调；而尼泊尔和斯里兰卡的佛像，看上去与我们西藏的很相似；白俄罗斯的工作人员，在展馆门口跳起舞来，姑娘就如天仙般美丽；采珍珠、探石油是沙特、阿联酋共同的历史；在夜场排两个小时队，就看沙特的巨幕电影，也算值吧……

而特洛伊木马与战车、戴头盔的士兵在一起，还有那金银珠宝与骷髅在一起，让人想起城市与战争也有很多故事；所以，伊拉克馆的《一千零一夜的故事》塑像，以别样的内容，今天还在讲述着，那撕裂的隐痛。只有庆典广场上的音乐喷泉，随着《春江花月夜》或《多瑙河之波》的乐曲飞舞时，令人心情愉快，更加感到"城市，让生活更美好"的世博会主题的深远意义。

世博会，还有难以忘怀的是可爱的小白菜，是实用的小凳子，是每天在世博大道上奔向一个又一个场馆的游客，那是一个不太会被超越的数字，7 200万。数字倒不是最重要，难忘的是游客那从容、耐心、自信的步履，那各色的潇洒的姿态和气度，是永远难忘的，也是永不消失的景观。

中国的第一届世博会，办得真的很精彩、很成功、很难忘，我们没来得及看够世博会。我还有许多素材、感受和好照片，没来得及做完博客，要慢慢地回味，笃笃定定地来做呢。

食品安全，匹夫有责

——上海老年科协百名食品安全监督志愿者上岗授旗

为了把上海市打造成为一座食品安全城市，上海市政府及有关部门面向社会公开招募食品生产监管志愿者。上海市老科学工作者协会积极响应，由上海市老科协组织的百名食品安全监督志愿工作者队伍在沪正式组成，并经过了为期一个月的上岗业务知识培训。食品安全监督志愿者的基本工作机制是：由上海市食监局授权，允许上海市老科协组织的100名食品安全监督志愿者，进超市、菜场、酒店检查，发现不安全情况或线索，记录并报告食监局，由政府执法人员深入检查。2011年6月13日上午九时，在全市的"食品安全宣传周"启动仪式上，由上海市食品安全监督管理局向志愿者总队授旗，上海市副市长，上海食品安全委员会主任沈晓明出席授旗仪式，市政府副秘书长翁铁慧作重要讲话。上海市科协党组书记，副主席曹振全高举志愿者旗帜，交到上海市老科协会长陈积芳手中。启动仪式由上海市食品安全监督管理局局长王龙兴主持。

民以食为天，食以安为先

食品安全卫生不仅关系着亿万人民的生命和健康，也关系着社会的稳定与和谐。近些年来，由于管理体制及各种原因，致使一些食品生产监管部门对食品安全的监管不力、不到位，全国不少地方和企业出现了食品加工生产行业片面追逐利润、乱用添加剂的问题，如三聚氰胺、瘦肉精、染色馒头等等食品安全事件，从而对人民生命和健康造成了一定的危害，也给社会带来了一定的不稳定因素。

为了切实落实国务院《关于设立国务院食品安全委员会的通知》精神，为加强食品安全工作，上海市成立了"食品安全委员会"，并制定了《关于进一步加强上海市食品安全工作的实施意见》，以最严厉的准入、最严厉的监管、最严厉的执法、最严厉的处罚、最严厉的问责措施，确保上海食品安全，对全市人民负责。

上海市食品安全委员会主任由上海市副市长沈晓明兼任。食品安全委员会由18个部门组成，其主要职责是组织贯彻落实国务院及上海市委、市政府关于食品安全工作的决策部署；分析食品安全形势，研究部署、统筹指导全市食品安全工作；提出食品安全监管的重大政策措施；督促落实食品安全监管责任；组织开展重大食品安全事故的责任调查处理工作；研究、协调、裁决有关部门监管职责不清等问题。

上海作为一个特大型的消费城市，有2 300多万常住人口，日均消费各类食用农产品约2.7万吨，仅生猪就超过2万头；每年消费的1 000万多吨的食用农产品中，有80%的粮食、70%的肉蛋禽、50%以上的蔬菜来自全国各地。上海本地的食品生产企业数量超过2 000家，而包括超市在内的流通、餐饮企业多达20万家。专家认为，在当前国内食品安全问题频发、矛盾凸显的局面下，作为人口密集、市场活跃的特大型消费城市，保障食品安全完全依靠政府部门抽查检测是不科学的，也是不现实的。因而必须要借助社会的力量，形成一个全民重视食品安全，共同监管食品安全的社会局面。

为此，《关于进一步加强上海市食品安全工作的实施意见》第二十五条提出：充分发挥社会宣传的作用。新闻媒体开展食品安全法律、法规、规章以及食品安全标准和知识的公益宣传；充分发挥专家和食品安全志愿者的作用，大力普及食品安全消费知识，引导科学消费，提振消费信心，支持理性维权。

为了贯彻落实《意见》第二十五条，上海市质监局将面向社会招募食品生产监管志愿者，并邀请人大代表、政协委员、行风监督员和市民代表共同参与对企业的监督检查。上海市老科技工作者协会组织的食品安全监督自愿工作者队伍正是在这样的背景下成立的。

上海老科技工作者协会会长表示：监督食品安全，匹夫有责。上海市老科学技术工作者协会有会员1万余人，是一支具有坚实理论基础和丰富实践经验的技术和管理专业队伍，尤其是在为广大市民传播健康科普知识等方面，做了许多工作。老科技工作者愿意加入到食品安全监督的行列中来，做一名忠诚的食品安全监督志愿者，因为这是事关我们每个人、每个家庭的大事情。民以食为天，食以安为先，作为上海市的市民，也作为市民中具有科学技术知识的老科技工作者，从心底里拥护政府的严格规定和有效措施，也看到了上海这个国际大都市确保食品安全的光明前景。

在食品安全监督志愿者授旗仪式上，老科协食品安全监督志愿者队伍代表表态说：我们老科技工作者愿意加入到食品安全监督的行列中来，做一名忠诚的食品安全志愿者。我们将弘扬"艰苦奋斗、认真钻研、乐于奉献"精神，选派最优秀的人员，参与食品安全的监督和保障工作之中，勤于学习，不图虚名，一丝不苟，扎实工作，向党和政府，向市民百姓交出合格的答卷。我们的誓言是：恪守社会文明道德，遵守食品安全准则，忠于科学精神和科学方法，严格检查、公正判别、不徇私情，努力为保障食品安全提供良好高效优质的服务，为维护公众放心的食品安全的社会信誉，做出我们应有的贡献！

目前，包括上海质监、工商、食品药品监管等多个部门都在完善有奖举报制度，提高奖励金额，并组建较大规模的监督志愿者队伍，鼓励更多的普通市民及时发现隐患、及时举报。

在爱鸟周看美丽可爱的鸟

——野生鸟类摄影展在虹口区图书馆举办

4月的第一周,上海市政府主管部门设定为爱鸟周,这是很有环境保护的重要意义的决定,引导和鼓励了许许多多的市民和科技工作者、摄影爱好者,爱鸟、护鸟、摄鸟。蒋振立、隋玉梁、顾云芳、周鸽等同志,退休后就爱上了拍摄鸟类,三年多来,获得了丰富的精美作品。展出的照片上的鸟儿,真是可爱美丽、活泼生动,让人喜欢、让人惊奇。

我的好友蒋振立,从虹口区科委科协的岗位退休了,成为拍摄鸟类的发烧友,常常去云南、贵州、安徽、山东、黑龙江……的山林里,守候鸟儿。他扛着500mm的长焦镜头,穿着迷彩服,不畏艰苦,乐此不疲。我向他们学到了许多鸟类科普知识。

功夫不负有心人,老蒋拍到了许多精彩的鸟儿照片。其中,一只美丽无比的"八色鸫",真是中华大地上鸟儿的精灵,连美国、英国的爱鸟摄影家也来守候她。我把老蒋发给我的"八色鸫——中华鸟儿的精灵"的漂亮照片,刊登在博客上,让更多的网友欣赏到。

蒋振立在自序中说:拍摄野生鸟类是我的兴趣爱好。近几年来,我在新疆、内蒙古、辽宁、云南、江西、陕西、黑龙江、安徽、江苏、浙江等地的山林、湿地拍摄野生鸟类三百余种。野外摄影让人远离喧嚣的大都市,流连于山水光影之间,陶醉于鸟语花香之中,感受到人与自然和谐相处的喜悦。(他的网名:烟雨朦胧)

《上海爱鸟周野生鸟类摄影展序言》如下:

中国是鸟类资源十分丰富的国家,有一千余种五彩斑斓的野生鸟类与我们共享美好的家园。鸟是人类的朋友,是自然界生态平衡不可或缺的精灵。

本次摄影展汇集了蒋振立、隋玉梁、顾云芳、周鸽等野生鸟类摄影爱好者跋山涉水、历尽艰辛拍摄的部分作品。在上海市爱鸟周活动到来之际,虹口区举办野生鸟类展,旨在普及野生鸟类的基本知识,进一步唤起人们对野生鸟类的关注,激发人们保护环境的热情,增强人们爱鸟、护鸟的意识。

让我们与野生鸟类在同一个蓝天下永远和谐相处,是举办这次展览殷切的愿望……

火簇拟啄木鸟

蓝喉蜂虎

栗顶噪鹛

银耳相思鸟

栗鸢

上海陵墓向园林化艺术化发展

10月14日,上海市老科协与福寿园临港新城陵园合作,为科技老人设立了专园"思科园",约200多名科技工作者和老科协的领导,以及各方面的嘉宾出席了揭幕仪式。谢丽娟老市长为思科园揭幕。为此,在10月7日还举行了"海港杯"围棋赛,108位科技界老人棋手,在草坪上切磋棋艺。揭幕仪式上,为优胜者颁奖。

《思科园记》(陈积芳撰文)

东海之滨,临港陵园,青草葱绿,树木茂盛,宁静幽美。在和谐生活里,建设个性化、艺术化和园林化的墓园,深受赞誉。继文艺、教育等园地建成,与科技工作者接洽,一拍即合。科技专家,终身钻研,毕生严谨,奉献人民,成果丰硕。各业英杰,生为科技,殚心竭虑;逝为科技,思念不停;观新建归宿,清洁幽静,美好肃穆,安息之嘉地,凭祭之陵园。崇尚科学、荣冠技艺、奉献奋斗、勇于创新之精神,缅怀追忆,永志弘扬,并借以传承予年轻后辈。定名:思科园。是为记。

《思科园》标设说明:本园标设,依据生命的基础物质之一——结晶牛胰岛素的原子结构框架,经艺术设计而成。人工合成结晶牛胰岛素,是由中科院上海、北京的科学家在世界上首次合成的生命物质。构架中:白色圆球是氢原子,黑色圆球是碳原子,红色圆球是氧原子,黄色圆球是硫原子,蓝色圆球是氮原子。白黑红黄蓝,既表示科学组分的复杂原理,又展示生命物质的多彩活跃,也代表所有安息在这里的科技工作者生前的丰富多彩的人生事业,又昭示崇尚科学、荣冠技艺、奉献奋斗、勇于创新之精神永存。

肃穆俭朴的节地生态葬。3月20日上午,天下着蒙蒙细雨,在福寿园临港新城陵园,举行清明市民公祭和节地生态葬落葬仪式。仪式肃穆节俭,庄重朴素,祭祖追念,珍祝生命,提倡节地,令人难忘。

十时,主持人以凝重的语调,宣布节地生态葬仪式开始。身着黑色服装的陵园员工整齐列队,抬起铺着白布的灵桌,上面五个一组摆放着逝者的骨灰罐,在轻哀的音乐声中,正步走向主席台前方停下。然后,逝者家属围向灵桌,站立在先人的乳白色骨灰罐前,服务人员揭开一个紫红丝巾盖着的盒子,在每个灵桌中央都飞出了翩翩飞翔的彩蝶,彩蝶飞向天空。同时,无数尾鸽子放飞天空,盘旋飞翔,象征着先人精魂升往天国。仪式如此细致的设计安排,不仅让逝者家属,也让我们每一个参加者感到宽慰与平和,希望逝者一路走好。

然后,逝者家属轻轻捧起骨灰罐,井然有序地走到落葬的专区,鲜花盛开,穴位整齐,花环排列。节地葬的洞穴是大约三十厘米直径的圆坑,正好能放进一个逝者的骨灰罐。司仪人员发出下葬的指令,家属都亲自把圆罐轻轻放进洞内,再把预先备好的方玻璃盒内的泥土倒进坑里,再把另一个方玻璃盒里的白玫瑰花瓣,带着花香,带着亲情,带着思念,带着恋恋不舍和对先人生命的眷顾,洒在覆盖逝者骨灰盒的家乡泥土的上面。静静地、静静地,只有似有似无的哀乐,人们眼光都停留在那个似乎还在说话的乳白罐上。谢谢,谢谢,是我最亲的人儿,温柔的手,无微不至地安排我,在清静美丽的小卧室睡下啦。然后,盖上素雅白玫瑰组成的圆花盖。

节地生态葬好,节约土地,耗费低廉,才九百八十元。而且这样节俭朴素的落葬,还具有弘扬爱惜生命、敬老爱老、宁静和谐的社会氛围的文化意义,应该积极提倡。上海老科技工作者已有不少朋友响应,愿意实行,相信会有更多的人愿意实行节地生态葬。

思科园揭幕——结晶牛胰岛素的原子结构框架是思科园的标识

在香港看望沪杏科技图书馆捐赠者

1月18—20日,我们一行三人前往香港,看望香港杏范教育基金会负责人熊知行、曹锡光夫妇。因为两位老人是青浦人,捐献给上海家乡约近千万元,建起了沪杏、青杏图书馆。此外他们还在国内捐资上百万元,建设了6座希望小学。过去他们还常回上海,80岁以后就不再走动,在香港生活。他们也不让我们去香港探望,说要节约开支。现在,熊女士、曹先生96岁了,才同意我们去探望一趟。熊女士已经96岁了,身体健康,言谈清楚。她丈夫曹先生同岁,还招待我们用茶点。我们向两位老人赠送了沪杏科技图书馆的模型,他们很高兴地接受了。

熊知行(左)与曹锡光夫妇合影

为此,我们有机会在龙年春节的前夕,看看香港的过年景象。

喝早茶,是传统的一景,年前则更为隆重。因为孩子们放假了,可一家人老小一起到饭店,确切地说是吃早茶加吃早饭,各色米粥,还有精美早点,丰富多样。有特色的:萝卜糕、米粉卷、叉烧包、虾饺、海鲜烧卖……看看报,喝喝茶。繁忙的香港,有如此悠闲的一面,上海倒是难以看到。可能是香港的老龄化比上海更甚,因而,看起来人们喝茶时的悠闲淡定的感觉,是要比上海更为多些。

夜销拼,是时尚的一景。人流熙熙攘攘。在弥敦道一带到维多利亚海湾,感觉上是典型的夜生活。商店有50%的打折,是消费者的天堂,似乎比上海能买得到更多的便宜货,而且货真价实,能让人觉得满意、满载而归。一样的名牌,在香港的商店,可选择的款色多,大概因为是免税港的缘故,进货更充足吧。

夜景美,是香港又一景,流光溢彩绚丽。中外游客在街道、在码头逛夜景,优哉游哉,祥和快乐。高楼林立,灯彩璀璨,海面闪烁,激光射亮,荧屏变幻,游船竞驰。香港会议中心的立面墙上,投影出五彩光影,似彩虹垂挂,如百花开放,像星空飘逸,配上优美的经典交响音乐的播放,置身于被誉为"东方明珠"的国际大都市的现代仙境之中,美不胜收。

鲤鱼门，是香港再一景，有着原生态的美味。可能一般游客旅游不一定会来到这里。鲤鱼门，位于港东一角。博主的老领导在香港的儿子家帮助领孙辈，享天伦之乐。看客人难得来，他们开车东拐西转的，带着我们来到了这个小渔村。海湾里停泊着不少的大小渔船，依着海湾的是一条卖海鲜的小街，龙虾、海蟹、象鼻蚌、对虾、琵琶虾、石斑鱼、红鲷鱼、鲍鱼、鲳鳊鱼、魟鱼、花蛤……都是活的。上海人看到鲳鳊鱼从来都不是活的，这次见到在海水玻璃缸里游动着的鲳鳊鱼，真是很新鲜。客人现点现称所要的海鲜，饭店里立马就加工烹调，马上品味，真是美味极了。那个琵琶虾，又叫赖尿虾，有巴掌那么长，端上来剥出虾肉，又大又好吃。难忘原生态的鲤鱼门。

钢琴提琴产量

——中国也是世界第一

10月13日，我应朋友之邀，前去中国（上海）国际乐器展览会参观。尽管我喜欢乐器，但是看专业的乐器展，还是第一次，真是大开眼界。

国际乐器展

全世界的精美的老牌的钢琴、提琴和管乐器、电子乐器等都来参展啦，洋洋大观，琳琅满目。

我们都比较关心经济发展的指标，什么外汇储备几万亿美元啦、钢产量中国第一、汽车产量达1 800多万辆中国也第一啦，是人们饭后谈话的题材。没有想到钢琴提琴的产量——中国也是世界第一。吹拉弹唱、让人快乐的家伙也是中国人做大，产量第一，真是我没想到的，学习不够啊！我也开始想，中国人也真勤劳，连本来是洋人发明擅长的钢琴提琴也能做到铺天盖地，怎么没有美国经济学家说"中国输出快乐"呢？

　　中国人生产的钢琴真美丽啊，天蓝的、粉红的、乳白的，弹眼落睛，弹出的声音也好听。当年，上海为上海钢琴厂的人才流动到浙江宁波的钢琴厂，争论不休，说国有企业大本营垮了怎么办？今天，历史这位老师说，结论已经有啦。2010 年，美国从中国进口立式钢琴 11 885 架，同比增长 69.8%；进口三角钢琴 4 025 架，同比增长 46%。哎哟，比高新技术增长的还快。2010 年世界钢琴产量分布：中国 35 850 架，日本 5 900 架，德国 12 000 架，美国 7 000 架。这数字，一般人还真的不知道呢。

　　中国人生产的小提琴成千上万把，出口到美国，他们挑出音质优美的，贴上他们的牌子，卖出高几倍的价钱。怪不得欢迎我们出口，他们有钱可赚，所以不说"中国提琴威胁论"。世界还真的很奇妙呢，生产快乐，提供就业岗位，多好。

　　看着这些精美的乐器，真想买回家。口琴簧片白金成分，2 000 多元一把，德国制造，真让人动心。手风琴 4 000 元，大提琴 5 000 元，萨克斯管普通款 20 000 元。钢琴家里有啦，买什么好呢？还真的看花了眼……

　　国际乐器展，真好！带给人们快乐的好东西，我下次会决心买一件的。

放飞风筝庆祝国庆

　　10 月 1 日，我们到奉贤靠近海滩的风筝放飞场，参加国庆风筝放飞活动。此次活动由上海市风筝协会主办。海滩边有风力资源优势，当天风力达到 7 级，对放风筝是大好的天气条件。

　　开阔的草地的上空，已经高高地飘扬着"庆祝中华人民共和国成立 62 周年"的风筝。风筝的头上是大红的"福"字，生动地表达了运动员对国家的深情热爱，也体现了人民群众对目前的美好生活的满足感。许多只三角形的运动风筝，在天空上有节奏地上下飞舞。一起上升，一起下冲。它们听从放飞人的指挥，还传出一阵阵的鸣响声。

　　各区的风筝队都有高手来露一手。有一只五彩的章鱼风筝，睁着圆圆的眼睛，飘伸出

长龙风筝　　　　　　　　　　　　　　海宝风筝

许多的细长的触手,随着风吹的不同来向,扭转弯曲,变换多端,洒脱漂亮。美丽仕女的风筝,淡粉红的脸庞,绿鳞鱼身,装饰飘带。一对仕女风筝相伴飞上天空,左右穿插,来回变向,飘带闪动,仿佛敦煌飞天的仙女再现,好看得很。

再有五条长龙风筝,乘风而舞,飞得格外得高。凤凰、雨燕、红梅、海宝、青蛇、盘鹰……各色各样的风筝,争相飞舞,蔚为大观。本来在晚上,在夜空中要表演电子闪光的新式风筝,可惜天公不作美,只能延期。

玩风筝的,有许多老人70多岁了还身体健朗,乐此不疲。来自杨浦区的72岁的老伯,自己做盘鹰风筝,自己做放线轮。他的盘鹰风筝操纵得非常灵活自如。放风筝,在天高风清的大自然里,双手用力,两脚跑动,抬头眼观风筝,随时调整姿态,有利于健康,真是一项好运动、好游戏。女性中也有愈来愈多的爱好者加入。

解读"科学类诺贝尔奖"科普报告会

主题:"2012生理学和医学"专场

时间:2012年12月17日下午

地点:科学会堂 思南楼3楼 主持人:陈积芳

主持人：各位同学、专家，女士们、先生们、朋友们，今天由上海市科协主办的解读2012年"科学类诺贝尔奖"的讲座，生理学和医学专场今天下午在这里举行。多年来大家都对诺贝尔奖中的科学奖项给予关注，而且也关心着对这些奖项离中国科技界还有多远，莫言得了文学奖以后这样的关切可能是更加升温了。

过去对科学类的诺贝尔奖，我们的报纸、科学类杂志也给予了很多报道，但是毕竟它是专业性很强的科学类诺贝尔奖。因此，在科普普及方面有这个需求，但是还没有专门来举办解读的科普专场。所以，前面两讲我们已经就物理学、化学的诺贝尔奖，由专家做了解析报告，受到了听众的欢迎，把高级科普也推到了热心于这个领域的各位听众前面，当然要真正搞懂我们还是需要花一点力气的。

今天的专场由王纲研究员做了精心的准备，尽可能把生理学和医学方面诺贝尔奖的进展深入浅出地告诉大家。王纲研究员是中国科学院上海生命科学研究院生物化学与细胞生物学研究所的研究员。简要地说中国科学院在生命科学领域里，在上海集中着全国最强的科研力量。

可能细心的朋友们注意到，王纲教授是从心理学转到了生物细胞学，其中的跨度是较大的，说明王纲研究员对于科学研究的深入有着很丰富的想象力。王纲教授是在2006年成为了生化所的研究员，并担任了中国细胞生物学会副秘书长，是中科院"百人计划"的获得者、国家重大科学研究计划首席科学家，并担任了国际杂志《细胞学（The Transcription）》，以及《中国细胞生物学学报》和《科学通报》的编委。他主要的研究方向是癌症与干细胞的基因调控，他在众多高水平的分子学、细胞学的杂志上发表了很多的论文。

沈铭贤老师是今天的互动嘉宾，他是上海社会科学院哲学研究所的研究员、博士生导师，是国家人类基因组南方研究中心的伦理学部主任，是上海医学专家委员会的副主任。他著有很多的科学著作，有《新科学观》《科学哲学与生命伦理》等书籍，曾获得国家社科基金优秀著作奖、上海哲学社会科学优秀著作奖、优秀论文奖等等，享受国务院的特殊津贴。

今天互动的嘉宾，还有我们年轻的记者——《文汇报》科技部的许敏琦，2002年毕业于复旦大学中文系获得硕士学位，从事科学的新闻报道已经十多年了，作品曾多次获得中国科学院"科星奖"一等奖、上海市科技新闻奖一等奖，先后获得省市级新闻奖项十多项。

对诺贝尔奖的发源地之一挪威，有谚语是这样说的，如果从奥斯陆挖一口井，向下看看到什么？看到我们上海，这是一个比喻。我去过挪威也到了诺贝尔奖的授奖大厅。今天来主持也很荣幸，我是科普作家协会副理事长陈积芳。

主持人：我们下面就用热烈掌声欢迎王纲研究员讲这个专题，大家欢迎。

王纲：非常感谢上海市科协、上海市科普作家协会，给我这么一个机会来给大家做一个对于今年诺贝尔生理医学奖的解读。

这个是从诺贝尔奖网站上下载的一个图片，一个是约翰·B. 戈登，还有一个是山中伸弥两位教授。他们一起获得了今年的诺贝尔生理医学奖。戈登是英国剑桥大学的教授，他的研究所就是以他自己名字命名的，戈登研究所。山中伸弥是从日本东京大学，日本最好的大学毕业的，这个大学大概有4到6名左右的诺贝尔奖获得者，他是最新的一名，也是日本本土第一位也是目前唯一一位获得生理和医学奖的科学家。

从很多图片上人们看过长得像小蝌蚪的是精子，大一些的是卵子，精卵受精的情况下产生了一个单一的细胞，这一套遗传信息，一半是妈妈来的，一半是爸爸来的。唯一的细胞就能发展出胚胎，最后胚胎成长成一个大人走向社会。这是一条不归的路，是人的生命历程，就是我们从小然后慢慢变老，在这个过程中间这个细胞的命运发生了很多的变化，有很多选择，最后生成了很多很多各种各样的细胞，最后变成了一个人。这个人在人生道路上也像我们一样做出各种各样的选择，各种各样的努力，受到各种各样失败和挫折，有各种各样的喜怒哀乐，最后他有可能成为一位科学家，有可能成为一个学生，有可能成为一位医生、一名解放军，组成我们社会。

这条路被认为是不可逆转的，就是说我们在成长，我们在长大，最后我们就衰老死去。但是从古到今不管是西方还是东方都有一个梦想或者幻想，比如说中国人古代要寻找长生不老药，就是一种很有魔力的药，一吃就不会变老了。秦始皇派了3 000童男童女到日本，也许山中伸弥的祖先就在那里面，就是为了寻找长生不老药。西方也有这种同样的传说，

诺贝尔浮雕像

作者（右）访问诺贝尔故居时与诺贝尔扮演者合影

西方有一幅很著名的油画，说的是有一种不老泉，它的泉水很有魔力，老太婆下去洗完澡上来就成美女了，老头老得走路都走不动了，下去泡一会泉水就变成一个又健壮又帅的小伙子，人生又可以重新再来一遍了，这是人类美好的理想。

生命真的可以逆转吗？西方的科学家很早在1940年的时候就有这么一个理论，生命最初的细胞是精子与卵子的结合。这是一个多功能细胞的核子，这个细胞要变成整个人体所有的细胞，就像在一个山的山顶一样，它繁育分化的过程就是长成大人的过程，它可变成了比如说神经、血液或者是肌肉、皮肤，你所能想到的人类身体的每一个细胞、头发、眼睛。眼睛要有特殊的细胞才能看得见，耳朵要有特殊的细胞才能听得见，舌头要有特殊的细胞才能有味觉，鼻子要有特殊的细胞才闻得到特殊的味道，不同的味道由不同的细胞来管。这个生命科学的奥秘，和今年的化学诺贝尔奖有关。

然后下来皮肤、肌肉、骨头、脂肪，这些都是由不同功能的细胞组成的；内脏里面的肝、肺、肾、肠子，这都是由特定功能的细胞发育来的。这些所有的细胞，总共有200多种类型，都是从这唯一的一个细胞来的，这个细胞在人生长的过程中间就有分岔口，它在这里要决定是变成神经还是要变成其他部分；在这个分岔口它要决定是变成肌肉还是变成脂肪。这是非常关键和重要的，而这个过程被认为是不可逆的，就像石头从山顶上滚下来，它自己是不会回去的。

但是今年的诺贝尔奖是奖励一个什么发现呢？戈登和山中伸弥两位教授的工作证明了人类已经分化了的细胞，已经具有特定功能的细胞能够回到起点去。这个过程被称为重编程（reprogramming）。是戈登教授第一个发现了这个过程。所以，你们可以想象这是一个颠覆性的工作，是生物课本上以前没有讲过的这种可能性，是改变教科书的一个经典性的工作。所以，诺贝尔奖是奖励他的这种重要的发现。

具体用科学一点的语言，就是说这些皮肤、神经、心肌、骨骼肌或者肺、肝这些细胞以及血液细胞，可以通过两种方法，一个是核移植，一个是IPS（诱导多能干细胞）技术。这个是戈登和山中伸弥两个人发明的技术，能够使细胞回到具有全能型或者多能性的状态。

诺贝尔奖奖励给他们就是因为他们工作的意义非常深远，对人类文明、对人类科学的贡献可能是无法估量的。但是目前这种可能性还没有完全实现。怎么实现呢？我总结为一个盘子里面的细胞将来有各种各样的治疗疾病可能。通过这两种方法能把人的，比如说一块皮肤的细胞变成一种全能细胞，又叫多能干细胞。你可以想象这个细胞，它又能分化出肝脏细胞、肌肉细胞、神经细胞或者各种各样的细胞。

如果一个人是有遗传疾病的，比如说有一种遗传疾病，很多小孩到了10、20岁就不能走动了，肌肉就萎缩了，这是由于一个基因坏掉了。那能不能把这个基因给修补好，补好以后再把它变成他的肌肉，补回到患者的身上来，这样的话，患病小孩的肌肉就得到了拯救。比如说人类的肝脏很重要，很多时候有人喝酒太多，酒里面有塑化剂，肉里面都有瘦肉精，都危害了肝脏的健康。中国是一个肝病大国，肝炎患者有很多。有一个报道说每年100万人需要肝脏移植，但是一般来说只能做4万例的移植手术，因为肝脏给予非常缺乏。如果能够用患者自己细胞生产出肝脏细胞来，把它补到自己的肝脏里面去，你可以想象这个贡献或者社会意义。

更不要说神经细胞了，现在我们处于老龄社会，比如说老年痴呆症，或者说帕金森氏症，都是由于大脑发生了萎缩、细胞发生了死亡，如果能用患者的皮肤细胞做出神经细胞来或者是神经前体细胞来放回到他的脑子里面去，能够缓解患者的神经疾病，那这样就对人类的贡献是非常重要的。

还有这种过程不一定要到人身上才有意义，有时候对于一些药物的筛选，没法直接用人做实验，这个时候如果用人类的细胞来做一些药物的实验，就能加速对药物的开发或者对疾病病人的治疗。这一发现对生物学、医学、社会具有深远的意义，所以诺贝尔奖委员会做出了非常快、非常正确的决定，把这届诺贝尔生理医学奖发给这两位科学家。

下面我讲一下什么样的科学家做了什么样的工作，获得了这两个光荣的奖励。英国科学家戈登，他已经79岁了，我今年6月份在日本开会，还看见他自己一个人背着电脑在几千人的会场到处去听演讲，而且他自己也上台做演讲。约翰·B.戈登，头发全白了，但是非常精神，他利用核移植的技术，让体细胞可以发生重编程，从而达到一个新的生命起点，能实现逆转的生命过程，这是他的工作，接下来进一步讲讲他的实验。

戈登做了一个什么样的实验以给生物学和医学带来一个革命性的改变呢？他做了这个实验，在UV紫外线照射的情况下青蛙卵就坏了，不会变成小青蛙了。他就把一个小蝌蚪肠子里的细胞，肠上皮细胞的核用玻璃管特殊的操作把它放到坏掉的青蛙卵的核里面，把坏掉的核给替换掉。就像一个鸡蛋，把蛋黄给换掉了，先把蛋黄给杀死了，然后把蛋黄取出来换另外一个。已经是肠子的某一个细胞的核，换入坏掉的青蛙卵中，蛙卵又长出小蝌蚪来，认青蛙当爸爸妈妈，生出很多小蝌蚪来，这是他当时做的实验。这个实验的革命性就是我刚才讲的，把一个已经有特殊功能的，我们身体上任何一个细胞重新变回到原始状态下，让它重新变成一个原始的个体。

这一实验的意义是什么？细胞的遗传信息其实是完整的，只不过它需要一个特殊的管理，就像这个卵子，这样的话它又能把整个遗传密码重新阅读一遍，遗传密码就像我们电脑编程序一样，编好了长大就会按照这个程序去执行这个指令。已经执行完口令的细胞，通过重编程又重新再长出个体了。重编程很重要，这是1962年的实验，1962年到现在，人类又克隆出了多莉羊、小鼠、大鼠、牛、猪，这些意义都很大。比如说有一头牛非常优良，是优良品种，但是它的产量很小，或者它的近亲繁殖很容易不太纯了。如果能够通过这种方法来克隆的话，理论上只要你有时间、精力和钱就可以克隆很多一模一样优质的牛出来，这实际上已经做到了，还有羊等类似的生物。

还有比如说我们国家的大熊猫，它们已经是濒危动物，只有几千头了。如果我们能够用这个方法，实际上中国一直在努力但是还没有很成功，如果用这种方法来克隆的话，就能够生产出几百只熊猫，那也非常了不起。现在的熊猫很值钱，我在美国人的动物园来看一眼要交几十美元，很多人都要去那看熊猫，美国人特喜欢。美国人要赚钱，但是美国人要从中国租借熊猫，一年100万美元，而且熊猫生仔也是属于我国，要还给我国。你到成都熊猫基地去看，有的就是租借到美国人的熊猫产下的仔，这是租借条约里面规定好的，严格按照商业规则办事。所以这有很多的意义。

……

王刚教授的科普报告较长，未全文登录。

主持人：今天的科学报告引发了大家的很多思考和想象，这也是我们科普希望达到的某一种效果吧。有一些话题是有定论的，起码沈铭贤老师说了，目前还是不能放松克隆人。克隆的多利羊因为它太快地衰老了，这样的克隆羊活不太长，何况人呢？这也是科学要继续研究的问题。

由于时间关系，提问环节就到这里，允许我小结几句话。今天对诺贝尔奖的解读是最后一场，由于是生命科学比较贴近听众，是搞生物学研究的大学生和每一位关心人类生命健康的科普话题。所以，今天的讲座应该说非常成功，大家听得很认真，问题提得也很深刻。要小结的时候，我还要说人类的基础研究科学是一个很深邃、广阔的天空，还有许许多多的任务要去做。我想到，最深刻的还是科学精神。戈登已经79岁了，50年前做出青蛙来，可是他的科研人生路是怎么过来的呢？是坚持和从容。

他把老师写的，认为他的未来不太有希望的，而且评价他是最糟糕的一个学生的那段话，一直放在自己办公室的案头。可是有趣的是，戈登并不是怨恨老师批评了他，也不是说挂在那里，他要证明老师是错的，只是他觉得我还是要朝着我感兴趣的方向去努力，去研究，去获得成果。而且，他的业余生活很丰富，他的人生态度很乐观，跟周围的人一起相处也很融洽，获得了健康长寿。在这点上，他对人生和科学的态度和精神，值得我们弘扬。当我们讲科普时，说"四科并举"，不仅要学习科技知识和科学方法，更要学习科学思想和弘扬科学精神的时候，我觉得戈登的科学精神非常值得我们去效仿的。

戈登不懈地喜欢他的研究领域，永远保持自己的好奇心。或者我们上升一点，好奇并坚持到有一个诺贝尔奖来到他自己眼前。按照我们的说法，就是为我们祖国民族的复兴和更加的繁荣，坚持攀登科学高峰有更多的研究成果。总之，戈登先生就是看着老师说他不会怎么样的评语，走过了50年得了奖。这使我们想到，科普大家叶永烈先生，曾讲述他小学里的时候阅读和作文成绩只有 40 分，爸爸把他的成绩报告单保存下来了。可是他后来成了我们科普创作的标杆。这些都给我们启迪。

归结起来，科学是那样迷人，是可以让人们孜孜不倦去探索的。很多人不是直接从事科学研究，但是我们对科学研究的成果及其科技知识的了解，也需要孜孜不倦地去学习的。所以，最后我提议为我们王纲老师精彩的报告，为我们嘉宾的互动，表示衷心的感谢。

最后也感谢我们的听众，也感谢我们诺贝尔奖科学类得奖成果的解读，向所有为此付出辛勤工作的专家和朋友们，向卞毓麟、李乔、江世亮、段韬等等，做了这样一个有意义的解读工作，表示由衷的感谢。我相信，我们市科协在顺应着创新驱动、转型发展的伟大战略实施过程中，会对这样比较高级的科学科普再做探索，谢谢大家。

大数据与科技创新

今天我很荣幸地参加数据脸谱研讨会，今天我发言的主题是——"大数据与科技创新"。在第三次科技革命，大数据是非常重要的核心，而大数据的产生、存储和处理都是依靠信息技术。今天的数据脸谱研讨会就是对信息技术发展前沿的一次科学研讨，将对科技创新具有重大意义。

作为我国经济社会发展大趋势，科技创新是国家增强核心竞争力的战略支撑。习总书记曾提出，将发展的着力点放在"上海建设具有全球影响力的科技创新中心"上。科技是国家强盛之基，创新是民族进步之魂，使中国经济由"追赶型"向"超越型"转变。

科技创新与发展具有以下几方面的新特点：1. 科技进步的原动力来自于科技创新。2. 第三次工业革命是指以数字化制造及新能源、新材料的应用为代表的一个崭新时代。3. 战略撤离或成外资制造业大趋势。4. 在实现民族复兴的大目标上，我们只能迎接挑战。5. 企业创新的积极性必定要调动起来，企业成为技术创新的主体。6. 技术创新、市场创新、业态创新是互动的。7. 改革开放的全过程，都必须重视管理工作者和领导的科学素质的提高，当然，还有劳动者科学素质的提高。

大数据、云计算，是最新的科技进展与手段，也正是需要我们各行各业的管理者加以关注的新科技。在学术上，大数据或大数据挖掘，是指以最新的计算方法与装置，如量子计算这类新手段和高速计算机，对海量的巨大数据进行有效准确的计算与筛选，而且在人类可接受的时间里得到需要的结果。大数据是一个相对的说法，不是绝对的，有学者指出"大数据可以被视作一种比率——我们能计算的数据比上我们必须计算的数据"。大数据一直存在。"大数据"之"大"，更多的意义在于：人类可以"分析和使用"的数据在大量增加，通过这些数据的交换、整合和分析，人类可以发现新的知识，创造新的价值，带来"大知识"、"大科技"、"大利润"和"大发展"。

2014年这个被称为大数据元年的特殊时间点，许多事情已经悄悄地起步，或者说大数据时代的狂飙突进才刚刚拉开序幕。人从机械重复的低级劳动中被解放，投身更具价值的创造过程。大数据将帮助人类发现激发创造力与幸福感的有效机制，社会由物质文明进入灵性文明的新纪元。

再往前溯源，在医学科技领域，2003年算是大数据涌现过程中的一个里程碑。那一年第一例人类基因组完成了测序。那次突破性的进展之后，数以千计人类、灵长类、老鼠和细菌的基因组扩充着人们所掌握的数据。每个基因组上有几十亿个"字母"，计算时有出现纰漏的危险，催生了生物信息学。这一学科借助软件、硬件以及复杂算法之力，支撑着新的科学类型。从科学界看，2013年的科学类诺贝尔奖，在物理、化学和医学领域，都在大数据的使用中取得了研究的突破。

传统的劳动关系及生产与经营的组织形态将被打破，劳动者以液态形式自由流动结合，成为"液态公司"。通过大数据平台，将客户需求与人力资源进行精确匹配，个体能够最大限度地发挥潜能，同时打破地域、语言及文化的障碍，全球协作成为大趋势。电子商务"双十一"带来570亿元的营业额，没有移动互联网和大数据技术，这是无法实现的。

科技创新在经济发展中起着引领作用。从2G到4G时代多种全球标准并行，将进展到5G时代。由于面临更大规模的全球融合，尤其是物联网概念的人人链接、人物链接、物物链接的要求，建立全球性的5G统一标准将成为一种趋势。否则，过去能够链接人与人的多重技术标准，根本无法突破人与物，物与物的链接壁垒。如此，就不太可能形成产业规模。

举个例子吧。比如，大城市高楼林立，难以见到萤火虫，更不要说在哪个商店里买到一只萤火虫。而有创新创业者说，我可以开个卖萤火虫的网店，因为大数据技术可以做到。有需求吗？上海深度老龄化，老年人再婚，被称作为"萤火虫之恋"，不会像年轻人那么鲜亮光彩浪漫，甚至子女还会不赞成；可是尽管生命的光辉不如早上九、十点钟的阳光那么强烈，然而流动飞舞的荧光仍然十分美丽浪漫。真正爱老人的子女，买一对萤火虫，作为结婚礼物之一,也是很温馨别致的。大数据支持下的电子商务,可以精确地做到满足这种需求。

大数据具有产业革命的引领性作用,讲到大数据我们必须看到各类数据的耦合关系和科学决策。大数据涉及:第一种来源,业务数据。来源是下级部门和社会组织,是以基层上报、被动接受为主。第二种数据是民意数据,是单个公民或组织需要投入人力、财力去主动收集,这样的数据收集也是将来财政要创造环境的,要支付的。第三类数据是环境数据。这个环境不仅仅是一般意义上的大气这类东西,它包括自然环境、动植物以及物体,以传感器自动采集为主。所以,如何收集、保存、维护、管理、分析、共享正在呈指数级增长的数据,是我们企业和服务机构必须面对的挑战。

现在美国已有专门的机构,来负责收集、研究、使用数据,商业也好,政府也好,都在研究这个数据的发展。比如沃尔玛通过自己的销售数据,分析后发现,每到礼拜六、礼拜天,有两样东西的销量是成比例的增长,啤酒和尿布。后来就发现,礼拜六、礼拜天常常就是女人在家做事,男人到购物店买东西,就会买尿布,买尿布的时候男人就想,一周挺辛苦的,买点啤酒犒劳自己。所以啤酒和尿布就一块增加了销量。

对各类企业,也包括众多的商业企业,经营者会从业务角度问,大数据究竟离我们有多远?大数据的最终目标是什么?企业使用大数据作为业务催化器,与其他手段的区别和联系是什么?大数据如何助力于业务价值创造?为了回答这类问题,有人提出了"大数据成熟度模型",它既可以用于评估企业的当前现状,也可以描绘大数据提升业务的实施蓝图。企业采用大数据及先进分析技术来创造竞争优势时,采用了各不相同的节奏。有的企业比较小心翼翼,因为它们不清楚方向、启动方法及大数据旅程中哪些技术创新是合适的。有的企业则更加激进,勇于把大数据分析技术集成到现有的业务流程中,从而提升企业的决策分析与业务处理能力。

用大数据分析来改进现有业务,企业需要找出大数据能够创造优势的业务机会,它们可能是:1. 销售数据(及数据洞察)给客户;2. 将先进分析技术集成到产品中,以创造智能产品;3. 利用大数据分析来提升客户关系及客户体验。

这三类机会的发展都将经历以下五个阶段:业务监测、业务洞察、业务优化、数据盈利、业务重塑五部曲。有案例表明,企业2条生产线来不及应付现有订单,询问是否要增加新生产线?应用大数据技术,对原材料、生产程序、成本、库存、资金周转、物流等加以分析,得出结论,不用增添新的设备。

企业与机构的运行与管理发生革命性的变化,个人的生活数据将被实时采集上传处理。饮食、健康、出行、家居、医疗、购物、社交,大数据服务将被广泛运用并对用户生活质量产生革命性的提升,一切服务都将以个性化的方式为每一个"你"量身定制,为每一个行为提供基于历史数据与实时动态所产生的智能决策。

在传统领域大数据同样将发挥巨大作用：帮助农业根据环境气候土壤作物状况进行超精细化耕作；交通领域实现智能辅助乃至无人驾驶，堵车与事故将成为历史；能源产业将实现精确预测及产量实时调控，比如智能电网与每家每户的太阳能发电并网，成为现实。

新闻传媒产业和文化创意产业发展，也将依赖大数据技术成为极其重要的领域。不是简单投资几部电视剧和电影，运作思维也要彻底转向移动互联网。传统的线性传播将被颠覆。这些内容可能带来的价值，现在还没有被充分认识，随着人群的迭代，这些内容会爆发更大的价值，随着低廉的手持终端不断快速发展，这种价值将会指数级爆发出来。新闻与文艺界人士也在打破自己的既有认识和思维。已经形成已有的业态，还有很多领域亟待突破。

在大数据云计算的发展过程中，科技自身也在不断创新和完善。技术的突破将使传感器体积微型化。它将出现在生产生活的每一个角落，无处不在，甚至以靶向缓释胶囊形态进入人体内部，监测化学环境及组织器官的细微变化。美国已从这个方向，倡导实施"亿万传感器应用工程"。器件成本降低后，传感器不再需要回收，一次性使用，完成使命后自动废弃，而新的传感器则源源不断地补充数据源；传感器节点数将达到万亿级别，其数据量将超过人类日常传送总数据量的80%，新的低能耗无线通信标准即将诞生。

政务大数据的展开和服务型、智慧型政府的建设的深入进行，将使政府更有效率、更加开放、更加透明。大数据将成为国家间竞合关系的最高依据，同时也是最高机密，针对数据中心及传感器集群的黑客事件将会更多，数据黑客战将更加隐蔽而激烈，保护数据安

时刻记录高空的物理数据

全也会更加艰巨。

汪洋副总理最近也十分关心大数据,他说:希望我们重视数据。中国人数据意识的淡薄由来已久,甚至可以称之为国民性的一部分。胡适曾经写过,中国人是"差不多"先生,什么事情都"差不多"就行,不注意数据的收集、整理和使用。麦肯锡公司以2010年度各国新增的存储器为基准,对全世界的大数据的分布做了一个研究和统计,中国2010年度新增的数据量为250拍(PB,1PB=1204TB=250字节),不及日本的400拍、欧洲的2 000拍,和美国的3 500拍相比,更是连十分之一都不到。但是,中国却是全世界第一手机大国、第一互联网用户大国。实际上,我们把这些数据收集起来,加以研究,就能发现很多问题,提升科学管理的水平。

大数据时代来了,大数据是科技创新的基石,是新一轮发展的释放生产力能量的源泉。今天召开数据脸谱论坛,也是推动大数据产业发展的先导。我预祝大会圆满成功。谢谢大家!

上海海归开展STEM科学素养教育活动

随着全球互联网的发展,以智能化为特点的新科技正在快速推进科技创新的过程,深刻影响并改变人类的生活方式和社会发展,科技创新成为各国在全球化激烈竞争中,国家核心竞争力的决定性力量。

为此,上海要建设全球有影响力的科技创新中心,除了引进国际顶尖的研发项目外,要扎实地依靠自身的科技创新能力,在更多的科技领域自主创新。这是一个长期的艰巨任务,一方面要刻苦攻关,瞄准全球先进科技创新的水平,追赶和超越发达国家的现有的高度;另一面要做好科普,通过各种渠道来提升上海市全民的科学素养,尤其需要从小抓起,提升青少年的科学素养和创新技能。

作为科技创新仍然保持世界领先的美国,近年来提出知识经济时代教育目标之一是培养具有STEM(Science、Technology、Engineering、Mathematics)素养的人才,并称其为全球竞争力的关键。

STEM 是消除科学、技术、工程和数学各科之间传统的屏障；提倡各个学科之间横向的联系和问题式学习方式；引导学生们整合学习到的各科零碎知识，集成为一个有创造力的科学教学新模式。这个全新的教育模式不但可以激发学生的学习兴趣，增强他们对科学知识的理解；同时还能发掘学生在科学技术专业上的潜力，培养他们的创造力。目前，STEM 教育模式已经成为全美教育体系中的主流。

作为有志于提升国民整体科学素养的"神奇科学堂"（已在上海正式注册），是由旅居美国多年的年轻科技专业人士组成的少儿科学体验工作室，由从美国创业成功的留学生，投资约 2000 万元资金，建立民营的青少年科学教育中心。这是因为他们认识到中国要进一步加强科技创新，就需要下决心在少儿科普上做扎实的工作。经过多年的谈判，他们终于从美国引入基于 STEM 科学课堂设计的原版神奇科学堂（Mad Science）课程。该课程遵循教学规律，经由 NASA（National Aeronautics and Space Administration，美国国家宇航局）科学家、美国科学家协会的众多教育学家以及神奇科学堂课程研发专家对课程内容和实验设备长达 30 年的不断更新和研发，形成了一整套有体系的科学课堂教学新模式，确保孩子们在每一堂课中都能充分体验到科学探究的互动与快乐。

为了更好地探讨新形势下全民科学素养提升的新办法，借鉴国际顶尖的基于 STEM 体系的科技素养培育经验，展示上海青少年科技素养的最新成果，经与有关单位协商：拟于上海科技节前举办首届上海市 STEM 科学素养教育成果展示周活动，并由美国国家宇航局的宇航员和国际专家参加；他们将与科普工作者、上海教育专家，组织少年儿童进行一系列的交流和互动活动。

5 月 7—10 日主要活动包括：

1. 首届 STEM 青少年科学素养教育论坛（5 月 7 日上午）；2. STEM 儿童科学素养公益行启动仪式（5 月 8 日下午）；3. STEM 儿童科学素养公益行——（上海科技馆站，5 月 9 日）；4. STEM 儿童科学素养公益行——（与上海第八届科技节同步、在上海科技周期间浦东场次进行）。

为了更好开展本次活动和推广其科学教育的价值，保障活动的顺利进行，本次活动的主办单位（组委会）邀请上海市老科技工作者协会作为活动指导单位，本次活动组委会主任由老科协会长陈积芳担任；副主任由相关单位和机构的负责人担任：神奇科学堂、上海老科学技术工作者协会、上海科学教育中心、上海 STEM 云中心、上海青少年科学社、上海科学种子青少年科技创新服务中心、上海精识堂教育投资管理有限公司等单位，他们是从海鹰、陈红、徐钫、顾龙、周昭德、王一曼、王瑶、徐恒巍等。

在 STEM 青少年科学素养教育论坛上，由谢丽娟原副市长为科学堂所属青少年 STEM 科学教育中心揭幕。神奇科学堂教研团队分享在去年参与 NSTA（National Science

Teacher Association，美国国家科学教师协会）会议中的演讲。老科协会长陈积芳作了《上海青少年 STEM 教育的比较研究》的演讲。上海市以科技教育为特色的小学校长、幼儿园园长或科学老师参加。

神奇科学堂，作为海归创办的 STEM 青少年科普教育机构，运行正常，受到学校、家长和学生的欢迎。

科普活动

科普随笔

科普游记

科普人物

文耕选录

诗歌及其他

科普新媒体

饮食文化的源头

可炒成美味菜肴的鲜花

这美丽的花朵,做成菜肴,味道很好。我在云南吃过它,可惜没记住它的名称,只记得它的美丽。下面这个菜,是蚂蚁蛋炒野菜,你敢吃吗?

中国人的饮食,好吃、丰富,走遍天南地北,吃一辈子也吃不遍、吃不完、吃不够。我们自己说,中国饭菜好吃,现在吃过中国饭菜的外宾,也说好好吃。不管是星级酒店的佳肴、还是家常的农家菜,都好吃,更不用说菜系流派的变化之丰富了。

中国的美食,已融化在中国人每天的生活中。不论在什么样的条件下,不论吃者是什么样的身份与地位,都要让饮食更好一些,生存和生活的状态更美好些,这就是我们美食的文化源头。你想一想,从泥土糊荷叶包着带毛的鸡,用野草枯树枝烤出来飘着香味,到津津有味吃鸡肠子、猪耳朵、牛喉管、蚂蚁蛋、鸭血粉丝汤、香椿拌豆腐……外国人没有吃到我们这种程度的。这是一种多么实惠、多么聪明的生存之道。今天,地球已成为村庄,因特网让不同肤色的人们随时可以面对面交流,这时候再仔细看看我们的饮食,想想她的文化含义,真是件带有哲理的有趣的事情。

叫花鸡,是未当皇帝的朱元璋,被敌军追赶,饥寒交困时吃到的美味,流传至今。红嘴绿鹦白玉汤,是菠菜豆腐汤,康熙皇帝下江南心情愉快时,吃到的普通家常菜。无论是困苦,还是开心,不管随手做来,乃至精工细作,从家常便饭,到满汉全席,原来都是中国人的生存状态,已经融化在我们的生活中。原文化部长王蒙先生说:什么是中华文化?汉字,烹调。四个字,概括了五千年。你看,"吃",占了泱泱文化的半边天。这是什么原因呢?

因为人要生存,都离不开食衣住行。食是第一位的。民以食为天。这是中国式的表述,是最重要、第一位的事。要说抬杠的话,皇帝也没它重要。因为皇帝不过是天子,食是民的天，当然天比天子要大。在农耕文明的社会，饥荒而死人，皇帝是有可能当不成的，这层意思是现代人的理解。在先前的封建社会，随便说吃饭比皇帝重要，还是要被衙门的人教训的。所以，孔子孟子都赞成"君子远离庖厨也"。他们的意思是"仁义"比吃饭重要。因而有"饿死事小、守节事大"的观点流传，这在近代思想史被批判，是众所周知的。

　　理论是灰色的，生命之树常青。存在于百姓中的食之道，其丰富多彩、出其不意，像生命的活跃无比、充满激情一样，在我们吃到一道新的菜肴时，都会十分地惊喜！有一次在云南瑞丽，招待客人的菜肴中，有一道菜，从上海来的旅游者谁也没有吃到过，当然也就不认识叫什么菜。雪白的比绿豆大一些的卵球，与墨绿的不知名野菜炒在一起，吃到口中味道鲜美，滑润清爽，营养丰富。热情的主人介绍：这是蚂蚁蛋，是亚热带森林里的大蚂蚁的卵。臭豆腐，土鸡汤，那是走到天涯海角、任何地方，大家都认识的美食。而来到云南那么多的野菜，加上这蚂蚁蛋，真的让大上海城里人觉得新奇。其实，这些菜就是那儿的老百姓，在日常生活中经常品味的。美食，是在生存和生活的天长地久里积累的。

　　新疆的羊肉串，大兴安岭的飞龙，西藏的手撕牛肉，河南的油炸蝎子，福建的佛跳墙，成都的毛血旺，天津的狗不理，南翔的小笼包，内蒙古的烤全羊，还有西湖醋鱼、清炒虾仁、香干马兰、酸菜粉丝、轰炸重庆、霸王别姬、蚂蚁上树、余炝虎尾……不管你吃过没吃过，知道不知道，也不管是小吃，还是大菜，这些信手拈来的美味佳肴，已经是我们的文化积淀，彻头彻尾地沉淀在中国人的生活中。它们与历史、地理、环境、人物、习惯和动植物的知识连成一片，我想不出还有哪个民族和国家有如此丰富多彩的烹调。吃吃满足，想想也开心。

　　让生活有滋有味，充满诗意，中华美食数千年积累并流传，从孩提时光到耄耋年纪，一直伴随着中国人生命的全程。

蚂蚁蛋做成的菜肴

经历又一个科普的黄金年代

——我在上海科协的八年

2001年,我调到上海市科学技术协会,直到退休,在科协工作了八年。这八年中,我作为分管科普的科协副主席,处在一个科普的黄金年代里。我很高兴在这一时期内,参与了上海科普事业,并有所作为。

科技周、科技节活动主题鲜明

随着2000年的到来,以《中华人民共和国科学技术普及法》和《全民科学素质行动计划纲要》颁布实施为标志,中国又迎来了一个科普的黄金年代。一部法律、一份纲要,为我国的科普工作指明了方向,也给科协工作带来了极大的机遇。在新形势下,如何更好地推动上海科普工作的开展,成为上海市科协的重要任务。我很幸运,能参与其中,一起用行动来回答。

上海的科普拥有良好的基础,这得益于政府的关注、社会的需求、科协的工作。早在1991年,上海市科协专家就提出,上海在改革开放过程中,创办了电视节、艺术节等各种各样的节日,也应该创办一个科技节。为此,政协委员专门向政府提交了议案。就在当年10月,上海举办了第一届科技节,开创了我国大城市举办科技类节日的先河。在此之前,上海市科协每年都举办"科学之夏"活动。我参与了第一届科技节的筹办,而我一到上海科协工作,全国科技活动周也开始实施,与上海科技节每年轮流举办,科普工作的规模越来越大。

科技节活动对提升上海市民科学素质、普及科学知识都起到了积极的作用。每年的科技节和科技周都有自己的主题,每个主题都体现着科学理念。例如,2003年的主题是"抗击非典",为上海市民科学地对待非典,做出了贡献。又如,将"建设创新型国家"作为主题,向公众宣传阐述了创新的理念和前景。每次我都和普及部的同志一起忙碌,协调全市各条线一起做好这样大型的科普社会活动,节约能源、保护环境、防病保健等理念,生物科技、网络信息、先进制造等各个领域都有涉及。这些主题和内容不仅都给人以启迪,更重要的是将科学精神和科学思想传播到市民中。近些年,科技节的活动日渐丰富,吸引了越来越多人的关注。目前,每年约有300万人次参加科技节活动。在此期间,我分管的普及部,

法国"穿越百年的美丽——居里夫人展"

在上海市科协的年终考核中,连续四年被评为先进集体;普及部部长赵卫建被评为市劳动模范。

我在科协做科普工作,多次考察访问一些国家的科技场馆,就想方设法引进国外的优秀科普项目,促进上海科普与国际科普界的交流合作。如引进德国麻普学会的"科学隧道"、法国的"穿越百年的美丽——居里夫人展"、挪威的"北极光展"、澳大利亚的"奇妙的科学"、英国的"超弦之音——情迷爱因斯坦"、瑞典的"北欧科学家在南京路"等项目。在我担任科普分管副主席期间,每年都展出国际科普项目,丰富了上海科普的内容。

科普常态化的"名家科普讲坛"

科普工作不仅仅需要科技节这样每年一次的声势浩大的活动,更需要常态化的活动,以润物细无声的方式,提升市民的科学素质。

当时,市科协在科学会堂开展了多种形式的科普活动。我提出以举办定期讲座的方式,向市民宣讲科学知识,从而常态化地进行科普工作,也能将科学会堂变为科学大讲堂。于是"名家科普讲坛"开讲了,请国内外一流科学家、专家学者,向公众宣传演讲最新前沿学科进展和技术发展知识。我记得,第一期的"名家科普讲坛"邀请了上海天文台的叶叔

玛格丽特教授给中学生讲解有关哈勃望远镜的天文科学成果

华院士,她以"地球动力学知识对我们的重要意义"为主题,向听众讲述了深奥的天文学知识,获得了大家的一致好评。

如美国科学院院士玛格丽特·凯瑞尔松也来做过题为《太阳系行星、极光》的演讲,她演示的天文图片是哈勃拍摄的太空景象,清晰新颖,让上海的青少年天文爱好者大有收获,报告厅内座无虚席。

名家科普讲坛邀请了许多的院士和专家。他们都以十分认真的态度准备讲座,展现出科学家们对科普的积极态度。在讲座现场,无论是老人还是小同学提出的问题,科学家们都会一一解答,令人信服。我还很真诚地和科学家交换意见,提出生动通俗、易于理解的演讲建议。有一次,中国科学院上海技术物理研究所沈学础院士在市科协的科学会堂,做了题为《爱因斯坦相对论100年》的科普演讲。讲完后,沈院士向听众提问:"今天对我讲的内容觉得听懂了大部分的,请举手。"当时,我是主持人,看到八成听众举手,我也由衷感到高兴。

到现在,"名家科普讲坛"已经举办了160多期,成为上海市科协常态化科普的一个重要品牌项目。

创办科学与人文结合的"上海国际科学与艺术展"

为了让科普工作做得更生动形象,我在分管这项工作期间,提出创办并实施"上海国际科学与艺术展"。19世纪中叶,法国文学大师福楼拜曾说:"科学与艺术在山麓下分手,必将在山顶重逢"。在上海,科学与艺术每年都会在科技周握手言欢。

"上海国际科学与艺术展"是从2003年开始举办的,至今已连续举办了9届,我参与了前面的6届工作。展会面向社会,面向广大的市民,用艺术的表现形式来传播科学技术的道理。"上海国际科学与艺术展"已成为上海科技节的一个重要的活动品牌,在社会上产生了广泛的影响。一个展会连续办了9年,观众达50多万次,中央电视台、凤凰台作过深入报道。许多科学家和艺术家也热心称赞这一会展。

在做这件工作时,得到著名科学家李政道、美术家吴冠中先生的支持,这是我的幸运。

这个展览推进科学与艺术的结合,成为近来探索大学科交叉的科普实践。李政道先生提出:"科学与艺术是一枚硬币的两面,密不可分。"上海市科学技术协会主席沈文庆先生,是中国科学院物理学院士,他与李政道教授有学科的师承关系,他从培养人才必须文理兼备的角度,也积极支持这件事的开展。沈文庆先生担任"上海国际科学与艺术展"组委会的主任,而李政道教授和叶叔华院士担任了会展的科学顾问,吴冠中先生担任了艺术顾问。倍感荣幸的是,2005年的"上海国际科学与艺术展览会",李政道教授为之揭幕,并送来他的34幅画作展出。

李政道教授的绘画作品

每年的展会,都汇集了世界各国的科学与艺术作品,通过独特视角,采用摄影、雕塑、绘画、诗歌、音乐、多媒体、动漫等多种艺术表现形式,展示上海乃至中国和世界发展中的科学与艺术相结合的成就。每年展会都设置了多个展示单元,包括院士画廊、科学发现、科普艺术等。例如,我们每年邀请美术家与院士科学家结对作肖像画,深受院士的欢迎。展出时,院士夫妇会双双前来参观。开始时,科学家以为自己为科学研究操劳,岁月让皱纹爬上了额头,不太愿意画肖像。后来看到自己的肖像画很高兴。张永莲院士就说:"没想到美术家抓我的神情特点很准,还把我画得年轻了。如果我们科研创新也能像他们一样抓准特点,就肯定能出成果了。"

"上海国际科学与艺术展"探索了科普工作与艺术的结合,科学美与艺术美同行,用艺术美来概括浓缩科学的精妙,揭开前沿科学的神秘面纱,让公众在欣赏美的过程中获益,同时通过艺术激发灵感,这对提升人们的认知过程和参与热情大有帮助。这项探索已取得初步的成果。

新年伊始

——来自南极的科考信息

2009年1月1日下午7时10分，中国南极科学考察队队长杨惠根，在"雪龙号"开赴澳大利亚运输第二批建站物资的途中，打来电话，传来南极科考队建立冰穹A地区科学站的最新情况：

到12月28日19时45分，我国第25次南极考察内陆冰盖队行进至距中山站705千米的内陆冰盖就地宿营。这意味着内陆队已通过前往冰穹A地区途中最大规模冰裂隙密集区域。目前全体队员身体状况良好，除3辆雪地车发生故障被暂时丢弃在中途，其他车辆、设备正常。

首个内陆站昆仑站站址所在的南极内陆冰盖最高点冰穹A地区海拔4 100米，从中山站到冰穹A途经数条大的冰裂隙带，其中以400—600千米路段的密集冰裂隙区规模最大。当天下午，内陆队仅剩的一辆PB240雪地车因电路故障现场无法修复，被暂时弃置途中。到目前为止内陆队在中途已被迫抛弃3辆PB240雪地车，车辆从出发时的11辆减为8辆，牵引42个雪橇。所幸全部被迫退出"征程"的PB240雪地车型号较老，牵引能力相对较弱，未对内陆队行进造成较大影响。

内陆队队长、中国极地研究中心冰川室主任预报，冰穹A地区进入2月气温骤降，可能低至零下50摄氏度，将使车辆、设备等无法正常工作，内陆队必须在1月底前离开冰穹A。冰穹A地区距中山站内陆队单程行车距离约1 300千米，从800千米处至冰穹A地区，是继沿岸60千米外途中海拔升高最快的区域。这是内陆队行进面临的下一个关键考验。

经过13天行进，截至30日晚，中国第25次南极科考队内陆冰盖考察队（简称内陆队）比计划提前抵达距中国南极中山站884千米处，有望提前到达冰穹A。由于进入软雪带区域，车辆的牵引力受到很大影响，车队行进比较困难。目前采取的方法是先留下部分雪橇，减少负重行进一段距离后，车辆再返回牵引先前留下的雪橇。这样做导致物资行进100千米，车辆要行驶150千米。30日晚11时，车队开始宿营休息。内陆队现在所处的海拔已超过3 000米，随队医生已经给队员服用抗高原反应药，预防队员出现不适。

内陆队按原计划是20天行进1 300千米抵达冰穹A。照此计算，内陆队目前到达的位置已超过计划行进距离，抢回了先前车辆损坏耽误的时间，有望提前抵达冰穹A。

继中山站、长城站后,我国在南极建立第三个科学考察站,将建在南极洲的中心内陆的冰穹A。科考队将在那里,钻取350—500米深的冰芯,可以用来重现120万年的地球气候的记录。我国科学考察队,将依托冰穹A的制高点,展现中国极地科学研究的优势。我们在黄浦江畔,真诚祝愿科考队,平安顺利,闯过严酷低温、冰川裂缝等难关,胜利归来。

土星探测起步,土星科普也开始

2008年12月11日—21日,我率上海市科协访问团一行十三人,参加台湾政治大学科技管理研究所和智慧财产研究所的学术年会。其间,东道主安排我们参观科技企业。在太极科技股份公司,董事长黄宝云(2007年来科协参加过科技创新论坛)接待并安排参观了她的公司,向我们介绍了他们的业务工作。主要的一项是:配合美国的"卡西尼—惠更斯号"正在进行的土星探测计划,她的公司还拿到了《土星之旅》的科普影视制作的业务。

黄宝云女士带领着她的动漫创意团队,通过长期艰苦的奋斗,在国际动画片的舞台上崭露头角。《土星之旅》的动漫片由"太极"公司承担,可见其技术力量的优势。

"卡西尼—惠更斯号"土星探测计划,从1982年提出研究,已历时26年。由美国NASA、欧洲ESA(欧洲航天局)、意大利ASI(意大利航天局)三国太空总署为主,有19个国家的5 000多名科学家参加。总投入经费达32.6亿美元(其中美国26亿美元,欧洲5亿美元,意大利1.6亿美元)。这个巨大的工程研制的太空飞行器,是人类有太空计划以来,最大、最重、最复杂的宇宙航行器,飞近土星轨道后将长时间对土星及其卫星进行科学观察。此外还计划发射一个飞行仪器登陆泰坦卫星。

太极公司由黄宝云女将出马,居然说服美国NASA的高层管理人员,《土星之旅》的科普动漫片,将由她的团队制作。一是美国的纳税人需要了解这么庞大的经费支出,土星探测是在做些什么;二是太极公司以《国宝总动员》的优秀制作,在2008年日本国际动漫大赛上,一举夺得特等奖。如果说,以土星探测总经费的3%计算,那么这部科普片的经费可达到六亿人民币。

因而，太极公司用美国太空总署提供的照片为动漫制作的素材，开始了工作。有充足的经费作后盾，就能邀请第一个登上月球的阿姆斯特朗，做片子的配音者，还有20位好莱坞的一流配音演员组成强大阵容。我看到已制成的片断，的确蔚为大观。在此，略加介绍，希望有机会观看其成功之整部。

讲中国人的故事

——国宝总动员

这是一位女性科技动漫创业者讲的故事，而且是向世界讲述中国人的故事。她还充满激情地说，在因特网时代，中国人的故事有条件讲、讲不完、有人愿意听、可以讲好它！

去年，她到上海市科学技术协会举办的《两岸科技创新论坛》上诉说了她创业的初衷：作为一个母亲，她有两个孩子，看到自己的和台湾的孩子们读的动画故事书，都是好莱坞的、BBC（英国广播公司）的、日本的、韩国的。她就决心要为孩子们制作以中国文化为主题的动漫作品。她创办了太极科技股份公司，出任董事长。雄劲的"太极"两字，是请北京的著名书法家题写的。她构思了从台湾故宫的藏品着手，用动漫作媒体，讲中国国宝的故事，题名《国宝总动员》。

事隔约一年光景，我率团去台参加知识产权论坛，东道主安排参观太极科技公司，真是有缘，又见到了她。黄宝云，在公司的演播厅接待我们，她总是讲究高效率的作风，想抓紧时间让我们了解她取得的骄人成绩。她带领的团队创作的《国宝总动员》，在2008东京国际动漫大赛上，获得特等奖。她在领奖台上的形象，一派成功喜悦的亮丽！是啊，国宝的动画角色和文化内涵是一流的；动漫制作的软件和作品效果是一流的。

《国宝总动员》的主要是故宫博物院的珍贵文物，用现代科技的虚拟手段，让它们复活过来，能说能走有表情。主角就是一位白瓷枕上的白瓷孩。它是宋朝河北定窑烧制的精美瓷器，釉色牙白，浮雕刻花，素净典雅。八百年前的瓷孩活了过来，这本身就很吸引人。由于历史的原因，两岸故宫博物院各有一个瓷孩，这又可想象出不少情节。

配角是一头灵兽和一只鸭子。东汉的玉辟邪，年代更久远，双翼、花鞭尾，挺胸迈步，一派气宇轩昂的雄风。黄玉鸭是宋代的，圆润娴雅，扑腾起来，比唐老鸭一点也不差，而且更可爱。

次要角色也是好看的。盛唐的灰陶釉彩女仕俑也活动起来，面如满月，雍容华贵，一派丰厚腴润、颐指气使的风韵。小瓷孩还很酷，调侃着说：你是故宫里第一美人吧？这话居然弄得贵妇人发了一通小脾气。那棵闻名中外的翠玉白菜上的螽斯（俗称纺织娘），蹦下来跳东跳西地和孩子捉迷藏，是很有情趣的线索，把故事串下去，饶有兴致。

这些角色的原型，深藏故宫，很多孩子从来没有机会看见过。《国宝总动员》把国宝都动员起来做戏，大人孩子都可以看个够啦！我认为可是比《玩具总动员》做得更好看更卖座。

值得注意的是，片子的编导除了对情节、角色形象和视听效果很注重外，对片子的中国文化的精神也很下大力气。瓷孩、辟邪和玉鸭在夜晚的故宫里，追寻着跳跃的螽斯，很难逮到这小家伙，就询问供奉在祭台上的玉圭神灵，得到的回答是颇具东方特色的中华文化之韵味的：他从哪里来，就到哪里寻。这肯定是中国禅宗里才有的缘机与智慧。"太极"能在《国宝总动员》的一个个故事里，点点滴滴、丝丝缕缕地注入中华文化的精神，那一定都是真正的中国故事了。

为飞过南极的直升机存照

2009年4月10日10：36，停在"雪龙号"上的科考直升机边上，一对情侣正在留影。欢迎第25次中国南极科学考察队凯旋的仪式结束后，市民群众与中小学生可上"雪龙号"上参观，每个人都喜气洋洋。而第三天，传来噩耗，科考直升机起飞一分钟后，坠落沉没长江水。机长等三人脱险，机械师遇难。

现在，我才体会到：什么叫"爱屋及乌"，更何况是与科考一起在南极飞行，立过功的直升机。我为失事的直升机悲痛，也为遇难的机械师致哀。

鲜花送给凯旋的南极科考队员

"雪龙号"船长与家人合影

各界人士上"雪龙号"参观

"雪龙号"上的设备装置

与直升机合影,第二天它因故坠入江中

当时，我们兴高采烈地在这架飞机旁拍照，想不到成了绝版。就把我拍下的一对情侣在飞机旁的留影，立此存照，以致怀念。

重返翠湖

——昆明美丽的眼睛

我到云南昆明多次，大理、腾冲、丽水、建德、瑞丽……留下了极其美好的印象。这次重返昆明，去五华区，这个区是昆明市的中心区，我要对其文化创意产业园区的发展，作考察咨询服务。

翠湖，被称为"昆明的眼睛"。在市中心居然有很大的绿树环绕的湖水，真是难得。最神奇的是——每年三月，无数的红嘴鸥，飞来翠湖上空，蔚为大观。据说，每年迁徙的鸥鸟，是从西伯利亚飞来的，在翠湖待上近一个月，就飞走了。到底飞到哪里去了？我心里一直很好奇，多么守信的可爱的鸥鸟。昆明的市民，都对红嘴鸥很友好，男女老少都和鸟儿和睦相处，给红嘴鸥喂食，鸟儿会大胆在人们的手上啄吃面包玉米等食物。

云南省有26个少数民族，常见的有傣族、白族、彝族、黎族、苗族、佤族等，拥有丰富多彩的原生态的文化资源。诗歌、音乐、舞蹈、戏曲、傩面等保存较好的文化艺术，极其珍贵且感人。杨丽萍的舞蹈艺术，尤其是她表演的孔雀舞，和她策划的大型舞剧"云南印象"等，已闻名中外。

我看过这些充满着少数民族质朴深厚感情的表演，被感动得把这些画面印在脑海里，久久难忘。记得在一个"女儿国"的场景，披有长长秀发的妇女，穿着花纹美丽的裙子，手拿斗笠，忙碌一天，回到竹楼来，中间有隐隐约约的炭火闪烁……在她们婀娜起舞时，背后女中音深情的诗歌响起：

太阳落下咯，太阳歇息吧！

月亮落下咯，月亮歇息吧！

女人忙碌哦，女人歇息吧！

飞翔在翠湖上空的成百上千的红嘴鸥

女人歇不得喔,女人歇着咯,
屋里的火塘吆,就要熄灭了!

这首诗歌,是对农耕文明时代的家庭生活中妇女重要作用的歌颂,是那么简单短促而触动心扉,是那么细腻朴素,却能打动各种肤色的观众。我对云南的领导和朋友笑着说,自从我看了这出剧,听了这支歌,我的心留在了云南竹楼的火塘里了。我热爱云南,那真是彩云之南的好地方。

那振翅飞翔的成百上千的红嘴鸥,那泼水节人们忘情的笑声和溅飞的水花,那年轻导游姑娘纯净的眼睛和亲切的笑容,那民族村里火一般热情的鼓声和女演员甩舞的长发,那琳琅满目的翡翠雕成的令人爱不释手的玉器,那飘散着阵阵香气的水灵而美丽的鲜花,那有趣而带有神秘感的东巴象形文字,那带着遥远的故事的一个个美味小吃和菜肴……都十分难忘。

上海朋友要使劲地发问:这么多好吃的小吃,全国人民只知道"过桥米线",连台湾的丰富小吃都到上海来火爆开张,云南的小吃该包装好,走出去啊。云南的朋友笑容可掬淡淡地说:生活在云南,在昆明,日子过得太滋润啦,好像没人愿意出去做这事。是啊,说的也在理。那么,谁去做啊?

赏玉与科普

国人喜爱玉器历史悠久，底蕴深厚；上海开埠兴起以来精英荟萃，书画印章、赏玉收藏都十分兴旺，形成海派文化，也孕育玉雕独树一帜的风格。上海人也喜欢玩玉，现在生活好了，不少人有能力购买收藏玉器。上好的玉，让人爱不释手，徘徊流连，总想让它成为自己的贴身之物。可以说，那些让人立刻想捧走的精美玉器，都是富含文化韵味的。

前不久，我有机会到云南瑞丽，参观玉器市场。那里十分繁华，玉器琳琅满目，规格化的精品，如翡翠手镯等，高价待售，供货充足。但平心而论，真正有文化内涵的上乘之品，以我的眼光看，还不多。我细心扫描，好不容易看中有家玉店的玻璃柜台里，摆着一件：今年是鼠年，以翠玉雕一双圆口布鞋，一只小老鼠从鞋口爬出，另一只在鞋跟玩耍。我问老板：这件什么价？答：镇店之宝，不卖的！大家一听都笑了。这说明好玉器要有文化韵味，大家是有共识的。而且，店主明确地说，好东西、好师傅、好手艺，还是上海、扬州、香港多。因为，师傅肚内文化相对而言丰厚。

海派玉雕要创作更多更好的作品，应继承传统，创新发展。中华文化源远流长，玉雕文化也内涵丰富，深厚无穷。我们不能轻视和否定文化的传统，而应该加以继承、吸收、创新、发展。

这使我想起在台湾的博物馆看到的玉器。我三次去台湾的博物馆院参观，必看玉器。那翡翠白菜、红烧肉玉已闻名于世，不多描述。当我看到一件精雕的玉鳌时，心情还是惊叹万分。鳌，是自然界没有的人们想象出来的神物。它居然被雕得栩栩如生，活灵活现，精妙绝伦。大家都知道：独占鳌头、鲤鱼跳龙门。但不一定知道鳌是什么样的？

鳌，就是鲤鱼跳到龙门顶上，开始变龙，还没完全成为龙的那一瞬间的家伙。腾越在龙门顶部的非龙非鱼为鳌，它达到了应有的高度，也有了应有的荣誉和前程。手艺高超的大师居然把鳌雕了出来。白玉的鲤鱼身，有鳞片纹；鱼头上渐出的龙角、背鳍、侧鳍、尾巴，都巧用玉的黑灰皮色，雕得巧夺天工。

我想，传统文化的丰富营养，是创新的源泉之一。当然，创新还要吸收各种优秀文化知识，勤学苦练、锲而不舍，才能创作出更优秀的玉雕作品来。那么，在世博会时，就能一展中国玉雕风采，让游客掏腰包捧走。

科学与艺术融合的理念和实践

一、科学与艺术两者融合的动因

"上海国际科学与艺术展"自2004年起至今已连续举办了10届，观众达上百万，许多科学家和艺术家也热心赞许。展会面向社会，面向广大的市民，用艺术的表现形式来传播科学技术的道理。科学与艺术展已成为上海科普的一个重要的活动品牌，在社会上产生了广泛的影响。从进一步推动在综合提高公众科学素质和人文素质的角度，引出了深入研讨科学与艺术融合的课题。尽管在一些大众与有较高知识层次的人中存在不同议论，比如认为科学与艺术是相对独立的大领域，把它俩扯到一起是硬凑的看法。我们还是想从实务和学术的角度，来观察这件事的动因，使人们更能弄清科学与艺术融合的意义。一般说来，重要事件的发生，会与三个原因有关：一是有人愿意并推动做这件事；二是做这件事有客观原因和条件；三是社会发展对这件事有需求。

其一，科学家和艺术家愿意做。诺贝尔物理奖获得者李政道先生、著名美术家吴冠中先生共同推进科学与艺术的结合，成为近年来大学科交叉引人注目的事件。李先生提出："科学与艺术是一枚硬币的两面，密不可分。"科学表达自然和世界的原理与规律，艺术表现人类的思想与情感。吴冠中先生以艺术表达科学题材，默契地响应并寻求艺术创作中的科学道理。2001年清华大学举办国内首届科学与艺术展览会。上海市科学技术协会主席沈文庆先生，是中国科学院物理学院士，他与李政道教授有学科的师承渊源关系，他从培养人才必须文理兼备的角度，也积极支持这件事的开展，理所当然地担任组委会的主任。叶叔华院士也自始至终对这件事给以关心，第一届展览就送来她天文学研究的精美照片，展览会的标识就是她的天文学照片的一张。值得荣幸的是，2005年的《上海科学与艺术展览会》，李政道教授

作者（右）与美国米勒教授合影

为之揭幕，并送来展示他的三十四幅画作。记述这一笔，是说明科学家对科学与艺术结合的重视。

其二，科技传播要依赖文化艺术。科技进步、科技创新以及科技传播的迅速发展，客观上提出了有效地生动地向公众传播科技知识、科学方法、科学思想和科学精神的强烈需求。要成功地让人们接受科技新知，发掘出科学中最具美感的东西，将其介绍给社会公众，尤其是青少年，激发起他们对于科学的兴趣，促使他们热爱科学，追求科学真理尤为重要。以抽象的逻辑思维为特征的自然科学，之所以也包含着美学的因素，是因为科学定理、理论是自然规律的反映、概括，而自然界是充满了美的。从宇宙天体到精微的基本粒子，从生命的进化到生命的构成，自然界万物运行有序、和谐统一，构成一幅幅美妙的图景。科学与艺术貌似南辕北辙，针锋相对，然而科学与艺术，就像从不同方向攀登同一座山峰的两个人，法国文学家福楼拜说："越往前走，艺术越是要科学化，同时科学也要艺术化。两人从山麓分手，又在山顶会合"，共同奔向人类向往的最崇高理想境界——美，可谓殊途而同归。

和谐之美，正是科学家和艺术家共同追求的最高理想境界，是科学和艺术以各自不同的形式努力表现的共同目标。溯及古代文明早期，技术和艺术从来就是合一相通的。先民烧制陶器时，材料、温度、烧炼的制造工艺，鱼纹、兽形、舞蹈的描绘手艺，是融为一体、一气呵成的。由于社会分工的日益细致，科学和艺术两者才分离独立，这种泾渭分明的隔离，

李政道教授（前排中间）于杨福家院合影

对人才的培养教育和全面发展，产生了不利的影响。21世纪的今天，我们重视以人为本和人的全面发展，也会越来越深刻认识到，要促进科学与包括艺术在内的人文科学融为一体，才能期望达到与这个时代相称的智慧的顶点。从这个意义上说，科普是科学文化的一部分，是大文化的重要组成。不能仅停留于知识的介绍，更要注重科学内涵层面，这其中就包括了介绍科学中的美。科普，必须做到深入浅出、通俗易懂，体现对科学内涵的挖掘和表达，形式上要依赖艺术手段。通过科学与艺术的融合，通过真、善、美统一作品的展示，以科学之趣、科学之美、科学之雅，感染提高广大公众的科学素质。

其三，社会发展对科学与艺术的结合有需求。世界发展到信息网络时代，人们获取知识的手段和学习方式发生了革命性的深刻变化。过去对人脑思维由左右半脑各自分工的结论，也被最新的脑科学发现所纠正。右脑主管抽象思维，左脑主管形象思维，有功能相对独立的方面，中国科学院院士、脑科学家杨雄里谈到对人脑思维时脑电波的分析表明，无论是从事科技研发、还是从事艺术创作，大脑两半球的脑波都是活动的。实际上，创意产业的兴起，已难以区分电脑工程师和文艺工作者的工作界面，科学与艺术整合是须臾不可分离的手段。

人类正步入科学与技术融合的高新科技创新不断涌现的重要时期。人和人群的科学文化素养、身心健康素质和生存发展能力等综合素质不仅成为国际综合竞争的基本组成部分，而且对现代人文精神（文化氛围）的构造与影响起着越来越重要的作用。其中，人的科学素质（科学文化素养）是人和人群综合素质的核心要素，是现代人文精神存在与发展的根本。因此，科学与艺术融合是提高人的综合素质的需要。世界发展到信息网络时代，人们获取知识的手段和学习方式发生了革命性的深刻变化。我们可以乐观地预言，一个涌现成批达·芬奇式人文和科技兼备的复合人才的时代，已悄悄来临。

因此，上海国际科学与艺术展一开始，就得到社会各方的热烈响应。我们搭起了一个平台，为正在或即将从事科学与艺术相结合领域研究和开发的人们，提供一个相互交流的机会；为科技创新和艺术人才的培养和学术研究，开拓更为广阔的思维空间；为科学与艺术相结合创新的产品发布构建展示的舞台；为增进世界各国科学与艺术工作者的友谊与合作，增强科学界、艺术界与社会公众的沟通而做出努力。

正因为科学与艺术作为大学科的存在和可能的融合，于是在具体领域的结合和表现上也取得了很好的效果。2008年5月科技活动周期间，正值北京举办奥运会。上海市科协、上海市文联、上海市体育局联手，举办上海国际科学与艺术展，以"体育·美·科技"为主题，通过生动活泼的科学与艺术形式，加深公众对体育科技的认知，体验体育运动中的艺术美，提升科技在体育中的影响与重要性的认识，展现国内外在体育科技领域的成就，展示更快、更高、更强的奥林匹克精神和文化。展会有十多个国家的项目前来参展，集科学性、艺术性、创意性、国际化、专业化、互动化为一体,让参与的公众都能体验到体育中的科学与艺术魅力与遐想。这一届展会因奥运而精彩,科学与艺术联手为奥运带来一个新的视角。

二、科学与文化艺术融合的内在机制

从科学与艺术结合的实践我们看到了动因,那么从两者融合的内在机制上,我们也能找到客观的规律。可以从四个方面阐述。

1. 科技创新与艺术创新本质上的一致性。在清华大学的"科学与艺术论坛"上,全国美术家协会主席吴冠中先生演讲时说,他在书房里挂了一幅"两横两竖"的曲字,他说,来我书房的同事与学生都讲,这是个错别字。吴冠中笑起来说,我是故意这么写的,为了从另一个角度,阐述一个道理:创新必须从突破原有的基础上开始。李政道教授演讲时,对吴冠中的观点表示高度赞同。他也说,科学的新发现,往往是从看似是一个错误,或者是偶然的迷惑,而实际是对一个未知事件,加以新的研究,并有了新的认识新的突破开始的。X光就是从感光胶片上有一个金属钥匙的黑影,寻找原因,才发现了原子辐射的革命性的科学重大成果:原来,自然界物质的原子结构内部会衰变而放射射线。这是科学史上的著

叶叔华院士与其先生观看上海国际科学与艺术展

名例子。著名科学家钱学森对学理工的科技专家加强艺术修养，是从思维科学的深度来认识的。他说：这些艺术上的修养不仅加深了我对艺术作品中那些诗情画意和人生哲理的深刻理解，也学会了艺术上大跨度的宏观形象思维。这些东西对启迪一个人在科学上的创新是很重要的。科学上的创新光靠严密的逻辑思维不行，创新的思想往往开始于形象思维，从大跨度的联想中得到启迪，然后再用严密的逻辑加以验证。

2. 科技创新与文艺创新审美上的趋同性。一般地说，科学追求真，艺术追求美，宗教追求善。这是讲的各自的主要功能。但是，科学技术在发现世界内部的规律和原理的同时，也在发现自然和宇宙的美。科学与艺术从这个层面上又走到了一起。以抽象的逻辑思维为特征的自然科学，之所以也包含着美学的因素，是因为科学定理、理论、学说，是自然规律的反映、概括，而自然界是充满了美的。科学与艺术貌似南辕北辙、针锋相对，然而科学求真，真中含美；艺术求美，美不离真。

文化艺术表现出的登峰造极的审美效果，已毋庸置疑；而科学技术在研究和开发过程中发现、揭示和展现出来的生命与自然及宇宙的美，同样让人惊叹，令人折服。著名科学家钱学森说过：我父亲钱均夫很懂得现代教育，他一方面让我学理工，走技术强国的路；另一方面又送我去学音乐、绘画这些艺术课。我从小不仅对科学感兴趣，也对艺术有兴趣，读过许多艺术理论方面的书，像普列汉诺夫的《艺术论》，我在上海交通大学念书时就读过了。他还提到：美国加州理工学院还鼓励那些理工科学生提高艺术素养。我们火箭小组的头头马林纳就是一边研究火箭，一边学习绘画，他后来还成为西方一位抽象派画家。美国建有专门的机构来研究和推动科学与艺术的融合，称作艺术与科学研究院，还有院士称号。他们的玛格丽特院士曾在上海科学会堂做过"哈勃望远镜看到的宇宙"演讲，展出的照片极其精美而新颖，让以天文为特色的卢湾中学的 800 名同学大开眼界。同学自发去买来八束鲜花献给玛格丽特院士，可见展示科学的美，达到的效果是令人兴奋而难忘的。

从科技传播的角度看，广大普通受众了解欣赏到科学的美，要付出再学习的辛苦。中国科学院理论物理研究所研究员李淼说：科学包含真正的美，但只有经过训练的人才能欣赏得到。科普就是尽量把这种美介绍给没有受过训练的人，用公众可以接受的办法传达。

3. 科技群体与人文大师素质上的丰富性。科学家与工程师是身怀丰富科学技术知识的社会群体。同样地，文化艺术家是身怀宝贵人文知识和技能的人才群体，他们往往是在文理兼备上表现出高度的综合素养，尤其是在人文精神和科学精神融合的层面上，处于人类精神的高峰的位置。思想机锋的灵敏睿智，洞察客观世界和心灵世界的深刻多维，剖析社会问题的犀利清晰，令人信服，教人心服，使人敬仰。他们是科技与文艺融合良好的榜样。

上海的美术家为科学院工程院的院士画像，油画、水墨画、版画等样式各不相同。船舶工程技术的奠基人杨猷院士，是一幅黑白相间的版画，表现了他的一丝不苟的严谨神态。

杨猷院士（版画）

陈凯先院士（版画）

上海国际科学与艺术展上演示飘浮在空中的城市

他看着自己的画像说:"画得很像,可是画得太严肃了。"一句话,透射出90岁老人的可爱童心。而他,九十高龄完成两部专著:《中国帆船史》和《世界帆船史》。在科技事业上,他是严谨的;而作为平凡的人,他内心却像孩子一样的风趣。同样地,科学家终生攀登科学高峰,年老难免白发皱纹。当画家联系他们为之作肖像画时,都会说:老了,画出来不好看。而当美术家把一幅精心创作的肖像画交到张永莲院士那里,她非常满意。她说:"想不到把我的气质表现得这么传神,还使我年轻了许多。"她还说:"艺术家把我的神态抓得那么准。如果我们的科技创新也把问题抓得那么准,就一定能出成果了。"再举个例子,朱能鸿院士是我国天文望远镜的首席科学家,他带领65米射电望远镜的团队出色地完成了建造的科研任务,使我国天文望远镜的建造技术走在世界的前列。而当你走进朱院士的家里,才发现他还是一位水彩画的高手。在他的书房的书橱里,有一幅生动的水彩肖像画,是朱院士画的他夫人年轻时的容貌:微笑着,亲切的眼神,可爱的脸庞。朱院士笑着说:这是谈恋爱时我给她画的,搬了多次家,我都要带着这幅画到新居摆好。这反映出科学家对人生和爱情的深厚的人文情感。

英国牛津大学的戈登和日本的山中伸弥两位教授,他们的工作证明了人类已经分化了的细胞,已经具有特定功能的细胞能够回到起点去,这个过程叫作重编程。这是一个颠覆性的工作。诺贝尔奖是奖励他们俩的这种重要的发现。坚持在深邃广阔的基础研究科学的天空遨游,要有科学精神,更要有深厚的人文精神。戈登79岁获奖,50年前做出青蛙试验。他的科研人生路是靠坚持和从容。他年轻时就喜欢摆弄毛毛虫。他中学老师写的那个评语认为:戈登是不太有希望的,是最糟糕的一个学生。戈登把这评语一直放在办公室的案头,做了教授还放着。戈登并不是怨恨老师看低他,也不是要证明老师是错的。只是他觉得我还是要朝着我感兴趣的方向去努力,去研究,去获得成果。他的业余生活很丰富,他的人生态度很乐观,跟周围的人一起相处也很融洽,喝红酒、打网球,因此他能够健康长寿,最终拿到诺贝尔奖。

4. 科学理性与人文精神互动上的深刻性。从更广泛地意义上思考,科技专家和文艺专家在社会和人生的重大问题的分析、深思和判断上,往往是惊人的一致,充满哲理,辩证激荡,领引方向,辐射着巨大而源源不断的正能量,促进并推动着社会生动地持续发展,启迪并激励着人生阳光地继续前行。

当今世界的科学技术发展日新月异,文学创作也新作迭出,它们戏剧性地走到一起,也能举出让人哑然一笑的生动例子。张永莲院士是研究生命的生殖机理的。她在科学会堂讲科普报告时说过,人类化学品生产及使用和环境污染的后果,其中有一个是:影响到男性生殖细胞每次精子的排放数量,从一亿五、一亿六减少到每次八千万、七千万。有青年男性听众听了科普报告说,听得我脊梁骨背后直冒冷汗,以后我们生育的能力有危机了。

张永莲院士版画肖像

为朱能鸿院士所作的水彩画肖像

上海国际科学与艺术展得到文广局大力支持,王学勇女士与钢铁齿轮就是一种组合

而小说家张贤亮的新作长篇小说《一亿六》，就是从文学上讲的这个故事，大城市环境污染了，只好到偏僻山村去寻找健康的男性，寻找有一亿六射精数的优质生命种子。该书的封面赫然写着："一亿六，是关乎生命的神奇数字；一亿六，又是某俊男的雅号；一亿六竟成为各方人马激烈争夺的优异'人种'；一亿六，和三个女人的情感纠葛离奇又曲折。"这不是故意编出来的。而正是科学家和文学家不约而同走到一起，从各自的角度说明了一个共同的社会现实。这从认识论上说明：科学与艺术是可以融合的，本质上是融合的，尽管在具体的创作创新活动上，是各自独立的。《一亿六》是一个十分巧合而生动的例子。

三、举办科学与艺术展的体会

上海国际科学与艺术展已连续举办10届，受到领导部门的肯定和宣传文化部门的关注，得到艺术家和科学家的支持。有的展项移植到云南、新疆、澳门去巡回展出，受到了欢迎，还有前往意大利热亚那科技节展出。我们体会到：

第一，科学与艺术融合和创新，是实施《全民科学素质行动计划纲要》的重要平台之一，将使参与者成为提高科学素质的受益者。通过展会的研讨、策划、发动招展、评审、展览、讲座等一系列筹备过程，充分调动了政府、大中小学院校、科研院所、企业、学会和新闻工作者等社会各界力量共同参与和推动科学技术教育、传播与普及，将逐渐形成全社会推动全民科学素质的长效运行机制。

第二，科学与艺术的融合和创新，是科技传播在文化建设中的重要体现，是顺应和推动和谐社会建设与发展的主要抓手之一。科学与艺术的融合和创新，秉承从科技的角度凸显构建和谐社会的科学与艺术文化品牌，以和谐之美的理念贯穿整个社会文化形态中，培育和弘扬的科学思想和科学精神，率先倡导科技工作者积极参与和谐文化的建设，为推进社会主义现代化建设提供精神动力和文化创作激情。

第三，科学与艺术的融合和创新，将继承和发扬中华文化传统的精华，推动现代科技成果为繁荣发展新时代文化事业服务；将传承民族文化的精髓并赋予其新的内涵与活力，在时代精神和融会世界文化的基础上，推动民族文化与时俱进，进而推动民族国家现代化和民族文化现代化，实现中华民族的伟大复兴。同时科学与艺术的融合，是各类原创设计和创意产业发展的文化基础之一，将促进教育创新和科技创新，营造有利于创新创业的社会环境和氛围，促进了科学家和艺术家在科学和艺术探索中的人文精神和创新思维，增强了社会公众对科学与艺术的关注、理解和参与，促进培养具有良好的人文精神和创新能力的人才。

说明：本文的内容在2013年上海市科普大讲坛上9月开学时作为第一讲，向市民和学生作了演讲。

凝聚阳光之美

——玻璃绘画艺术的魅力

采集太阳之热的，在希腊神话里是普罗米修斯。而凝聚阳光之美的，制作玻璃绘画的人，应该被称作为艺术之神。他们用各色玻璃作画，大多数情况下，借助阳光或各种光线的作用，让玻璃绘画呈现出奇妙灿烂的艺术魅力。在上海就有这样一家玻璃艺术工作室，是陈伟德先生主持，传承着来自欧洲的悠久技艺，绘制经典的画面，镶拼永恒的浪漫，创造美好的空间。博主有幸在彭阳女士的陪同下，参观了这个工作室，并欣赏了精美的作品。

鲜艳亮丽的玻璃画

附录：陈伟德的经典作品（摘录说明书）：

一、盛大金磐

作为未来陆家嘴地标性建筑，盛大金磐在展现现代风情和现代价值观的同时，似乎更注重酿造诗意的栖居文化。菱形图案和竖线组合的搭配构成，配以上细下粗的波形图纹，给人一种上升的力与飘逸的灵动感。它和穹顶互为呼应，共同营造了一种令人心旷神怡的愉悦感。随着太阳光的移动，那穹顶的水波和舞者的长袖仿佛真的动了起来，经由它们的流动，再传到银光闪闪的吊灯，又与窗户的折射合为一体，使这种愉悦在室内被扩至极限，它的美是无穷的。

二、市三女中

一走进三女中大礼堂，阳光就将一个橙黄的迷幻城堡呈现在你的面前，这个由彩绘玻璃镶嵌而成的既庄重又俏皮的城堡形象，构成了一个极好的寓意。城堡象征着学生们梦寐以求的未来殿堂，光和黄色的暖色调，将这一梦想烘托到了一种神圣的境地。

三、百盛土耳其餐厅

如果整个伊斯坦布尔餐厅是一座沉睡中的宫殿的话，那些彩绘镶嵌玻璃窗则是神灵通过美妙之光唤醒它的最好的钥匙。在光源的照射下，那些色彩斑斓的光影，像是从宝库中慢慢渗出的香气，把整个伊斯坦布尔餐厅带离了喧嚣的俗世，直接进入了那让人为之销魂的圣殿。

我们以什么心态做世博的主人

2010年上海世博会，越来越临近，不到300天就要开幕了。这届世博会将是探讨人类城市生活的盛会，是一曲以创新和融合为主旋律的交响乐，将成为人类文明的一次精彩对话，也必将是中国现代化发展的崭新起点。中国上海第一次举办的全球性的盛会，上海的市民以怎样的心态做好世博会的主人，是一个很有丰富而深刻意味的问题。

场馆建筑、道路物业、项目展出等都在紧锣密鼓地进行着。对我们以什么心态做世博会的主人，这样大的问题，好像不着边际，或者说已经有明确的结论啦。"用文明迎接世博，用文明装扮世博"，在大街上的灯箱宣传公益广告上，赫然的文字就是这么写的。

可是，就是在"用文明迎接世博，用文明装扮世博"的同一个灯箱的画面的下半部，你可以看到：可爱的上海2010世博会的吉祥物——海宝，跳出地球作水瓢，宝贵的水资源哗哗流淌……可见我们的心态的潜意识里，高兴自豪多，甚至带有因为办博而居高临下的心态。而谦虚学习、自信冷静、和谐热情、平等交往、科学理性、坚韧奋发、四海为友、优雅有礼等心理气质，却准备修炼得不够，还应该做静心提高的功课。

我在静安区武宁路上，看到海宝从水瓢地球的水流里欢快跳出的形象时，并没有想要批评创意策划者。单纯从创意的角度看，艺术构思还是很大胆的，想象力是丰富的。我觉得，需要深思的是，从宣传画构思者，到单位管理者，再到宣传主管部门，都不认为，海宝在弄破了地球的水瓢里玩耍，是有点不文明的。这就有必要思考在我们的心态中，除了全力办好世博会抓硬件的同时，还应做一些什么呢。

同样有一幅广告宣传画，在《上海世博》2009年第07期的扉页上，由可口可乐做的：不同肤色的五只手托起了绿色美丽的地球，河流桥梁、草原牛羊、鲜花树木、电视塔、蓝天太阳、汽车轮船、飞机火箭、白云气球、宇航员……一应俱有，包括海宝也举着中国国旗。也必须说明，我绝没有要表扬可口可乐的意思，说不定这幅画也是上海的某家创意公司的中国员工画的。

差别在于，策划者、画作者、管理者和领导者，应该读过卡森的《寂静的春天》，或者符合这本书的思想"地球只有一个"。海宝宣传画的策划者，不应该把地球弄成半瓣的水瓢，地球是地球村中居住的大家的。

孙中山先生早就提出过"自立于世界民族之林"的思想，我们应欢迎兄弟姐妹一样，接待海内外七千万游客。应知道北欧挪威有他们的第一个到达南极的英雄。丹麦的美人鱼真身将来上海讲述安徒生的童话。意大利馆和波兰馆已经把中国孩子玩的游戏棒和乡村剪纸揉进了他们的建筑里，而我们，每一个上海市民呢？

我们的社会团体，如上海礼仪协会等，应该抓紧举办一些宣传培训活动，在谦虚学习、自信冷静、和谐热情、平等交往、科学理性、坚韧奋发、四海为友、优雅有礼方面推动提高，才能真正办出一届精彩难忘成功的世博会。

2010年，像漂亮的高速列车驶来前进

新年来到了，是生气勃勃的虎年。年前，去北京开会，坐了时速200千米的动车组。年根，最响亮的新闻是高速铁路开通，广州到武汉三个小时就到了，时速394千米。乖乖！这么快！发展的快了，也有不适应的，有的民工说：高铁票贵了点。

但不管如何，给人的感觉是：2010年，像漂亮的快速列车驶来前进！2010年举办世

博会的中国、上海,像高铁、像空客,在万里铁路上快速驰骋,在浩瀚蓝天里展翅翱翔。中国的现代化和上海的发展,要在更高的水平上起飞。这是2010年来临时的强烈感觉。

五年前,我有机会去北欧,坐了他们的列车。车辆是德国造的,行驶是在芬兰,感觉很好。比如,洗漱间是和我们宾馆的配置一样,大脸盆大镜子,抽水马桶。而我们是蹲位,小圆盆,水龙头也小。那时,心里想,什么时候我们国内的火车,也能这样宽敞舒适呢。

要知道,我们那一代上山下乡,去黑龙江北大荒,坐火车要三天三夜。坐得腰酸背疼,脚腕也肿起。当时的愿望是实现坐硬卧,也就满足了。

想不到,就这么快,动车组是我们铁路科技工作者自主研发成功的,高铁也是,连高速公路也已建成6万千米,仅次于美国。真是为中国铁路公路交通的飞速发展而高兴。

这次我们坐的动车组,享用了"高包",这高级包厢的简称。上下两个软卧,对面一边是一个双人沙发。车厢两头都有盥洗室,旅客基本不用排队。洗漱台很整洁,抽水马桶,真是"鸟枪换炮"啦。列车员为我们送暖壶,早餐还为我们送具有江南特色的小馄饨,味道鲜美,还有两个欧式蛋糕。除此之外,有餐厅用餐的菜单,可供旅客选用。

卧室里有平板式电视,有室温调控开关。门口的房号是电子荧光显示板,清晰明了。过道两头的门也是平移的按钮是可控的,很方便。高包车厢的一头有会客厅,很宽敞,约有五平方米。L型转角沙发可坐六七人,长条茶几上,摆放着鲜花。列车长和列车员的着装很优雅得体,是紫罗兰色无领时装,里着白衬衣,围戴淡紫小方巾,加上紫色的橄榄帽。气质贤淑,语调温和,举止雅致。想起坐飞机时,与空姐的印象比,得分还高一些,也许,坐火车本来就从容,不要安全检查,空间又宽敞,人的活动自由度大。因此,连对列车员的感觉也比空姐好了。

过去,我们的嘴边有一句"火车跑得快,全靠车头带"的顺口溜。现在,科普的观点也有新概念了。动车组是每节车厢都有电机的动力,加上车头的强大牵引力,越跑越快。上海到北京,睡一觉,十个小时就到了。而且,准点。

中国在飞速发展,全世界都看到了。有个美国朋友问过我一个问题:"十三亿人,搞现代化的劲儿,怎么这么一致?"很难一句话把这个问题回答清楚。但是,看看崭新的漂亮的动车,可以说,像每列动车都有动力一样,愿奔小康的每个中国人,都有动力,汇合在一起,现代化的列车,真的越开越快啦!下次,有机会坐高铁,感觉一定会更好。

迎来了虎年,新年像漂亮快速的"和谐号"列车,向我们驶来了,又向着更美好的目的地前进着。

科普眼　看国宝

上海博物馆在 50 年华诞之际，展出晋唐宋元书画精品 72 件。千年国宝让上海市民领略了中华民族文化博大精美的神采。参观者排队等待，流连忘返，盛况空前。我有幸去参观，沉浸在浓厚的艺术空气中，亲眼欣赏国宝书画，一生难忘。而有一幅南宋画页，吸引我驻足不前，用现代人的眼光，看一千年前的画页。

这幅画名为《骷髅幻戏图》，在二楼展出，画面长为 27 厘米，宽为 26.3 厘米，绢本，作者李嵩。

画面上有两具骷髅，一具为成人，戴浅蓝色纱帽，坐相，披浅紫色布衣，衣料很薄，丝绸感很强。透过薄衣能看见骨骼的姿势。成人骷髅伸手拿着一个小木架，一竖三横，上面系有细线，吊着另一具好像只有两岁模样的小骷髅，被细线牵做成游戏舞蹈状。他虽然没有血肉，却不失有一种可爱可亲的样子。我看着看着不禁内心叫绝。古人居然能摆"人体科普展"，与我们今天人体健康展中的项目相像。

而画面上，更有趣的是，一位与小骷髅差不多大的孩子，趴在地上，正向小骷髅爬去。看看那具有趣的骨架，伸出一只小手，仿佛要去握手，想去触摸这位似曾相像的同类。孩子的后面跟着年少的丫鬟，又怂恿小孩上前，又有点犹豫的神态，她大概也对人体的骨架结构有点好奇。用我们今天的话来说，这两名是"科普的对象"，画得出神入化。

再看两具骷髅的主人，是一位面目清秀的少妇，面容略为丰腴，看来生活状态不甚拮据。衣着得体清洁，不华贵，也不算差。她状态安详，怀抱婴孩。看起来孩子头埋在母亲胸口在吃奶，或在小睡。母亲站在成人骷髅的身后。前者为失去生命的骨架，后者为哺乳的女性抱着婴儿，对比真是鲜明。这样的艺术题材，不禁使我想起基督教雕塑中怀抱圣婴的圣母。那是神的形象，而国宝画页中是一个生动的民间妇女。还让人联想到

李嵩的《骷髅幻戏图》

她的丈夫大概有事，刚离开一会儿……

画面表现的环境是旅途一站，背景画出标有"……五里"路名的石墩，还点缀青竹数枝。一副担子，两个方木箱，扁担横斜，生活用具不少，草席、水罐、钵头等。我猜想是有一位男子，挑着担子，沿途做"科普工作"，看的人一定不少。他们一家人应该可以做今天的"科普志愿者"。

我的理由是：他们是无神论者，不怕死尸，敢用骨架向百姓做展示，晚上睡得着觉，因为骷髅装在担子、箱子里，一直伴随他们前行。他们还懂得一点医道知识，把骨架处理得干净，连接得准确，展出时很"科学"，不能散架。他们还很善良，给成人骷髅戴帽披衣，很有人情味。两个骷髅是他们谋生的"工仔"，又是随行的伙伴。在展出中，让许多观众了解了人体的构架。

与这幅画同时展出的南宋画页还有四幅：《江亭览胜》、《薇亭小憩》、《雪堂客话》、《郊原曳杖》，都很好。而我作为一名科普工作者，却永远忘不了这幅"骷髅幻戏"画页。画者为南京李嵩，钱塘人，曾被朝廷画院待诏李从训收为养子。猜想他一定很有才华，很能体会生活真谛，才画得如此精彩。

面对这幅画，还有许多遐想：那位没在画面里出现的主人，是会操纵两具骷髅作表演的，而且动作很有趣，否则，那个天真孩子怎会向那里爬呢？

真是国宝，东方的画韵，东方的手法，留出了那么多的艺术空间，给今天的我们想象思考，画有尽而意犹未尽。

日本长崎养老院一瞥

——做养老护理员的小伙子

今年九月，在参加赴日本长崎的《彩都之旅》的游览采风摄影活动之际，参观了日本长崎的养老院。长崎观光联盟的副局长井川先生热情陪同我们参观。连他也说，养老院就在我家不远，要不是上海朋友提出要看养老院，我还不知道有这样的养老院呢。而我在上海老科技工作者协会工作，对这个养老院也留下深刻印象。

我们参观的养老院，处在长崎的日见庄的住宅区范围内，是一座新的建筑，占地7505平方米，使用面积3 633平方米，离日见中央医院不远。我们是顺便访问，而长崎县观光联盟的朋友事前也已经帮助联系好了。

接待我们的是一位年轻的男士，是一位中层管理者，也是一位护理员，给我们作了认真简明的介绍，他叫永尾真二。以日语的称呼，这座养老院叫"长崎市役所别馆福祉事务所"。

养老院的分层设计很清楚，共4层。第一层是管理服务，以上分别以樱、松、梅、桐、枫五种树为标设，为老人生活区。房间和楼层的标设，都有醒目的淡紫的樱花、碧绿的松叶、艳红的梅花、翠绿的桐叶、深红的枫叶，一目了然。这样做，是符合老年人的心理和生理的特点和规律的。老人不太会清楚记住楼层数，为了让他们容易记得，连每层的椅子和沙发的颜色，也是独特分设的。如二层是橘红的，三层是天蓝的，四层是果绿的，与老人的房间门口的标志的颜色也一致，老人较为容易记住。这样的设计是很科学，体现出以人为本的理念。

养老院每层都设有居室、配膳室、护理职员室、男女浴室、洗涤室、读书室、谈话室、医务室、静养室，还有器具库。客观地判断，日本的养老专家在一开始考虑设计思路时，就想得很细致。每一层的楼梯通道，是由护理员专管的，那扇门要得到批准，才可以开启，老人不能随意出入。院内的电话自成系统，使用方便。

参观配膳室，给人的印象是清洁卫生。膳食依照老人的生理特点和营养需要配制。配膳室的管理是封闭式的，出膳时使用的食品车也是封闭的，成品是用吸附式的机械手取送的，人手不直接碰到，以保证不被污染。在我看来，真是管理到严而又严的。成品车的食品摆放，居然是热菜热饭与冷菜是分格摆放的。在这点上，日本人的清洁的严格标准和做到的实际效果，是闻名世界的。

在具体的器具方面，我们对一架帮老人洗澡的升降轮椅，感到很新奇，也觉得很人性化。在日本，健康的人喜欢泡澡，是大家熟知的。老人行动能力大大减弱，甚至丧失。让老人能舒舒服服地洗澡，是养老生活的质量优劣的一个重要指标。这架轮椅的基本结构材料是不锈钢的，有可以把老人固定住的黏结带。另外一个重要的装置是装在澡池壁上的升降机，老人坐上去，固定好以后，轮椅可以与升降机的专门卡插部件，对准卡进，轮椅的方位可以转向，转到与澡池的空间一致的方向，操纵下降到澡池里，洗完澡，再按前面的程序，升回池外。这个澡池，还是日本式的能将水放到齐脖深的竖式池，可以想象得出，能得到这样洗澡服务的老人，养老的生活质量是优良的。

长寿时代的根本是要健康而快乐。长寿是基本要素，能长寿是第一步目标，但长寿却躺在床上，行动不便而不能走进阳光，是有缺憾的。既能长寿，又做到生活质量的优良，是更重要的因素。这已经是世界性的先进理念。

可以注意到，这架升降式洗澡轮椅，是日本酒井医疗株式会社制造的。看来，日本的企业,除了技术开发能力较强,还有创新的思路,把产品设计的眼光,投向老人的用品上去。而能做到这一点,还得具备对老人的一份爱心。而作为东方文化的民族,日本也具有很深厚的敬老爱老的文化传统。

那天是下午到达养老院,老人们睡了一个午觉,已起来活动。有四五个女性老人,在护理员的安排下,一起唱歌。吧台上的录音机里放着歌曲的音乐,老人唱得响亮而有节奏。走到跟前,看她每人有一本歌谱,才知道唱的歌曲名为《快乐的高中生》,而歌本里大都是过去年代的老歌曲。有的老人边唱边拍手,很是高兴。从生理学角度看,老人的记忆力是对久远的事情记得清楚,对眼前的事情倒容易忘记。安排她们唱高中时代的歌曲,是合乎科学的。

最后,值得关心的是对从事养老事业的观念,在日本是怎样的状态呢?接待我们的是一位小伙子,看上去三十岁模样。长得很清秀,有点像韩国电视剧里英俊的男孩,讲起话来也很稳当,清楚明了。我接连问了他三个问题。

一是:和你的同学相比较,比如同学做电脑工程师,谁的收入高?他回答:当然是我同学的收入高。二是:那么你自己和你家里父母,对做养老院的工作,觉得很好吗?他回答:父母觉得我做养老院工作很好,我自己也觉得很好。为老人服务,让他们快乐度过晚年,我感到很有意义。三是:你有女朋友了吗?她对你做养老院工作很理解吗?他回答:我有女朋友了,她很支持我的工作,她对我也很好。对护理员永尾真二先生的回答,我们都不约而同有一份由衷的敬意,话语朴实,没有高调,体现出敬老的文明理念。

这座养老院是民营的,由社会福祉法人平成会兴办,政府有养老政策予以补贴。

世界最大太阳能飞机昼夜试飞成功

从太阳能飞机昼夜飞行说起

低碳节能的经济社会发展模式已成为世界的潮流。世界最丰富的能源太阳能的利用及其科学研究与开发,也已成为各国科学家和工程师竞相努力和比试的热门课题。2010年7

月7日，世界最大太阳能飞机昼夜试飞成功，消息一经披露，由瑞士制造的"太阳驱动"项目的网站，点击次数达到2 200万。

值得一提的是，"太阳驱动"项目总裁、瑞士探险家安德烈·波希伯格，很快来到上海。在去年10月12日的《瑞士日内瓦科技创新日论坛》上，安德烈先生向上海各界人士，就他领衔研制并驾驶的太阳能飞机，作了较详细的报告，受到热烈欢迎和关注。

在中国上海人的眼中，瑞士闻名世界的是钟表制造业。人们翘大拇指称赞的各色各样的瑞士制造的精美手表，美观准时，价格不菲，追捧者甚多。这个印象不错，但不全面。从日内瓦创新论坛上，丰富的信息表明，瑞士的科技创新综合水平在欧洲位居第一，多项指标超过德国、英国。例如，全世界航行最快的帆船，人工太阳光合作用的研究，人体神经信息传递的模拟功能的研究等，瑞士的科技界都处于欧洲和世界领先的位置。作为"太阳驱动"项目的技术支撑的洛桑理工学院的技术创新的水平，在欧洲排名第二，世界第三十二位。

不仅在科技创新方面卓有成效，在科学管理上也独树一帜。瑞士的洛桑商学院因每年度公布世界综合竞争力评价报告而闻名世界。该学院的世界竞争力管理中心，观察受评的国家有58个，采集327个指标（其中2/3是统计指标，1/3是问卷指标），拥有54个世界合作机构的独特网络，与30家国际企业和私人研究机构紧密合作。因而，该学院颁布的评价报告受到各国管理科学界的高度重视。

由此可见，世界最大的太阳能飞机出现在瑞士，也是理所当然的。

"太阳驱动"项目总裁、瑞士探险家安德烈·波希伯格，作为杰出而务实的科技界的代表，冷静地观察到世界能源的主要来源石油、煤炭，被人类使用竭尽是可预见的事情。世界上最丰富的能源——太阳能的利用，有许多颇具挑战性的技术问题需要认真解决。他们选择了太阳能飞机作为目标。

首先，要面临技术路线的选择。目前的硅片转换太阳能的效率，只有20%，据安德烈的介绍，他们有的最好的硅片不过达到22%。"太阳驱动"机翼上装有1.2万对太阳能电池板。因此，要靠太阳能转换来的电能，转动螺旋桨获得升力，整个飞机及其装置，必须足够轻。它的机翼长度63.4米，相当于波音飞机的翼展，而重量只有1 600千克，只有同类燃油飞机重量的五分之一，仅相当于一辆普通小汽车。飞机的主要结构用超轻碳纤维材料制成。为减轻飞机重量，驾驶基本是采用机械操纵，尽可能不使用大量电子设备；甚至连机身的防护都是贴薄膜，不涂油漆。还有重要的一条，要实现环球持续飞行，白天飞行时，还要将多余的太阳能电力，储备到高性能蓄电池中，夜间飞行时有足够的电力续航。

其次，科技创新的社会氛围很好。在筹集资金上，"太阳驱动"项目的研制资金，70%来自社会性的基金会和大企业的赞助。在制造技术和工艺上，要有很强的工业设计能力与加工水平。安德烈风趣地说，他们找了很多家加工制造企业，都回答说，从没做过，难度很大干不了。结果找到那家做世界上航行最快的帆船的企业，对他们说：你们最快的帆船都能做，这创新的太阳能飞机应该也能做。这家企业接受了订单，居然把这架世界上唯一的太阳能飞机做出来了，还飞成功了。可见瑞士的企业科技创新的能力是很强的。

再有，要有坚韧意志和周密计划。"太阳驱动"此次飞行由项目总裁、探险家安德烈·波希伯格驾驶，将连续飞行25小时。波希伯格在进入驾驶舱之前说，"太阳驱动"团队为实现昼夜环球飞行，已苦干了整整7年。"太阳驱动"于4月7日首次试飞，完成了白天有阳光照射条件下的飞行。航行计划的第二步是，定于7月1日进行昼夜试飞，但因技术故障被推迟。这架太阳能飞机，于当地时间2010年7月7日6时51分，从瑞士帕耶那机场起飞，开始昼夜试飞。按计划7日白天，这架飞机在海拔8500米高空飞行，边飞边为电瓶充电。傍晚前约2小时，当阳光不足时，飞机开始降低高度。夜半时将降低至1500米，靠蓄电池飞行至次日清晨。"太阳驱动"已实证：仅靠太阳能驱动，完成夜间飞行是可行的。安德烈在演讲时，风趣地说：燃油的飞机飞得越高耗油越多，而"太阳驱动"飞机飞得越高获得的太阳能越多。夜间飞行，就我一个人驾驶，如果打瞌睡了怎么办？我们设计了一个倾斜定位仪，因瞌睡而飞机倾斜超过5度时，传感器就让蜂鸣器叫起来，我重新将飞机平衡好。看来，在25小时里驾驶好这架飞机，真的要具备探险家勇敢的心理素质和科学态度呢。

"太阳驱动"项目发起人、瑞士探险家贝特朗·皮卡尔说，此次试验旨在证明可再生能源和清洁能源技术的潜力，并在越来越广泛的领域里推广、应用和普及。该项目的最终目标是实现36小时无燃料连续飞行，现在已实现了目标的大部分。这架世界上最大的太阳能飞机首次进行夜间试飞的成功，标志着人类利用太阳能，又开始了新的阶段，将要展现广阔的前景。

世界各国都纷纷宣布新能源的政策，能源企业和研究机构及大学都启动新的研制计划。美国太阳能产业协会主席罗恩雷施对媒体介绍：美国太阳能技术先进，市场前景广阔，加上美国民众非常支持，美国太阳能产业的未来非常光明。美国参议院采用法律的手段解决在墨西哥湾漏油的事件。他说："这一灾难提醒人们，美国必须立即停止对化石燃料的依赖。""在我有生之年，太阳能将成为最大的发电来源。"美国正在制定太阳能法案，如果太阳能法案获得通过，50个州的太阳能能源部署将加快步伐，届时可产生数以十万计的新就业机会，同时也将帮助美国重建其太阳能生产基地，并保持其在这一产业的全球竞争力。[1]

欧洲光伏协会分析：过去一年，全球性在还未走出金融危机阴影的财政和经济环境下，2010年太阳能光伏发电仍然有超过40%的增长，这是令人鼓舞的。据汇丰数据处理显示，

---

[1] 美国、韩国、印度、日本等信息引自网络资料。

尽管太阳能发电的发展迅速，但是太阳能只占全球安装发电电力容量的0.5%。即使全球主要原材料——太阳能级硅的过剩，导致太阳能电池板价格暴跌，而对于一项新兴技术的推广来讲，其面临着的一个困难仍然是成本问题。太阳能发电与其他形式的发电比较起来，其成本高出许多。①

在韩国首尔召开的2010韩国太阳能研讨会表示，虽然各国对太阳能补贴削减，预期2011年太阳能市场仍将持续成长。全世界太阳能市场，以模块销售为基准，2010年以350亿美元的销售额首度突破300亿美元关卡；2014年将可望达到510亿美元。虽太阳能市场可望持续年平均逾43%的高成长率，但市场规模渐大，全球各企业间的竞争也将更显激烈。

印度政府已于日前公布正式的太阳能产业发展计划——国家太阳能方案。印度政府希望透过新一方案的实施，来提升印度国内太阳能发电量与产业实力，进而让印度变成全球太阳能产业的领导国家。

有数据显示，在2009年，中国已对可再生能源市场的投资额居全球第一，高达346亿美元，大约是美国的两倍。其中提到，中国太阳能企业已经成功进入了美国加州的光伏市场，并占据了2010年第一季度42%的市场份额。

日本政府新公布的新能源奖励政策，将在2011年2月到3月期间，受理各企业针对新能源事业的奖励补助申请。只要是有导入太阳能发电、风力发电、太阳热利用、生物质能发电、地热发电等新绿色能源事业的公司，将给予事业费提供多达三分之一的补助经费，上限是10亿日元。日本地方政府在新能源导入政策方面，希望地方公共团体、非营利民间团体与其他事业来参与。

提高太阳能电池转换效率是太阳能技术突破的关键。这方面的好消息也很鼓舞人心，最新的世界纪录也已产生。2010年10月6日，美国斯派立半导体公司宣布最新研究成果：该公司研发的三结砷化镓（GaAs）太阳电池峰值效率达到了42.3%，聚光条件相当于406个太阳。据悉，这款电池平台已经可以投入商业使用。②

美国维克森林大学的物理学教授戴维·卡诺尔，也取得吸收太阳能效率大大提高的技术成果。他在构成电池的聚合物基质上加上一层垂直的光纤，作为阳光捕捉装置。这层光纤像粗糙的胡子茬从表面突出。阳光可从任何角度进入光纤顶端，光子在光纤内部弹跳，直至被有机电池吸收。实验发现，光纤大约增加了一半的太阳光吸收，理论上说，效率能

---

① 美国、韩国、印度、日本等信息引自网络资料。
② 引自《科学时报》2011年1月3日文章《2010年太阳能技术进展盘点》。

超过15%。这使得有机光伏技术能够与硅电池竞争。①

还有许多这一领域的科学研究与技术开发获得可喜进步,那么,瑞士安德烈的太阳能飞机就将飞得更高更远,能乘坐更多的人。在瑞士日内瓦创新合作日论坛上,安德烈说,我们"太阳驱动"团队,有计划下次环球航行时,在中国降落。我作为听众一员,在提问互动时间,马上问:"请问安德烈先生,'太阳驱动'下次环球航行时,有计划在中国降落,你已经有明确的中国合作伙伴吗?"在场的瑞士代表有很多人大声笑了起来。安德烈回答:"还没有。"

中国的太阳能和新能源技术及产业也在蓬勃发展。如果"太阳驱动"飞机能在中国降落,那一定会吸引和鼓励更多的社会力量进入太阳能产业,也一定会吸引和鼓励更多的青少年努力学习,并立志投身这奇丽而美好的科技创新事业。

本文的有关数据来自《日内瓦湖创新合作论坛》报告。"太阳驱动"飞行的照片由安德烈本人提供。安德烈的演讲照片由作者拍摄。

"太阳驱动1号"与波音飞机对比

皮卡尔与即将起飞的安德烈

"太阳驱动"发明人之一安德烈

① 引自《科学时报》2011年1月3日文章《2010年太阳能技术进展盘点》。

古琴曲《平沙落雁》本在人间自然生

2月6日,元宵联谊会上,精庐琴馆徐涵芝女士和老师一起演奏《平沙落雁》,她弹奏古琴与老师筒箫合作,真是优雅好听,平和婉转,音韵美妙,十分享受。演奏展现了《平沙落雁》的音乐形象:成行成群的大雁,在长途迁徙的间歇,落到水草茂盛的湿地,在浅水的平坦沙滩休息。秋风凉爽,水波微涟,梳理羽翼,伸展翅膀,极目远天,蔚蓝舒心,一派悠闲自得的景致。抒发的是对雁落平沙景色的赞美,表达的是身在此景中的人们对优雅的满足心情。当我们夸奖一支优美动听的乐曲,常说:此曲只应天上有。这从文学修辞上说,是对的。

以前我听了这曲子,总是想是先有这美丽景致呢,还是作曲家给曲子取了个好名称呢?当我在东北齐齐哈尔的扎龙自然保护区,拍摄到雁落平沙的镜头,我才知道:在古代应该是常能见到这自然景色的。这是农耕时期,我们家园田野的环境。

今天,在水泥钢筋的城市里,看不到平沙落雁的美景,但能听到音乐家演奏的《平沙落雁》之曲,也是很宝贵的音乐体验。此曲不应天上有,本在人间自然生。我把五张雁落平沙的照片,发送给徐涵芝女士和她的老师,以表听君一曲的谢意。也在博客上刊登,以飨网友。

科学会堂院子树中的鸟窝

南昌路科学会堂的大门口,安保亭的旁边,种着一丛凤尾竹,竹叶茂密。不知什么时候,密密的竹叶后面,鸟儿在里面搭了一个鸟窝。3月初,一天下班时,门卫的两位大姐,

鸟妈妈飞出来

小鸟孵出来了

对大伙儿说：树里边有小鸟！正在孵着呢。我包里常放着相机，长焦镜的，趁西边的斜阳余晖，用手动对焦，把密密竹叶后面的大鸟小鸟，拍摄下来。仔细一看，这些鸟，是珠颈斑鸠，俗称野鸽子。在华东区域的田野树林里都有它的踪迹。叫声咕咕，咕咕，很柔和很好听。我连着几天，一直看看这窝鸟儿。鸟妈妈很尽心尽职，孵着小鸟一动也不动。有一次鸟妈妈从窝里飞出来，停在保安亭顶棚上，抖擞蓬松的羽翼，一派当妈妈的慈祥姿态。窝里的小斑鸠，睁着明亮的眼睛很可爱。科学会堂，在淮海中路闹市区的旁边，有鸟儿作窝，还抚育后代，总归是件和谐的好事。本来我想搬个桌子来，站得高一点，拨开密密竹叶，把鸟儿拍摄得更清楚一些。后来一想，这可是她们野鸽子一家的私人住宅，不应打扰，就保持这样原始的镜头。3月8日妇女节，再看鸟窝，空空的，鸟儿飞到更自由的天地去了。愿我们永远与可爱的鸟儿做朋友。

在移动互联网条件下关于科普传播的思考

1月29日，上海市科普促进中心召集专家座谈会，对闸北区科学技术委员会提出的《微科普——信息时代的科普创新》的工作方案，进行讨论。由区县科技主管部门提出在移动互联网下科技传播的工作方案，说明他们的工作思路是很超前、很敏捷、很务实的，他们提出的构想与措施也是较为全面细致的。而正是因为闸北区科委提出了在移动互联网背景下科技传播怎么做、具体到微科普怎么策划和落实,就推动了各方专家和科普工作者深入讨论这个重要的问题,或者说,是一个事关科普基层工作方向的、又是带有战略性的重要问题。我也有幸参加了座谈会,把自己学习、思考与认识的体会,按会议发言行进的主线,择要归纳如下。

一、新形势下科普思路的变与不变

世界科学技术的迅速发展,带来新技术、新业态、新产业快速兴起。同时,也对科技传播带来新手段和新方式的变化与挑战。一方面,科普工作者看到科普的基本使命不变:1. 科普提升公民科学素养的作用不变;2. 公众的科普需求不变;3. 科普成为科技创新的软实力地位不变。

另一方面,专家和管理工作者看到了新形势下科普工作的外部与内部都在发生深刻的变化。不变的,是科普的使命、职能和目标,提高公众的科学素质。而变化迅速的有,社会环境、思维习惯、信息需求、传播方式、技术支撑都已发生了巨大的变化。

进入21世纪,全球互联网和电子商务保持了较快的发展速度。截至2013年12月31日,全球互联网络使用人数达到27.49亿人,已经占到世界人口的39%,网民人数如此庞大。移动互联网为信息流动和社会生活,带来革命性的变化。电子商务的快速崛起,2013年,全球电子商务产业规模达到33.4万亿美元。2013年,中国电子商务交易额突破10万亿元。

2013年,中国网络购物用户规模达到3.02亿人,全年网络零售交易额达到1.85万亿元,同比增长41.2%;网络零售交易额跃居全球第一,占全球网络零售市场份额(1.25万亿美元)的23.9%;2014年"双十一"购物节单日销售量达到571亿元。中国成为世界上最大的网络零售市场。

提请科普工作者注意,科技最新成果往往在社会经济领域迅速使用,有40%的网上交易是通过手机点击完成交易的,当然年轻人是大多数。这是促使科普工作者思考,我们的传播方式,是否像生活消费一样,充分地使用了互联网技术的便捷效用呢。移动互联网技术成果在多方面的广泛应用,科普跟上了吗?这就是信息新时代对科普创新的挑战。

科普新常态就在四个方面体现出来,科普传播的现代化,科普时空的全域化,科普资源的社会化,科普对象的差别化。方案提到的"科普对象的差别化",而我认为"差别化"是一直存在的,新旧、专业、国内外,这些差别以前存在,网络时代还存在着。而有一个重要变化是科普内容的前瞻化,应予以注意。比如,石墨烯的充电新技术马上需要科普,电动汽车将对产业带来什么变化,大数据的应用等向青少年和市民科普等等。

二、移动互联网科普的虚拟与实务

这个问题的认识程度，是随着互联网思维的深化而深入的。一般说来，网络化信息化的传播、交易等活动，通常被称作为虚拟经济和虚拟的社会活动。相对于物品和产品来说，网络销售、网络流通、网络传播的对象和主体，似乎是虚拟的。但巨量的电子商务的实践表明，它并不是单元式的虚拟的，更多表现为是实体的，或者说是以信息化的手段，展开和进行着务实的交易和流通的，很现实地表现为对实体经济的实质性推动。

传统物流企业全方位提升自身能力以适应新的竞争需求：顺丰融资 80 亿元购置全货运飞机；电子商务交易额占第一位的是汽车销售；上海市冷链物流企业增长 60%，因为物流送递增长的是冷冻鲜品。快速、准确、低损耗已经成为电商和快递公司共同追求的目标。那么，网络与电子商务是虚拟还是实体呢？变化是出乎想象的快速，美国农庄的大樱桃一成熟，通过互联网订购，三天就可送到上海市民家的桌子上。这种跨境的电子商务，较长时间以虚拟经济加以对待，连税收也不加征收，去年才开征，就是因为对其实体性认识不够。

同样，互联网条件下的科普活动与科普产品到底是虚拟的还是实体的？我的看法是：新的情况实际发生了，我们应该把信息时代的科普，看得实体化多一些，虚拟化只是传播方式的背景性属性。从新媒体的生产结果上看，科普产品的新形态，更多的属性是实体的。微电影、微课件、微信文字、微影视，以及组织创作与制作，实施传播与宣传，都是很务实的事情。正是务实的科普新任务，才会在人才组织、资金投入、运行管理、制作生产和传播推广上，需要更务实的对待。

三、微科普内容的优质化和人才培养

在移动互联条件下的科普，被称为微科普，是抓住了其快速、灵敏的特点，明显反映了科普传播的现代化，科普时空的全域化，科普对象的差别化和科普资源的社会化的趋势。具体地说来，已由纸质到电子，听说到看阅，单一到综合，线下到线上。从形式上这样分析，无疑是对的。以我的看法，互联网提供了科普内容优质化的条件和可能。这两年移动互联网手机成为人的一个电子器官的延伸这个特征越来越明显，它有摄像头、有感应器，几乎使人的器官延伸增强了，而且通过互联网连在一起了，这是前所未有的。不仅是人和人之间连接，我们现在未来也看到人和设备、设备和设备之间，甚至人和服务之间都有可能产生连接。移动互联网最终其实是一个很巨大、全面联系的一个网络实体，这也是我们未来谈论一切变化的一个基础。互联网接下来有七个爆发点。对于腾讯来说，希望在未来把用户与实体世界连接起来，希望用户可以用指尖触及生活的方方面面。微信的公众平台可以成为用户与实体世界的一个连接点，希望搭建一个连接用户与商家的平台，腾讯只提供规则，由用户和商家去自由创意。于是，"互联网+……"，这样一个模式，引发了创新涌现。我们讨论的微科普——互联网背景下的科普创新，也在这个模式中演化。美国的大樱桃可以三天到上海消费者的餐桌，科普将面临怎样的挑战？我认为，关键是科普内容的优质化，怎么在移动互联网科技支撑下，做出最优质的科普产品，并最快速、在最大范围内传播这些科普产品。

上海市科委下属的沪杏科技图书馆两年前开始尝试制作微科普。每天以一主条三副条的微信，发布科普微信。我们可以从中体验到：1. 最新的科技知识和科技成果进入科普传播范围，世界的与国内的、基础研究的与工程研发的、环境保护的与健康医学的……都成为微信科普的制作对象；2. 即使保证制作内容是优质的，要在海量的移动互联网信息传播的大洋中有效实现点击量，也是一个很实际的任务。

因此，从这个角度看，科普内容的优质化成为微科普首要的功课。对科普内容的新颖性、准确性、形象性、简明性提出了极高的要求。从传播的样式上，新媒体传播的品种，微信里可以传输传统媒体的各种样式，文字、图片、表格、动画、电视、电影、戏剧、歌舞、音乐等等，无一不可，只是都加上了"微"而已。我们已经可以在微信里看到，只要是优质高水平的，就具备了传播得起来的必要条件。

比如，太阳系行星做成四维运行的科普课件，加上时间一维转动前行的景象，阅看起来就格外形象生动。又如，南极企鹅有多少种类，组合晶莹的冰山、不同企鹅的叫声，真实的现场感。这样的科普产品对孩子们无疑是很有吸引力的。再如，上海科技馆花大力气制作的《中华大鲵》等内容优秀的科普影视片，也可以在微信中试行传播。随着上海老龄化的深入，大量老人的疑难病、代谢病的健康管理类微科普产品，需求量极大，更有待于下功夫开发制作。由于信息流动的快速与海量，科普领域的敏感问题的作品的制作，更显得紧迫，如对转基因食物的科普，需要有严谨的科学诠释做依据。

所以在互联网背景下，科普内容的优质化可以通过大数据技术来获得更多更新的科技知识资源，又可以在未来把受众与科技实体世界连接起来，广大青少年与市民通过手机和移动互联网，用指尖就能触及科普的方方面面。

四、不同层次微科普的重点与做法

科普，是提高公众科学素质的基础性工作；微科普，是面对社会、面对群众的很实际的任务。在上海闸北区这样有着深厚文化与产业历史的市区，要做好紧跟信息科技发展势头的微科普创新创作，是一个全新的工作。《微科普——信息时代的科普创新》的工作方案，作了修改补充，已经比较完善，我只是从多年从事科普的经验出发，提一些建议。

1. 应该抓住重点，深入分析，结合闸北区科技创新的实际，抓住关键点切入。全球级、全国级的科技成果的微科普，也可涉及，但必须资源能连接。比如高铁新技术可以考虑，原有的铁路科技博物馆就在闸北。在铁路部门支持下，共同制作，面向全市全国。再比如，传感器高技术覆盖产业的微科普，也可以考虑，因为中科院技术物理所只有一路之隔，他们是全国传感器牵头单位。还有印刷科技与电子读物，量子通讯与移动通讯，都是可考虑的。

2. 抓住外包，以科普内容优质化为指标，择优选择有科技前沿分析能力和运用动漫的文艺能力的新传媒公司，承接新型的微科普作品。马云认为，下一轮是大健康产业，在互联网上的发展是会超过电子商务的。那么，健康管理的微科普作品将是外包的重点选择。这对老百姓科技恩惠和应对老龄化的收益面，是很大的。

3. 抓住传播。这个环节很重要，微科普尽管敏捷灵活，但其科技传播的公益性特征仍然很明显。尽管部分年轻人会感兴趣，但商业化驱动的动机不会很强。即使科普微信优质，但由于它的教育性和公益性，仍然会影响传播的数量不是很高。闸北区科委、科协市科技部门和科技社团的基层单位，有联系和组织科普工作者和科普志愿者的工作优势，可以在促进微科普的传播和点击的数量方面，探索考核、奖励的办法。以上建议供参考。

名家风采科学本色

这是一本记录了上海改革开放 30 多年来辛勤耕耘的科普作家风采的纪实文集，很值得一读。

科普作家埋头苦干过、默默无名地为大众普及科学知识，坚韧不拔地从事科普创作，已很不容易。把科普作家所作所为的生动故事和可贵精神记录下来，再汇集起来，更加难能可贵。我本人对李正兴先生的出色工作，表示诚挚的敬意。

我由于多年从事科普管理工作，认识这些科普作家中的大多数。拿到这本文集读来，也有很多新的收获和发人深省的启迪，觉得这本书的编辑出版，对上海的科普创作事业有着重要的历史性的总结作用。

一、生动地描述了科普作家成长成熟的路径

谁都不是天生的科普作家。即使是现在家喻户晓的名家，也是从一个字一个字地写起而逐渐成长的。这本书记下叶永烈的故事：

叶永烈曾经在为上海大学生科普创作培训班授课的投影屏幕上，显示了自己小学一年级的一份成绩单，"读书"、"作文"印上了"不及格"字样。他风趣地告诉同学们："有人说很多作家曾是神童，但我不是。我是从一个语文和作文都不及格的孩子成长为作家的。"接着幕布上又显示了他在小学五年级在《浙南日报》上发表的第一篇作品《短歌》。就是这块小小的"豆腐干"作品，使他在学校里从少先队员连升三级，臂戴"三道杠"成为大队宣传员；就是这块小小的"豆腐干"，点燃了他心中的火花，决定了他一生的方向。他的文学道路就是从这一块"豆腐干"开始的。

叶永烈写过《给小叶永烈们》一书，以他自己的科普创作经历，勉励更多的青年人投身科普的高尚事业。2012年10月，叶永烈在自称为"很高兴回娘家"的中国科普作家协会的年会上，再次讲述了他的成长故事。

二、真实地反映了科普专家奉献爱心的精神

做科普，当然要有精深的专业知识，而对广大受众的爱心是执着坚持的强大动力。这本书就真实记录了专家们的奉献精神，读来很感人。

书中写到坚持数十年做医学健康科普的杨秉辉教授：

从1984年起每逢星期天的中午，上海及其邻近省市的听众，只要打开收音机，调至波段990千赫的医药科普节目，耳边总会响起醇厚而亲切的男中音，深入浅出地讲解着医学防病知识，为听众解答疑惑。20多年来，这位男中音就是上海人民广播电台"医学顾问"，后来改为"名医坐堂"的嘉宾主持人杨秉辉教授。即便是从来不曾接触医学的人，也不论是老人还是儿童，听了他那深入浅出、通俗易懂地讲解，都能从中得到一定的医疗保健知识。有许多家庭的老人和孩子，每周必听这档医学科普节目，有的边听边做笔记，有的还录音传给别人补听。有一次，在中山医院的职工食堂里，杨秉辉还接受一位职工子女的拜访。原来这位职工的儿子与爷爷是"名医坐堂"节目的常客，电波里听熟了杨教授的声音，但从未见过面，不知他是何模样。这次，孙子受爷爷之托，借食堂就餐的机会，让妈妈带他来拜见杨教授。还有一次，杨秉辉去一位职工家慰问，隔壁邻居是位盲人，听说杨教授来了，连忙让人搀扶着来"见"杨院长，并问："您是上海人民广播电台的杨医生吗？感谢您为我们传来了防病保健知识。"可见他的科普宣传已给群众留下了多么深刻的印象。20年来，

这位电台"名医坐堂"的嘉宾主持人拥有大批热心听众，从四面八方写来的信涌向中山医院。杨秉辉在百忙中抽出时间，仅亲自回复来信就近万封。

我们从杨教授为近万名听众回信的事例中，看到他执着地做科普的爱心。这真是上海科普名家的典型。这种爱心也是众多的科技专家坚韧不拔地从事科技传播工作的动力之源。

三、深入地记录了科普专家把握规律的特点

科技传播是从某领域的专家向其他公众普及科技知识，发展到更广泛的多学科的宣传科技知识、科学方法、科学思想和科学精神的工作。要做好这件工作，有爱心有热情是必需的，而认真把握科技传播的规律，做到善于宣传也是十分重要的。这本书通过姚诗煌的科普工作经历，很生动地表明了这一点：

没有受过正规新闻教育的姚诗煌怎能担当起科技记者和编辑？受当时"人才学"观点的影响，他进行了"自我设计"，走一条扬长避短的路。目标一旦确定，他咬定青山不放松，以"只争朝夕"的精神要求自己，终于走出了一条将新闻采访＋专刊编辑＋课题研究这样"三个结合"的道路。随着科技形势的发展，《文汇报》科普版先后由《向科学进军》《科圃》《今日科学》，最终定为《科技文摘》。由此，姚诗煌在报社内从默默无闻的科普版编辑成为一个新闻、通讯、评论、科普文章、理论文章和专刊编辑都能上手的"百搭"，成为在科技界有一定影响的软科学方面的专家。他主编的《科技文摘》被誉为"汇入自主创新洪流撒播科学普及种子的专栏"。这个专栏具有"以科技的眼光看社会，以社会的角度看科技"这一鲜明特色，1995 年以来一直是《文汇报》纷呈多彩的重要专栏。

这一段文字，很准确地描述了以新闻报道为岗位的科普规律和特点。"抓科技中的新闻，析新闻中的科技""以科技的眼光看社会，以社会的角度看科技"，表达出科普专家的智慧。

四、深刻地体现出科普专家不畏艰难的品格

科学探索和技术研发是艰巨复杂的劳动，也带出了科普成果来自不畏艰难的过程。这本书对多位专家的科考、研究和创作所经历的艰险故事，作了真实地记录，体现了专家们不怕牺牲、不惧艰难的英雄品格。

例如，对颜其德研究员在南极科考遇到的危险，是这样描写的：

那天，他和一批澳大利亚科学家一起登上了高高的冰峰。冰峰上是没有路的，到处都是陡峭的悬崖、自然断开的又深又陡的冰缝。如果一不小心跌入冰缝，性命就难保了。在下山冰盖的滑行路上，由于冰盖坚实而光滑，全身躺卧也停刹不住，他只好双手紧抱住胸

前的照相机和考察资料，双脚死死蹬住下滑方向，以此来减缓下滑速度。但还是无济于事，下滑速度越来越快，他身体失去了控制，在冰雪上飞快地向下翻滚起来。外国朋友们都惊呼起来，想救他又爱莫能助。他闭上眼睛听天由命，只听到耳边狂风的呼啸声，他默默祈祷，希望自己不要滚到冰裂缝中去。那真是一个生死攸关的时刻，虽然天气很冷，但他全身都急出了虚汗。滚动终于停止了，他睁开了眼，十分幸运，他在一个悬崖边停下了。这次有惊无险的南极内陆考察是颜其德与地球极地的缘起，也是金色人生之旅的第一座里程碑。

曾经沧海难为水，经历艰险才英雄。上海的科普名家中有许多人，经历了这样的千难万险，创作出的科普作品，为广大读者所看好所赞扬，那是自然的。

五、形象地刻画了科普名家富有个性的风貌

这本书记载了47位科普名家的事迹，他们各有成就，各有专业，很突出的是细致的写出他们鲜明的个性，仿佛是栩栩如生地站立在我们的眼前。

谈祥柏教授是一位多产的数学科普名家。书中是这样描绘他的：

都说搞数学的人特别内向，特别古板。谈祥柏乍看起来似乎正是这样：他身体瘦弱，表情木讷，说话慢悠悠，行动急匆匆；言语绝对严谨，衣着绝对老式，处世绝对认真，办事绝对负责，是近乎公开化的科学家形象。但与他比较熟悉的朋友，无不对他那谈天说地、道古论今、吟诗作词的文人气质印象深刻。他谈吐言语的幽默诙谐，形容比喻的形象生动，给人的感觉是博学多才的杂家。谈祥柏的学识的确够"杂"。他的职业是数学教师，重点研究运筹学，是我国运筹学先行者之一，著有《线性规划》等著作，还对预测学、灾害学、创造学很内行。专业研究之外，他对世界发展进程中的新学科、新思潮是相当敏感，对《易经》64卦很有研究，对中外文学和历史非常熟悉；对幻方、魔方、智力玩具堪称权威，还对天文学、古代建筑、摄影以及中草药等等很有兴趣，颇有研究。总之，杂七杂八，他几乎样样在行。

总之，《我的科学梦——上海科普名家风采》收集了47位科普大家的事迹，洋洋洒洒，内容极其丰富，读来不忍释手。我在这里，写得很不全面，只是表达对科普专家的钦佩和敬意，建议想搞科普的青年人和已经从事科普的朋友们，都应读一读这本书。书中的科学家钱伟长、陈念贻，近年来获得科技进步二等奖的卞毓麟，在不同专业领域多有建树的邬志星等等，都是上海科普工作者的学习榜样。本书记载的科普名家的事迹，将会永远激励和鼓舞我们以及有志于科普创作的后来者，继续做好科技传播的重要工作，为提高公众的科学素质，为建成全面小康社会和创新型国家，为实现中华民族的复兴，做出科普工作者应有的贡献。

海派文化应包容促进科学幻想创作的繁荣

[摘要] 上海的发展处在一个新的起始点上，明确了"创新驱动、转型发展"的战略。要以科技创新为经济和社会发展的原动力；要把经济结构转到以服务经济为主体的结构上来。上海的现代服务业比重上升，文化产业逐步繁荣，公民科学素质的增强，国际都市的软实力稳步提高，科技创新源源不断提供持续的动力等方面，为长三角和全国做出显著的引领作用。面临如此宏伟的奋斗目标，完成复杂转型的艰巨任务，解决前所未有的突出问题，需要我们更多的管理力、执行力和想象力。我们这个城市文化建设和科技传播的一个重要问题：科学幻想对创新和科普有重要作用，科学幻想再次升温和呈现良好前景，对繁荣科学幻想创作的几点新想法，海派文化应包容促进科学幻想创作的繁荣。

[关键词] 发展 创新 科学幻想

上海的发展处在一个新的五年计划的关键起始点上，明确了"创新驱动、转型发展"的战略。创新驱动，就是要以科技创新为经济和社会发展的原动力；转型发展，就是要把经济结构转到以服务经济为主体的结构上来。在今后五年和更长时间里，上海的定位已被明确：是世界六大城市群里的中国长三角城市群发展中的核心城市，必将在产业结构调整转型，现代服务业比重上升，文化产业逐步繁荣，公民科学素质的增强，国际都市的软实力稳步提高，科技创新源源不断提供持续的动力等方面，为长三角和全国做出显著的引领作用。面临如此宏伟的奋斗目标，完成复杂转型的艰巨任务，解决前所未有的突出问题，需要我们更多的管理力、执行力和想象力。在这里，我要阐述的是，我们这个城市文化建设和科技传播的一个重要问题：海派文化应包容促进科学幻想创作的繁荣。

一、科学幻想的基本含义

科学幻想（science fiction）简称科幻（sci-fi）。我们说要发展繁荣科学幻想，首先应对"科幻"的定义有所规范，才可能较深入地讨论。否则，在各自概念尺度差异极大的思维状态下，无法作有益的讨论。在一般的认识上，科学幻想是指"用幻想艺术的形式，表现科学技术远景或者社会发展对人类的影响。"在这通常的概念下，最广义的一种认为："只要故事中含有超现实因素，便可算作科幻作品。"

严谨的权威性专业界定，也是我们讨论的基础。《辞海》上对"科幻小说"的定义是："依据科学技术上的新发现、新成就以及在这些基础上可能达到的预见，用幻想的方式描述人类利用这些新成果完成某些奇迹的新型小说。"《简明不列颠百科全书》第四卷定义为："20世纪发展起来的一种文学体裁，这种体裁的小说以真实或想象的科学理论的发现为基础。"

在从事和热爱科幻写作的实践者心目中，一般有两方面的定义，有的将之看成科学作品；有的看成文学作品。他们认为，科幻作品是"未发生的，但文中的发生的事件能以科学理论解释的一种文学体裁"。从事科普写作的科技人员，称其作品为科普或科学作品。不管各有侧重，正统的科幻迷都主张，科学与幻想缺一不可。倘若没有任何科学根据，则只能归为奇幻、魔幻或超现实作品；反之，作品中若是缺少幻想的元素，那就只是一个科学写实故事。科幻与奇幻、魔幻、玄幻是有不同的内涵特征的，有想象力是它们的共同点，以科学作为想象的依据是科学幻想的特点。

二、科学幻想对创新和科普有重要作用

科学与想象力幻想力组成科学幻想。而想象力和幻想力是人类自有思维以来，就具备的能力。嫦娥奔月、精卫填海、大羿射日、土孙遁地、屈原问天、八仙过海、孔明借风、聊斋志异……中华民族的神话与文学作品中，有许多故事表明了我们的文化所体现出来的丰富想象力。而科学幻想，是伴随近代科学的产生而产生。尽管近代科学在中国的发展，呈现"西学东渐"的特点，而科学幻想在我国，起码在个别的事例上，并不示弱。

我国第一部科幻电影《珊瑚岛上的死光》，内容是反映激光技术在军事上的运用。1960年，美国科学家梅曼制造出来世界上第一台红宝石激光器。两年后，科幻作家童恩正受此启发，就创作了这篇佳作。1983年推出了首部国产科幻片《珊瑚岛上的死光》，主要靠电影美术将马太博士的实验室设计成"现代化"的西方风格，著名配音演员乔榛主演，营造出奇幻而吸引人的感觉。

这在当时，无论是科技，还是电影，都是一个前沿课题和成果，也顺应了"科学技术是第一生产力"的社会发展的需要，起到了迅速普及"激光"这一高新技术知识的传播效果。客观上，对科技的这一领域的研究与开发，起到营造良好文化氛围的促进作用。《珊瑚岛上的死光》让童恩正名声大起，远播于科幻圈之外，被认为是改革开放后科幻走进大众视野的重要科幻作品。这部作品获得了1978年度全国最佳短篇小说奖，一时间也脍炙人口，拥有众多读者；电影所采用的特技手法，据业内人士点评，至今还影响着冯小刚拍摄的《唐山大地震》。可是，令人遗憾的是：约30年过去了，却没有一部与中国经济崛起的显著成

就相匹配的科幻电影新作再次问世。

科学幻想的作品成功，对科学技术的进步产生重大影响的实例，莫过于阿西莫夫了。他在科学幻想创作上著作等身，一生以科幻为主的著作有470多部，称为举世瞩目的科幻大师。他甚至以极其丰富的想象力，分析预见到：科技发展很可能引发一些人类不希望出现的问题。为了保护人类，早在1940年科幻作家阿西莫夫就提出了"机器人三原则"，阿西莫夫也因此获得"机器人学之父"的桂冠！机器人三原则内容如下：

第一条：机器人不得危害人类。此外，不可因为疏忽危险的存在而使人类受害。第二条：机器人必须服从人类的命令，但命令违反第一条内容时，则不在此限。第三条：在不违反第一条和第二条的情况下，机器人必须保护自己。

70年过去了。在当今互联网的知识经济时代，以高速计算为手段的智慧机器人更为聪明的时候，阿西莫夫的"机器人三原则"，仍然发挥着不可替代的作用，继续指导着机器人研究和产业发展。而这一重要信条，是在科学幻想的作品中以科学作为依据，想象分析推理出来的。为此，人们对阿西莫夫的科学想象力，达到敬佩乃至惊讶的程度。

在新中国建设时期，参加领衔编创过《十万个为什么》的科普作家叶永烈先生，还创作了科幻作品《小灵通周游世界》，这两部作品的成就，其传播科技知识和科学思想的积极效果，至今还未有人逾越。当然，我们更不能不记得郑文光先生，他被称为"中国科幻小说之父"，1979年出版了新中国第一部长篇科幻小说《飞向人马座》。他写的科幻小说《侏罗纪》和《史前世界》比斯皮尔伯格拍摄的《侏罗纪公园》还要早得多。

值得一提的是香港著名作家倪匡所写科幻小说《卫斯理系列》。卫斯理是小说中的主角，其中的《老猫》《蓝血人》等篇章对科幻迷来说都是经典。20多年里，《卫斯理系列》不断被拍成电影电视剧，著名演员刘德华就演过《蓝血人》。

三、科学幻想再次升温和呈现良好前景

我们回顾科学幻想创作的历史，虽然有童恩正的《珊瑚岛上的死光》并被改编成电影，叶永烈的《小灵通周游世界》等。但是，与科普创作较为繁荣相比，科幻写作一直很冷清，想象力的普遍水准不容乐观。在改革开放的前20年里，科幻写作出现的有一定影响的作品不多；上海作为全国科普创作的重镇，近年来自主创作的科幻作品似乎更为稀缺。

进入新世纪以来，从全国范围看来，随着《科普法》的颁布和相配套的《全民科学素质行动计划纲要》的实施，建设创新型国家战略的提出，为科学幻想创作营造了很好的大环境。客观地说，要完成创新型国家的建设，要依靠"创新驱动"尤其是科技自主创新，为完成这一伟大使命输送源源不断的动力，发挥颇具活力的想象力加快并促进创新，无论

如何是题中必有之义。这是历史延伸的逻辑和现实需求的逻辑所规定的道理。因而，我们欣喜地看到，科学幻想的创作，在中国稳步地升温。

国内逐步形成了一支执着科学幻想创作的作家队伍，创作出一批有影响的优秀作品，尽管科幻迷自己调侃自己是小众群体，但却是科幻作品拥有忠诚读者群和铁杆粉丝，甚至可以说有一批科幻的发烧友。刘慈欣、韩松、吴岩等是中国科幻的中流砥柱。被称作为"中国科幻小说第一人"的业余作家刘慈欣，他刚出版的长篇小说《三体Ⅲ：死神永生》登上了豆瓣图书榜第一名，并获得9.6的高评分。他的《三体》2006年连载于《科幻世界》，首批图书就销出7万册。他又抓紧写出《三体Ⅱ：黑暗森林》2008年由重庆出版社出版；2010年《三体Ⅲ：死神永生》出版，它和前两部一起被称为《地球往事》三部曲。

作者与叶永烈老师（左）的合影

刘慈欣在1999年发表了第一篇短篇小说《鲸歌》，1999年到2007年连续8年获得中国科幻银河奖。他出身理工科，所写的科幻小说有着瑰丽的想象力，但以严谨的科技知识为依托，创造出了具有中国特色的科幻文学样式，带动了中国科幻的活跃。《三体》"将离奇的预知和隐喻的担忧，通过作品为人类的未来生存扎下疫苗"。作品是讲述：一种在半人马座三星生存的三体人及其三体文明，他们在一个有三颗太阳的星系中挣扎生存并发展；《三体Ⅱ》中，三体人利用科技锁死了地球人的科学之后，宇宙舰队扑向太阳系，意欲清除地球文明；《三体Ⅲ》作为该系列的终结版，延续了前两部"星球战争"的故事，讲述人类在阻止三体世界占领地球、毁灭人类文明的侵略后所发生的故事。

韩松是与刘慈欣齐名的中国新生代科幻作家，也是业余写作，平时在新华社上班。他最新出版的《地铁》属于都市悬疑、惊悚和幻想类作品，由5个地铁站奇异事件组成。在科幻读者群中受到欢迎。他的科学幻想代表作《红色海洋》，是《中国当代科幻名作》之一，早在2004年就由上海科普出版社出版了；被科幻界认为达到国际水平的韩松的作品极富文学情趣，结构精巧，曾获中国科幻银河奖、世界华人科幻艺术奖、中国科幻文艺奖。美国《新闻周刊》、英国专业评论期刊《基础》等，都曾报道过韩松科幻文学成就。

在2011年上海科技节期间，上海市科普作家协会邀请著名科幻作家韩松（新华社对外部兼中央新闻采访中心副主任），从北京专程前来上海，为科普作家和青年科幻爱好者做《我的科幻创作理念与实践》主题讲演及交流会。他说:他喜欢上海这个城市。上海,是充满着幻想力想象力的摩登都市。而中国别的城市,没有气质和能力享有"摩登都市"这个名称。只有纽约、巴黎、伦敦、东京能享有,而上海与他们齐名。

科幻作家的跳跃式、反常化的思考方式,可能对更多的创新者有突破性的启发。韩松讲到英国科幻作家威尔士的故事:地球人大战入侵的火星人,由于外星球的高级生灵,智慧、技术、武器、装备都比地球人强大,一次次战斗,地球人都被打败了。眼看地球人要被火星人彻底战胜,突然火星人全体倒下,原来被一种地球的无名病毒感染,火星人又不具备免疫力,就这样地球人免于被奴役的悲剧。这是典型的科幻故事。韩松的话锋一转,冷静地说:我一直为中国人的乱穿马路、随地吐痰的陋习而苦恼,当看到火星人倒下这一段时,我突然想,也许让火星人倒下的病毒,正是从吐在地上的那口痰里飞出来的。韩松跨越常规、常理、常识去玄想,是他从事科幻创作的原动力。吐痰,战胜火星人,只有他以科幻的方式想得出。

韩松在上海的讲座,深受爱好者的欢迎。上海大学生科幻联盟在这期间召开"创新与科幻作品研讨会"及"科幻苹果核年会暨华东高校科学幻想节"。许多科幻迷带着韩松的书,

科幻作家韩松在上海国际科学与艺术展上

在他的演讲结束后，围着韩松，请他签名。著名的飞机设计师、航空科普作家 80 岁高龄的程不时先生和他的夫人也来听讲。我们同意这样的观点：科普和科幻是不可分割的一对兄弟，科幻是科普的最高形式。在世界上，很多科普大师同时是科幻大师；科幻大家很多也是科普大家。我们预见，科学幻想的春天已来临，在上海也酝酿着繁荣的生机。

四、对繁荣科学幻想创作的几点新想法

在中国经济继续健康快速增长的预期下，在社会管理创新和科技创新的不可阻挡的潮流下，在文化传播与复兴以及文化产业快速繁荣的感召下，科学幻想创作已有新的态势和发展动向。总体上看，那种将科幻与科普对立起来、斥科幻为精神污染和伪科学的错误做法将不会再泛起。而顺应创新驱动、转型发展战略实施的需求，科学幻想创作的社会氛围将会更加宽松、更加有利。看法如下：

1. 科学幻想将为科技创新铺垫肥沃土壤。

正如液体火箭运动和太空飞行理论创建者俄国"火箭之父"齐奥尔科夫斯基说的"只有想得到、才能做得到"，他首先想到要飞出地球，苏联的宇航事业实现了加加林飞向宇宙的首航。齐奥尔科夫斯基也是《月球上》《地球之外》等好几本科幻小说的作者。科幻小说领域想象中的美好的东西，经过刻苦研究与奋斗，得以实现。我国经 30 年引进国外科技，与国外科技发展拉近了距离。许多科技的创新，需要敢于想象的勇气，抛弃跟随别人的姿态。最近，上海有一位机械专家，想象出呼风调风的工程技术，把风能的方向、力量、利用都听从人的调动，好像不可思议，但他已拿到国家专利，中科院技术中心已准备实施。

2. 科学幻想中的有关案例可能解决现实难题。

上海、北京的大气雾蒙蒙的，污染超标，令人头疼。据新浪微博信息：空气中的 PM2.5 是最有害的污染物质，能够直接渗透到肺底进入血液。这种悬浮物在每立方米空气中的含量，世界卫生组织的标准是不超过 20。温哥华、华盛顿等仅为 8。东京超标：23。北京的官方数字为 121，因而紧急呼吁北京市民少用汽车。怎么治理呢？上海科技节"上海国际科学与艺术展"的工程技术大学的科学幻想展板"滤云"，提出想象性方案：设计制作成巨大的网状泡沫疏松薄片，放升至天空，有控制地拉动，把空气里的细小的悬浮颗粒吸收到网状的"滤云"中，减少大气中的微粒悬浮物。这是人们想象出来的科技方案，但说不定有一天就能实施了。

3. 努力创作科幻巨作成为传播中华文化和形象的载体。

拥有想象力，欣赏幻想片，是全人类的时尚。在网络传播的当今，影视大片《后天》《哈里·波特》《2012》《阿凡达》等，无不以奇特丰富的想象力为基础，赢得观众，赢得利润。

中国经济的崛起需要文化传播的精品,而科学幻想的作品制作,是一个不错的选择。中国的科幻作家应联手影视艺术家,共同努力,创出成就。

无神论宣传应适应转型社会的发展

以十三亿人奔小康为目标的中国现代化,在改革开放的30年里,取得了举世瞩目的成就。而因为快速发展,中国经济较长时期以8%左右的增长,深刻改变了中国人生活、思想乃至信仰的方式和内容。物质生活富足安适,家庭财富大幅积累,个人行为宽松多样,思想信仰多元走向,网络信息迅速流动,文化消费丰富多彩,是客观存在的社会现实。

同时,中国快速发展带来的转型社会的新情况和诸多问题,也让人有担忧之处。房价、教育、医疗、养老、分配等问题,在这里不谈。仅就思想信仰方面,人们普遍感到宗教活动兴旺,快节奏工作使人精神焦躁,将缓解的出路转向神灵,新兴宗教也萌生增多,甚至以教主膜拜为特征的邪教也滋生蔓延。概括地说,有神论活动乘势而盛,形态兴旺。而无神论似乎声低调弱,处于下风。对于如何加强科学与无神论宣传,值得我们深思。在此,笔者谈一些看法。

无神论与有神论在人类漫长历史与社会发展进程中,一直是并存缠绕,对立斗争,此消彼长的。因历史和文化等诸多原因,无神论与有神论这种互相观照、互相映射的局面,将在社会主义初级阶段百年时间里长期并存。

有神论是"人类第一个完整的世界观"。[①] 有神论阵营里,最强大的社会力量是传统宗教。全球信仰佛教、基督教、伊斯兰教的信众有几十亿。改革开放以来,中国政府奉行的宗教政策,让公民的信仰有很大的自主选择性。这是明白无疑的事实。倒是西方的媒体与政治势力,出于偏见和自身立场的缘故,喋喋不休地指责中国的宗教政策还不开放不自由,似乎造成了一种社会氛围,如宣传无神论,就是压制宗教信仰自由了。对于无神论工作者来说,我们自身不能被这种紧箍咒笼住思想的活跃性,即使面对这种压力,也要坚持不懈地开展

---

① 王渝生,《坚持唯物论,反对伪科学》,载于《求是》杂志。

无神论宣传。

在西方，个人信教、信神有选择自由，不信教、不信神同样也有选择自由。起码他们的宪法是这样写的，不过是有神论者即各种信教者的人数占多数而已。美国的林肯总统就是一位不信教的政治家，而他的选择是一个普通公民的权利。林肯谨慎地保持他的立场，他深知，信神的人数量和势力都比他个人的力量大得多，但他一生直至被遇刺，也没改变他的不信神的思想。[①]在某种意义上说，林肯能当上总统，就是美国当时历史过程中无神论者的胜利。无神论与有神论的思想的变化，就在一个人身上也有戏剧性的故事。达尔文的学业成绩在大学里名列前茅，而他修成的第一学位是神学学士。父亲原本要让他去当教堂的牧师，不同意他去航海。而后来五年的远航考察，使他成为科学进化论的伟大创立者。可以说在达尔文的身上，科学理性和自然事实有力地战胜了他学到的神学知识。但在更长更宽的时间与范围里，达尔文科学进化论与上帝创造万物论却从来没有停止过争论。直至今天的美国，披着科学迷彩装的智慧设计论的出现，把这种争论带到美国科学界教育界的高层面。好在美国科学界的有识之士，洞察明晰，尖锐而深刻地指出了智慧设计论的宗教性和非科学性。

在发展中的中国，有神论与无神论的活动势态，确实呈现香火旺盛、礼拜热闹、神灵走俏的社会现象。与新中国刚成立时，无神论者写就《不怕鬼的故事》，在广大百姓中深受欢迎的状态相比，眼前的无神论宣传确有势弱力薄的感觉。要剖析清楚这一局面，涉及复杂的原因。如"基督的羊"宣称要来改造"中国的龙"，就是有神论加上意识形态的很有图谋的一路，而且背后使出的劲道很大。但这一路，与开放以来我国基督教信徒快速增长，也要分开来看待。

有人会问：为什么没有今天的《不怕鬼的故事》，其实这个问题无独有偶：为什么没有今天的《十万个为什么》？答案不在于两本书的本身，而在于我们所处的时代和社会发生了根本性的变化。无神论和有神论，两者今天所处的位置和情况也发生了极大的变化。

党的十七大报告明确指出："全面贯彻党的宗教工作基本方针，发挥宗教界人士和信教群众在促进经济社会发展中的积极作用"。[②]这是在现代化建设时期，对宗教社会作用的十分重要的政治判断。可以说，过去对宗教的"麻醉人民的鸦片"的定性，在建设和谐社会的今天有所松动；宗教相对地具有"甜品与咖啡伴侣"的积极作用。我们无神论工作者应该看到这一重要的进展。从过去阶级斗争年代延续下来的无神论与有神论对立的状态，经过三十年的改革开放，科学与无神论和宗教与有神论，已在社会活动相当的领域有所融合。宗教活动适应社会主义初级阶段发展的积极部分，与无神论的理性部分，对推动中国现代

---

① 张志敏译，《我永远不会去天堂——林肯的宗教怀疑主义》，理查德·劳伦斯·米勒著，载于《科学与无神论》杂志（2009-6）。
② 党的十七大政府报告。

化的发展具有同向性。

传统宗教在其教义层面的劝人为善、憧憬来世、恶行莫为、修行宁静等方面，是可以为社会安定起到稳定作用的。宗教界的高层人士在反对邪教、支持政府的立场上，已表现出明确的与科学与无神论做朋友的坚定形象。同样地，科技界的有识之士也与宗教界联手，一起与邪教开展坚决斗争。譬如，以佛学的道理来说服练某种功法的痴迷者，在引导他们走出精神迷茫的困境上，已产生较好的实际效果。

传统宗教关注人们精神信仰的强大惯性，并不是无神论必然要呈现弱势的原因。无神论不仅要在与有神论对立的层面上，展现唯物论的立场；还要在科学地关注人们精神性生活的实践层面上，展开积极的探索。一谈唯物论，似乎就呈现唯物论者或者说无神论者不擅长谈精神性问题。甚至还有一种较普遍的看法或论调，认为中国社会在快速发展过程中的失范和无序，就是因为没有一种宗教或者国教，来规范、引导、安抚人们烦躁焦虑的心灵。笔者当然不同意这种观点。

我们应该历史地看待，"文革"期间，个人精神生活被极左思想所强制。即使这样，也还有"一把钥匙开一把锁"的较为适应个人思想状态的有益做法，当然"开锁"的内容，更多的是引导个人的思想向崇高的政治理想服务。其中"假大空"的部分已被历史潮流所淘汰。但是，无神论宣传在新的形势下，确实面临着如何做得有声有色、入耳入脑、深入人心的新课题。

党的十七大政府报告还明确指出："社会主义民主政治不断发展、依法治国基本方略扎实贯彻，同时民主法制建设与扩大人民民主和经济社会发展的要求还不完全适应，政治体制改革需要继续深化；社会主义文化更加繁荣，同时人民精神文化需求日趋旺盛，人们思想活动的独立性、选择性、多变性、差异性明显增强，对发展社会主义先进文化提出了更高要求；社会活力显著增强，同时社会结构、社会组织形式、社会利益格局发生深刻变化，社会建设和管理面临诸多新课题。"①

毋庸置疑，宗教活动能解决人们一部分的精神性心理性的需求。而现代紧张的工作节奏和紧绷的生存压力，以及诸多个人生活的突如其来的灾祸与剧变，如地震海啸、车祸伤亡、股票涨跌、情变离婚、商场竞争、疾病痛苦……在信息网络条件下的流动传播，给人带来的冲击，连传统宗教的教义和说服，都来不及安抚激荡的心灵。因而，全球范围都有新兴宗教在出现，有神论也面临着新问题。

即使在美国这样的发达国家，表面看来基督教传统很牢固，也会产生在传统宗教之外构建个人精神生活的社会现象。笔者注意到，美国的一位牧师因觉得基督教不能满足人们的精神需要，而开始思考其他的路径。他，大卫·艾尔金斯花三十年的努力，经迷茫而困

---

① 党的十七大政府报告。

惑后,"终于选择了心理学、心理咨询和精神分析,从非宗教的精神生活中找到了新的追求。"①作者在他的著作《超越宗教》里,提出了八种替代传统信仰,也可过宁静美好精神生活的途径。这八种途径是:艺术、心理学、自然、友谊—家庭和社群、故事—仪式和符号、情爱—性与感性、生存磨难、阴性特质。我们的无神论工作者,从这种国际性的新研究成果中,或许可以获得不少启示。

"建设社会主义核心价值体系,增强社会主义意识形态的吸引力和凝聚力。社会主义核心价值体系是社会主义意识形态的本质体现"。②而无神论正是建设社会主义核心价值体系的重要组成部分。但我们也必须认识到,科学昌明和无神论思想的传播,如从哥白尼提出日心说起算,也不过数百年时间。而有神论已存在数千年。在我们所处的快速发展的现代化建设的新时期,由于社会物质生活的丰富多彩和精神生活的多元化,网络信息技术的普遍应用,使无神论宣传已面临一个全新的富有挑战性的局面。

作为无神论工作者在政治思想与意识形态上,必须立场鲜明、针锋相对地与有神论展开斗争。但是,在和谐社会建设的诸多方面,科学与无神论和宗教与有神论,将处于长期胶着状态。某种程度上,正是因为有宗教与无神论的存在,而需要科学与无神论工作者的不懈努力。

笔者建议:一是从内容上看,无神论宣传应跳出非黑即白的框架,政治立场的泾渭分明是基本立场,宣传角度要从历史、哲学、文化、科学、教育、艺术、新闻、心理等多元出发,结合转型社会的实际问题,开展生动易懂、丰富多彩的教育活动。二是从方法上看,不能沉湎于形而上学的思考和概念游戏,而是把形而上学的理论研究与实践的心理咨询结合起来,把对宗教的研究和深刻认识与对日常生活的细致观察和精神指南结合起来,③为社会成员解决精神性的实际需求。三是从探索范畴看,不能把终极关怀、宇宙边际、心灵感觉、未知世界等敏感问题,看成是无神论者谈论的专利,无神论者也应该努力学习科学新知识,敢于与有神论者和受众对话,向赵启正先生学习,与牧师也能在江边从容对话。四是从工作策略看,无神论宣传应有团结大多数的姿态和信心。要有全球眼光,介绍翻译世界各国的优秀无神论著作,研究宗教著作中善于吸引信徒的文字。在社会宣传活动中,应改变一味用批判的语言,而使用说理的诗意的语言。少以权威的身份出面,更多以朋友的姿态,对被神灵和邪教迷惑的受众,进行教育和帮助,引导他们对生活的热爱,对真善美的追求,学会用无神论的思想来工作和生活。

---

① 顾肃译,《超越宗教——在传统宗教之外构建个人精神生活》,(美)大卫.艾尔金斯著,译者序。上海人民出版社2007年10月第一版。
② 党的十七大政府报告。
③ 顾肃译,《超越宗教——在传统宗教之外构建个人精神生活》,译者序。

以科普的眼光欣赏世博科技之美

——访上海市科学技术协会常委陈积芳

在航空馆驾驶飞行模拟器翱翔世博园区上空，在瑞士馆乘坐观光缆车游览欧洲乡村美景，在非洲馆选购琳琅满目的手工艺品，在印尼馆细听17米高的瀑布倾泻而下的隆隆水声，这些是为众多参观者所津津乐道的世博亮点。乍一看来，世博会俨然成了一次一天玩不够的嘉年华。其实，世博会不仅是嘉年华，更是创新理念和科技进步的展示与传播。世界博览会"博览"的是什么？这些震撼人心的感官和视觉体验，是世博会留给我们的印记吗？在接下来的一百多天里，我们应该用什么样的方式，更细致地看世博？近日，记者带着这些问题，走访了上海市科学技术协会常委陈积芳。

世博会是人类创新智慧和科技成果的盛会

陈积芳认为，世博会作为人类文明的一次盛会，集聚了世界各国在经济、文化和科技上的珍贵文明成果。以前的一百五十多年里，她伴随着工业化前进的步伐，把人类最新的发明和发现，尤其是能在经济和社会生活中充分应用的科技成果，淋漓尽致地展现给观众。"一切始于世博会"，除了说文明的交流始于此，更要看到其背后贯穿的一条源源不断的创新长河。

世博会"博览"什么？实际上，是一次博览人类创新智慧和科技成果的全球盛会。世博会一开始就是伴随着人类创新的智慧应运而生的。火车轰隆前行，那是蒸汽机动力的应用，人类前进的速度第一次超过马匹。白炽灯点亮生活，那是爱迪生的发明，从世博会走向千家万户。奥迪斯把升降机的钢缆，当众用大斧砍断，证明电梯的安全，房屋才开始长高。航天器进入太空，人类登上月球，月亮石成为世博会的镇馆之宝。这些现在看来都是平凡的信息，在当时是多么激动人心的新闻。火车速度的比赛，福特汽车开进农民的庄园，等等。在当时，让普通人享受到科技创新的恩泽。

这些影响和改变人类历史进程的创造和发现，通过世博窗口向千万观众展示，从而这些科学技术成果得到广泛应用，可以说比十所大学更有力地推动了人类文明的进步。今天，2010年上海的世博会，同样继续秉承了历届世博会创新的理念，集中展示了世界各国科技智慧和成功经验。仅上海的科研院所、高校和科技企业为世博会装备的科技创新成果就有1100多项，具有自主知识产权，多角度、多渠道、多层面地应用到世博会的方方面面。而各国展馆，尤其是发达国家的展馆，应用的新技术和高技术的创新成果，可以说是争奇斗艳，琳琅满目。

科普的慧眼方能领略世博科技之光

"这段时间，我进世博园区看大大小小的场馆，特别注意每个场馆的科技内容，看到园区处处闪烁着科技创新的光芒，游园的人们都沉浸在世博营造的快乐中。其实，让参观者觉得世博会成功精彩难忘的幕后功臣，正是渗透到世博园区每一个角落的最新科学技术"，陈积芳进一步解释说，"如果我们不注意，甚至都觉察不到科技所起的作用。这就需要我们用一双科普的眼睛，去发现隐藏在世博园内的创新科技。"

陈积芳给我们举了一个例子：我们每个去过世博园区的人都会感叹各大场馆如梦如幻的光影效果。阳光谷时而繁星点点、时而彩虹挂空，印尼馆的海洋水族馆里鱼群穿梭水波荡漾，韩国馆的"动态艺术墙"上闪现游客身影图案，石油馆建筑不断变幻的蓝白相间的、粉红淡黄的色彩，开幕式上在黄浦江上漂流的六千个闪亮的圆球，国内西藏馆的蓝天白云哈达飘舞的雄伟布达拉宫……很多人欣赏美景为之赞叹时，没想过是什么成就了这些熠熠生辉的美景。其实，只要稍加留心就能知道，为世博会大放异彩的是LED。

陈积芳对LED做了一番解释："用专业的话来说，LED是半导体照明技术的英语缩略语，是一种可以将电能转化为可见光的半导体发光管。它是冷光源，耗能是白炽灯的十七分之一。每个微小的半导体发光管，都好像是千千万万个活的萤火虫，似乎听着人的命令一样，飞到一起组合成极其美妙的灯彩图案，这当然是与多媒体信息技术结合在一起的效果。我们在夜间看到的台湾馆像一盏徐徐升起亮丽的孔明灯，世博中心外墙上变幻着颜色各异的波浪，太阳谷上不停地变化的如彩虹般的色彩和花样，这些都是寿命长、无辐射、很节电的LED的功劳。世博会已经把LED的优良品质展示得淋漓尽致，而半导体照明技术的应用和节能的优势，在世博会上开始闪亮登场，前景很广阔。"

欣赏世博会科技之美要勤学习做功课

陈积芳向记者介绍说，世博会不仅仅是一次单纯经历感官和视觉体验的嘉年华。我们要用智慧的眼睛发现世博会的科技之光。只要我们勤于学习、善于观察，就会发现上海世博会让人惊叹的科技亮点。上海市科协已在世博会公众馆设立"世博名人堂"，每周两次，请院士科学家讲解世博与科技。观众可以关心这些讲座，增长新的科技知识，游览世博会就会有滋有味，有更多的收获。

游客行走在十米高的平台上，头顶的白色幕布如同云朵随风飘舞，与"阳光谷"浑然天成，其专业名称叫"索膜"。整个膜面展开面积达7.7万平方米，由31个外桅杆、19个内桅杆及牵引桅杆的各类钢索作为支承系统，创造了"世界索膜结构之最"。世博轴索膜所使用的膜材料具有不燃性、防紫外线、抗风化、自洁性和高反射性等特点。还有通过"阳光谷"收集雨水，据初步测算，可以使世博轴的用水量打个"对折"，足足省去5万立方米。比如用作厕所冲洗可节约大量用水。

具有中国元素"游戏棒"概念的意大利馆，在建筑材料上有技术创新，采用"透明水泥"等全球顶尖的高科技环保材料。所谓透明水泥，就是在传统的混凝土中加入玻璃质地成分。透明水泥不仅具有艺术效果，而且可以减少室内采光，从而达到节约能源的效果。而瑞士馆更有特色，植被覆盖展馆的屋顶，不仅能净化空气、调节气温，提高夏季的凉爽和舒适度，还能在下暴雨时延缓落水，并及时排水。展馆的自来水可以直接饮用。身处展馆之中，人们可以享受到纯净的水、空气以及与城市噪音隔绝的宁静。各国的科技创新理念，都可供我们借鉴。

在世博会的场馆里，处处看到多媒体屏幕和数字网络的映像。当今网络科技进步对于大至社会经济发展、小到社区日常生活，都起着巨大的推动作用。如思科智能展馆所展示的，我们生活、工作、学习和娱乐方式，通过网络科技的发展而转变。在城市可持续发展与数字城市建设方面的创新技术，比如"电子标签"技术帮助我们在20秒内就能通过园区入口闸机验票，4G实验网为我们在园区内无线上网带来极大便利。再进一步，世博园区的建设过程、交通环境、安全保障等领域都有新技术的魅影。参观者可有所了解，知道网络科技为未来城市发展，带来的丰富内容和极大便利。

（本文由蒋蝉琦记者与作者对话采访执笔而成）

上海应引进和制作更多更好的科普展

今年科技活动周期间，上海科技馆引进了日本的《时间探索展》和挪威的《极光展》，引起广大参观者尤其是青少年中小学生的强烈兴趣，激发了大家对特定的科学知识和思想的追求热情。这些成功的科普展览，对我们上海深入扎实地做好科普工作，进一步引进和制作更多的科普展，有很多的启迪作用。

通过各种各样让群众易于接受和理解的方式，传播科学技术知识、弘扬科学精神和思想，从而提高大众的科学文化素质是科普工作的最终目的。生动形象的科普展览就是重要的常用的方式之一，展览能直观地、生动地、形象地展示特定的科学技术领域的最新进展和深刻原理。从通过日本的《时间探索展》的引进和展示所取得的良好效果看，做好一个科普展览并不容易。

这要从科普的特定功能说起，任何一个科学技术的成就，都体现出很强的专业性、学科性。要用通俗的语言和方式，让不搞这个专业的受众看懂听懂、入手入眼入脑，的确是件看看容易，实质很难的事情。"天为什么是蓝的"孩子提出的这个问题，从专业上去研究，其成果水平可直达获得诺贝尔奖的程度。而要在很短时间内，让受教育者很快明白其间的科学道理，可是要动一番脑筋的。美国的著名科普专栏作家卡尔·萨根说过一句话："每一个孩子都是一个科学家"，这是十分深刻的名言。他道出了人类对科学探索有好奇的本质，也道出了如在这个起点做好了，就能让更多的人成长为科学家的意义。只有深入地亲身做过科普又作了深层思考的实践者，才会有如此精辟之言。不约而同，我国的著名作家叶永烈先生也说过：科普是变压器，要把380伏的电压，变成220伏使人人能用。这句话也十分形象地道出了科普的特征。

《时间探索展》正是体现出了展览的设计者，把"时间"这个存在于我们生活中的要素，全方位地用尽所有方式展示在参观者面前，让人参与感受，使人感到新奇、惊讶，从而催人思考，引人走向更深的科学宫殿，让参观者自己有所升华。后来上海科技馆组织了叶叔华院士、杨雄里院士、傅启华研究员，与华师大二附中的高中学生座谈，从同学们提出的问题中，如到底能不能回到过去，到达未来，人在梦中的时间感是什么样的等等，就可以看到展览所引起的对青少年的启迪作用。

我们可以看出，这样成功的展览，对"时间"这样一个科学概念的命题，从物理、生理、技术等角度来表达，又包含着文化、艺术的角度来展现；让观众看到、听到时间滞后的形象与声音，一昼夜的花开花闭、车流人流的变化，使人感到时间存在丰富多彩。这样做法达到了令人难忘的展示效果。

科普不仅要让人接受科学知识和结论，而且要传播科学思想和弘扬科学精神，要做到这一点，任何科普展览及活动，都必须放在"大"科学文化的范畴来运作。这个"大"字是指科普不仅是科技专家的事，不仅是科技专业知识的普及，也须将文化、艺术、历史等人文学科的知识融汇一体来进行，不能单通道或两张皮。例如：挪威的极光展，除了有很多部分表述北极光生成的科学道理外，大量的内容涉及神话民间故事和传说：极光是海神女儿的美丽裙子，孩子亡灵的光芒等；当以自然现象类比时，认为是大洋里鲱鱼群的反光，北极雪原中银狐或山羊的跳跃等，甚至等同于黎明的晨曦。于是，极光在西文就成了Aurora（希腊神话里黎明女神的名字），而人类早期这一认识是错的，极光与晨曦是两回事。展览甚至罗列了中国古代时候描绘极光的墨笔图案。可以说，挪威人已经把北极光当作我们"清明时节雨纷纷"的自然现象一样，化为文化和历史来展示了。这样做，就把无形的科学思想，人类追求真理的精神境界，在展览中传递给观众了。我们应借鉴这样的做法。

科普展览要及时反映科学技术的迅速发展，必须继续努力引用或制作更多更好的作品。任务很艰巨，对科普工作者和科技场馆是一个挑战。可以选择的题材很多，信息科技、生命科技、环境科学和科技史（如郑和航海技术）等领域，有大量的科普资源可以挖掘。时代需要科技工作者和文艺工作者联手，期盼有好的构思与创作，还要有政府政策的扶持，并以市场运作为动力，调动企业的资源加入。上海要有决心整合科学技术与文化艺术的综合优势，加大对优秀科普展览、科普影视创作的投入和扶植力度，加强对科技和文艺两方面人才的联系互动，多引进一些先进的国际科普展览和项目，并组织力量消化吸收，逐步形成一个科普展览、科普影视作品创作交流的平台和良性循环的机制，多出好项目、好作品，为提高上海民众的科学素质服务，也为全国的科普繁荣服务。

当科学发现转化为技术及产品后，要使这些技术和产品得到社会的承认和推广应用，还需要一个科学与技术普及的过程。只有这个过程完成了，科学和技术才能变成生产力，变成社会财富，促进人类文明的发展，社会的进步。《世界技术史》一书谈到一个重要的观点：当专家问及中学生时，什么是科学？而同学们回答的实例，其实大多数是技术，不是科学。人类对技术知识积累及成果，很多是直接发明的，而不是科学发现转化的。发明的知识同样有普及的重要任务。我们工业化没有完全完成，很重要的一个原因是对技术发明的企业创新的主体，研究不够，普及不够。这个观点，似乎涉及整篇的写法，和中国下一步科普发展的方向，当然我丝毫没有轻视科学的意思。我提出来，请大家一起斟酌。

同时，科学研究、技术开发与科学普及还存在着逆向关系，即在科学普及的过程中，而太阳能的科学知识发现之后,其应用中太阳能转化为电能的重要工作,从 5% 的转换率提高到 20%,技术上研发了 60 年,还在努力跋涉。

其实,中国人的陶瓷发明,就是典型的技术。火药、印刷术也是。指南针涉及科学知识。李约瑟的《中国科技史》大部分记录的是技术成果,甚至提出了:中国近代为何没产生科学的问题,成为"李约瑟难题"。

以分析差异的哲学思考深化创新与发展

引子

今天讲的"创新文化"比较综合一点,也是为大家的咨询脑力劳动服务,把我的读书心得与实践体会跟大家交流一下。

上海咨询业行业协会有近三十年的历史,伴随着改革开放的深入,咨询业应运而生。在中国的北京、上海、天津、西安、长沙、深圳、郑州、广州等城市也有较发达的咨询行业,但发展极不平衡,咨询行业未能在全国铺开。这就需要上海的咨询业和咨询专家发挥为全国服务的作用。这些年,面对金融危机,不少行业面临诸多困难,业绩下滑。但是咨询业业绩却不跌反升,因为那些遇到困难的企业需要咨询师为他们把脉、找对策。

从整个宏观来看,国家提出了要建设创新型国家。创新型国家必须要有创新文化,必须要有人动脑子为企事业单位出主意。无论在美国、在欧洲,咨询公司甚至还要为国家出主意。美国许多大学的研究机构就是总统和联邦政府的智囊团。站在国家的角度,我们要提高创新能力,建设创新型国家,这是目前中国的战略核心,是提高综合国力的关键。作为咨询行业来说,也恰恰是提高自身综合能力的一个关键。

上海的咨询业很发达,总量达到 300 多亿元,可以说已经形成了一定的产业规模。我们协会有近 300 个会员单位;全市兼职的咨询机构就更多了,在工商登记的带有"咨询"两字的机构,有 3 万多家。从一般分类来说,有管理咨询、工程咨询、技术咨询、财会咨询、社会咨询等类别。社会咨询的口袋也很大，从房地产、法律、档案、心理到婚姻咨询，各类专业都有；财税、审计咨询业务量也很大。

上海的咨询业为本市、为长三角周边，加上为中西部服务（如天强公司的总经理祝波善，他2/3的时间要用在全国各地），这就是说，我们上海的咨询业业务很大部分就来自于全国。中央要求上海为全国服务，其实我们咨询业这个服务做得最到位了。咨询业的发展有着极其广阔的天地。我们形象地概括，咨询业是用头脑和智慧为客户工作的。因此，咨询的专业人员，不管你做什么，可以通俗地比喻成教师、教练、医生。形象地说，当客户提出问题时，你要指导，教会他们解决问题；教练也是这样，帮客户提升。例如，上海隧道工程轨道交通设计研究院派员到杭州，为杭州地铁开通前的综合安全管理管理做咨询培训，提升他们的管理能力；医生的角色也是这样，客户的实际运行有病态，你首先把他的问题诊断清楚，然后提出治理解决方案。

上海的咨询业发展得比较早，最早是一批有经验的老教授、老高工做业务。现在年轻的一代已成长起来了。今天在座的这些人就很年轻。徐匡迪当市长时曾经对我们协会提了八个字：科学决策，咨询先行。应该说，社会对咨询的认识也是到位的。对许多聪明的企业家来说，他只要有了我们咨询公司，包括工程、财会、技术、综合管理等方面，由我们各方面的咨询公司来做，他们的业务一定能做得更好。徐匡迪院长在上海的咨询业论坛上还讲过，咨询机构要善于说"NO"。当时我们发改委的领导说，我们现在已对有的项目说"NO"了，要做到这一点也是不容易的。

今天我要讲的问题是，既然我们是用智慧来工作的，不管你是什么专业，要谈谈创新文化。我个人有些体会，尤其是我们本土的咨询企业。我们协会曾经想让麦肯锡来做我们的副会长单位，他们不来。他们跟我们交流很少，因为他们觉得他们的文本规范、他们的数据库比我们强大，即使你给我这个位子，我也不来，为什么？咨询业是用脑子来工作的，他不想把脑子中的智慧与你共享。这样，慢慢地我们的机构培养出来的人才被他聘过去，为他们服务。当然他们的待遇比我们本土化的机构要好一点，文本要漂亮一点。我们跟他们的差距，其实主要是在数据库，他们的数据库，第一是全球化的，第二是滚动连续的、可以比较的。而我们本土的咨询业，是在众多的社会经济实际问题的解决中，逐步地成熟起来。比如我们编的教材比较实用，是整个行业的专家一起来编的。虽然我们的数据库做得还不够，但是已经做了大量的工作，我们年轻的咨询专家，要有信心在本土化的咨询里有所建树。

我要讲创新文化，我们本土化的咨询机构首先要有自信心，要首先对自己的文化、自己的发展前景和目标、对自身的咨询能力要有自信心。我认为，这是符合我们行业特点的，也符合中国和上海现代化建设的现实的。自1840年到今天，中国人落后被欺负，因而一些人自信心还不够。广义地一点讲，从我们专业技术人员到领导管理人员，从品牌、我们拿到项目经费的平均强度，与境外咨询公司相比有较大的差距。我们会有很多无奈、埋怨和牢骚。用我的话来说，首先是文化自信心问题，然后，才能有目标地去奋斗。所以，我觉得这个问题可以讲一讲。

很多咨询的关键环节上的事，应该说我们每个人比外国人要清楚。所以，原本由他们做的报告，慢慢地包括市政府的市长咨询，也有可能由我们本土咨询机构的来完成。实际上重大工程项目的前期论证，就是本土机构做的。以后大企业做50万、100万标的的大项目，本土咨询机构都会参与。外国咨询机构的弱点，是他们对实际情况的了解不如我们在座的专家来得透彻。如中央电视台曾经做过一个采访，问在华留学生对中国有什么印象，那位留学生说：我来了一年，可以为中国写一本书，因为我激动，中国的变化这么大。我来了两年，可以为中国写一篇文章，因为我觉得有些事做得还不够，还可以改进。我来了三年，就什么东西也写不出来，看中国看不懂啊。这可以理解，因为我们自己有的时候对中国的问题也要费一番脑筋才能看懂，才能够咨询清楚。

一、有关文化的内涵：仔细分析差异

我们在现代化进程中，你怎么看待你的业务、你对社会问题认识的差异，从文化上就遇到一个重要问题，怎么看待"对立"和"差异"。

"对立"是什么，对立就是"正确"与"错误"、"是"与"非"，是毛泽东《矛盾论》里面的对立统一。很多人对毛泽东的功过评价不一致，但是我认为毛泽东思想的"对立统一"对我们的思想方法至今影响很大，不管你承认与否。我们往往习惯于"二元对立"的思考方式和分析问题，惯性很大。"黑的"与"白的"、"是"与"非"、"光明"与"黑暗"、"错误"与"正确"、"增长"与"衰退"、"亏损"与"盈利"、"失败"与"胜利"、"漂亮的"与"丑恶的"、"有诚信"与"无诚信"，等等。许多年轻的咨询人员很容易在做工程分析问题时，习惯于"二元"思考。对人、对事也用"二元"对立判断。

我从咨询文化方面拓宽来说吧。有一部名叫《大染坊》的电视剧里一位师傅说："黑可以分18种"。我的问题是，尽管黑和白是对立的，而我们注意过黑怎么还会有那么多层次吗？我们想过没有呢？你到超市里去看染发剂，大概比18种还要多，但是我们的思想方法很多人只有"白"或"黑"。"黑"可以有18种，同样的，"白"当然也可以了。我不是简单地讲这个哲学命题，举这个例子的意思是，我们要学会很仔细地去分析问题，分析事物的进展及问题所在。做咨询业务，哪怕是做技术问题分析的时候，你要仔细地去思考。我们有些年轻人习惯于"二元"思考，他们没有经历过"文革"，为什么也习惯于黑白二元式思考呢？我请教一位老专家，他回答说："这是他们思想上的懒惰，二元思考比较轻松，不愿做刻苦的脑力劳动。"说得太对了。

其实,中国人的智慧在老子的道德经里早就说过,一生二,二生三,三生万物,中国人在"二元"里面加个三,三才生万物。毛泽东的矛盾论理有句"差异就是矛盾",但他一直搞阶级斗争,而没注重研究"差异"。"差异论"可以写一篇文章或一本书,就分析"黑"和"白"各18种,然后一一去找例子。我提出的问题如果跟别人讲不通,但跟咨询界的咨询专业人员讲,你们们应该赞成,我们需要仔细去思考三生万物。两个对立的两面的自身的内部还有很细致的分析。这里就要从人文艺术的方面引用了。如果在没有彩色照片以前,对画油画的艺术家来说,什么最重要,是"灰"。没有"灰",就没有黑白照片了。油画家也说"灰"最重要,"灰"就不单纯是"黑"、"白"二元,就有不对立的中间态,有联系两头的过渡层。我对这个问题作了很较多的思考。如果我们搞咨询的人还很简单地判断一些二元对立的问题,那你的学问就不深了。这是我通过在政府、事业单位、社团三个不同单位工作,在咨询业行业协会工作,跟大家一起作服务经历的体会。

再回到"对立"是矛盾,阶级斗争年代的对立统一的概念,包含对立的那一方必须把另一方消灭掉,才是实现对立统一的转化。梁漱溟是我国著名的哲学家,他说:中国文化讲对立是讲异中有同,同中有异,统一的时候有一种情况,不是把对方消灭掉,而是互相包容。梁漱溟到生命接近终点的时候还专门写文章,讲述这个观点。我把这些问题连贯起来是要告诉大家,中国哲学和文化的中庸之道是讲,它承认有对立的两面,而这个对立的两面即对立又是依存的。然后再把它的同和异找到,它们可以求同,然后又达到一个新的状态和局面。实际上包含了超越"二元对立"的思维的哲学方法。因此,到了和平发展建设的年代,有大量的咨询题目和业务,咨询专业人员都是要为事业的提升努力,改善解决问题,要深入地去进行思考和分析,不是简单化,不是只求轻松思考,不做思想懒惰者。这需要我们在做咨询业务的时候,做深入、刻苦、细致的研究。这是我们东方文化的优势。

英国人为什么在文化方面创意很多?实际上他的文化是多元的。尽管奥运会中,他们的火炬有一次中途熄灭了,但我认为整个创意是非常成功的。我们可以分析一下英国的发展也是这个问题。你可以在伦敦街上看见三个女孩,他们肤色一个黑,一个白,一个黄,走在一起,这在中国是不曾看见的;你可以看到伦敦街上三个走在一起的女孩穿的皮夹克也可以有红的、黄的、咖啡的,而且那皮夹克做工和式样非常地道和时尚。

把我们中国的文化放在今天国际化的条件下去看,就显出了差异。显而易见,伦敦就是一个老牌大城市,它的生活就是它的文化。一位著名的作家讲,如果一个人看见了伦敦,那他就看见了他们整个的生活。因为英国人生活包含了生活自身所有的含义。你们看历史,它是一波一波的。别的国家,别的民族的人来到这里,定居、通婚、组建家庭。现在上海已经够开放了,但上海今天的外国人数还没有20世纪二三十年代来得多。因此,现代化、国际化、全球化以及文化的多元是我们必须面对的。

现在文化界也在梳理我们自己的历史文明。例如，既然我们有300多所孔子学院，那么我们是否对自己的文化有清晰的表述。如果你见到一个外国人，你怎么对他说？

资助"哈利·波特"的制片人海曼，他首先把电影跟融资结合起来。现在中国人也会了，我接待了海曼。他说他想拍一部东方中国的电影，他问我中国的文明什么最好，我脱口而出：中国的农耕文明辉煌的时候，中国的文人生活很优雅。他们喝酒可以把酒盅放在水池里，水顺着小水道流淌着。酒盅流到你面前，你把酒拿起来喝，然后吟诗挥毫，展现优美书法。这是我的认识。海曼听了说：但你们可耕的土地用到了极点。我被他的话震惊了。其实，这个问题就像我们的房地产一样，我们的土地用没了，可是问题还在。因此，你不要小看这样一位英国人，他看到了 J. K. 罗琳带着孩子穷困潦倒，一下子给她 5 万英镑。他所拥有的文化智慧不是一般人能及的。海曼电影公司 1959 年成立，与许多影星一起得到过 188 项奥斯卡提名，26 项奥斯卡金像奖，所以他才有这个自信和眼光去洞察 J. K. 罗琳所写的东西。他不像我们有些刊物上所写的那样，就是为了融资圈钱。他当着我的面说，英国的孩子现在沉迷在游戏里（像中国的有些孩子一样），绅士般的英语快要不会说了。他要找个人，能写出流畅漂亮的英语，让孩子们能读。因此，他的出发点是高尚的和善意的。他说他是为了保护纯正的英语，而去赞助 J. K. 罗琳的。把他拿来跟我们现做什么事都围着钱转的情况比一比，相形见绌。人家真的是有这种思考。因此，《哈利·波特》已经成功了，也是商业化的经典之作。这跟他当初资助 5 万英镑是有重要关系的。这本书已经创下了 4 亿本的销售量，翻译成 67 种语言。J. K. 罗琳身价 20 亿美元，已经有人在拍她的传记电影了。这个事例说明，一个人的思想、思维文化的重要性。我们不要简单地去面对二元对立，习惯于这种思考，要把我们自己的文化自信心和深入细致的分析方法，能够贯穿到我们的业务上来。

二、创新驱动，必须有创新文化

建设创新型国家要有创新文化。目前，我们面临着第三次工业革命，这是一个全新的观点，甚至有人说，中国的崛起可能被第三次工业革命所终结。第三次工业革命的定义当然是指数字化制造、新能源、新材料等。一个崭新的时代指的是什么？指劳动力占总成本的比例越来越小，指生产的定制化、个性化接近消费者成为趋势。过去追逐低成本，现在可能有所变化，我们是不是感觉到了呢？专家的意见有所不同，有的认为：一般制造业，比如过去的三来一补、阳伞、皮鞋、服装制造等是这样的。但是比较集群的技术含量比较高的，比如中国的成套发电设备被各国看好。那么，这高端制造跟普通制造也是一个不同的层次。这个问题应了我前面讲到的,即使说中国制造在转移,但是里面还是有不同层次的。那怎么办?第一,我们要培养新的人才,培养出一批能适应第三次工业革命的全新机制的教育机构。

刚才讲到的海曼,陪他一起来的香港电影沙龙主席汪长禹先生,分析电影业的前景,也走到了高端的顶点,视频网站里几乎可点击所有的电影。尽管电影仍然会存在,但是电影也会被别人装到电脑里。于是,英国、欧洲、美国等国家都在流行小电影、微电影。这个时候不仅仅是海曼这样的大导演撑起了电影的市面。电影业等都在发生深刻的变化。我们现在也要为中华民族文化的复兴制作我们的作品。第二,当然是创业实践。我们对创业的宽容度、风险投资、创业投资等方面仍然要做很多工作。第三,就是政府角色的转变。我们协会和上海现代服务业联合会也做过一个北京50人经济论坛。北京的很多专家的观点针对性很强。有一个观点说,政府强大的角色不利于服务业的发展。政府的角色就是要准确地看到,旧的、不适应转型发展的行业哪些应该被淘汰,这是不容易的。也许做这事的时候,对很多咨询公司来说是个机会,但这事做起来也有难度。你不做深入地分析,你怎么轻易知道它还能赚钱时、还能产生税收的一个行业就会被淘汰、被转型呢?当然,政府一方面要收税,就不让它死掉。那么不能为了追求增长速度,粗放式地继续干。目前都说发达国家把一些工厂撤回去了,星巴克是把喝咖啡的杯子生产线撤回去了;福特公司也要转回去12000个工作岗位。这个趋势已经显露,那么我们怎么应对,也需要思考。广东的东莞请我们协会,由张祥会长领衔,跟北京的国际贸易研究中心一起做一个东莞的产业结构调整的软课题。这个题目难度很高。那里的工厂也转到别处去了,到越南、到泰国。现在劳动力成本上升了,东莞怎么办?如何破局?

所以,我讲的第一个问题的时候,实际上,要深入研究这种细微的层次差别和实际情况,要动脑筋分析是有许多题目要做的,尤其对我们咨询机构来说。马达加斯加服装从业者的工资只有50欧元,那么过去到中国来的工厂,现在又要跑到低工资处去。中国现在是180欧元—300欧元,跟俄罗斯差不多,这样一些外国工厂就转移到非洲或者美洲去了。有些工厂也出售,我们国家也开始收购,如何收购也变成我们咨询业新的业务,要评估到底收购还是不要收购,收购了将来会怎么样。同时服务业也在进入中国,联邦快递、UPS等都在等着中国给他们批准牌照。外企的金融服务业已经开始吸收中国本土的员工,有的本地员工在他们内部占比达到96%,都是市场决定的。有的跨国公司把研发中心设在中国,成都、重庆等地引来了戴尔、惠普等工厂、企业进入。因此,中国正在是面临着如何迎接各种挑战的问题,一直到昨天,温家宝总理还说有些情况趋于有利,但是困难仍然会持续。有些困难在一些企业、一些行业还是比较突出的。中国要进一步发展,不得不转向提高效率和生产率,否则就没有出路。劳动成本每年以10%—15%的速度上升。因此,对中国的企业,科技创新真是新的局面。

低端的要放弃，往高端的走，那么对我们的管理包括人力资源管理，也的确是提出了一些新的的问题。像CTP公司就是做人力资源外包的，他们的老总观点很清楚，一个企业的人事部长、财务部长是最难找的，因为他必须精明、有效率、与总经理董事长沟通良好。但是，这样的人有时候也难以找到。他们就把整个人力资源管理通过服务外包来招揽到自己的公司里来，而且这两年，他们已经得到了《世界管理评论》杂志的奖励，在2011年成为人力资源服务外包的卓越推动者。所以，创新不仅仅是工程技术自身的创新，还有管理的创新。而我们国内的企业还不习惯这种服务外包。这还是一个关于人力资源管理的文化观念问题。很多国外企业尤其是一半以上的海外大公司的人力资源管理，包括工资发放、员工福利、招聘人才、劳动保险等，通通可以按照规程来为一个企业服务。这也就是说，在服务业发展过程中，我们真的面临着一些观念的改变。所以，科技创新，不仅仅是加强开发投入，不仅仅是R&D（研究与开发）的百分比。而是创新的综合管理能力能不能集成重大的创新。我们许多科技企业没想到请CTP做服务。我们请他做是否比我们的财务部、人事部自己做，更省钱更有效率呢？我们比较过没有呢？因此，对于上海和中国，如何爬过1万美元左右这样一个坎，不走进中等收入的陷阱是很现实的。我们对上海的科技创新十分有信心，政府主管部门和企业都在想办法。

站在科技的角度来看我们的咨询企业，比如东方工程监理公司在工程监理方面，多项指标在全国是第一名。可是"东方"做得这么大，还是没有在海外咨询业务上走出去。就是说，公司还没拿到国外的机场、大桥的监理订单。但是，中国上海的咨询机构已经在做准备了，酝酿力量，还是有机会的。比如说专利，中国在赶上去，2011年中国与美国的专利增长比为3.6∶1，如果企业创新的积极性被调动起来，当然其中也包括了咨询机构帮助企业出主意。有专家预言，我国尽管在关键技术和高技术领域与美国还有差距，但是我国通用技术和产业技术的创新能力可能赶上美国。这里有两个重要的例子：国内有两个申请专利的大户，一个是华为，一个是中兴，中兴去年申请2 800多项专利，华为2009年申请1 600项专利，在世界排第一，2010年降为第4位，中兴提高到第2位，去年中兴到第一位，华为到第3位。全世界的三个申请专利最多的企业中我国占了两个。所以，从某种角度说，中国人并不笨。因此，如果中国有30个中兴、华为这样的公司，那么情况就会有所变化。比如说美国人的飞鹰直升机，还是不肯卖给我们关键技术，这种直升机可以飞到青藏高原，青藏高原平均海拔高度4 000米。关键的技术，还要靠：我们自己。

三、如何去追求最创新的东西

先举个例子，一架飞在瑞士日内瓦湖面上的飞机，机翼全部都贴满太阳能薄片。这是第三次工业革命的创新典型。它不用航空汽油,一个驾驶员可以连续飞行全球25个小时。在节能、低碳的情况下,大家都瞄准太阳能。其领军人物安德烈到上海来过,我参加了瑞士日内瓦创新日活动。安德烈作了详细的报告。我跟他合影。我问:"你有计划降到中国来吗?"瑞士专家全体大笑。安德烈说,我们有这个想法,降落到哪里还没有定。如果真的能降落到上海的话,倒是蛮轰动的。这飞机的机翼跟波音飞机一样有63米长,贴了12000对太阳能电池板,转化率为22%,重量只有1600千克,都是碳纤维的,连油漆也不涂。白天把电能储存起来,晚上还要飞,能连续飞25个小时。

那么他们为什么能干这事呢?我们总以为瑞士只是生产手表,南京东路奢侈品商店里从2万元一块的男式表,到20万元的甚至100万元一块的表,都出自瑞士。瑞士不仅是表做得好,它的科技创新综合水平在欧洲排名第一。洛桑商学院,每年发布全世界综合竞争力的排序。瑞士的科技专家,在全世界最快的帆船、光合作用的研究、神经系统的研究等等领域都做得非常好,它才有能力做出这架飞机。如果这种飞机不用汽油,石油开采业真要退出了吗?美国墨西哥湾油田泄漏事件出来后,美国议会马上制订政策发展太阳能。美国人不仅思考今天的事,还思考明天的事。在网络科技上美国领先30年,他们马上要成为新能源技术与产品的出口国。我看,关键是要有创新的文化,从血液里流淌创新的红细胞,而不是流着想靠投机发财的癌细胞。仍然举美国为例。美国的科技专家为了提高太阳能薄片吸收阳光的转化率,愣是苦思冥想,发明出刺猬状的将光纤组合在薄片上的新技术。据报道,这个技术样品的换率达到46%。如果能稳定生产了,贴上这样的薄片,说不定太阳能驱动的飞机真的能乘坐五个人飞起来。

同样,科学新成果对于文化产业的发展也有积极的推动作用。在淮海西路上,上钢十厂的创意产业园区展示出新媒体演示,也影响到我们将来的动漫产业。跟创业产业有关的,就有10项创新技术。例如,对数字影像的处理、综合声光多媒体技术、网络的视屏技术、下一代互联网技术、三维虚拟的显示、塑性内容、有声读物、手机电视和4D课堂等。将来还有5D电影,上海已经有公司在做了。美国的电影将来会是怎样的呢?你坐在海豚游过头顶的海洋里,座位可以移动,然后到了森林里,森林的山坡可以再上升;

人工合成的生命物质——核糖核酸分子模型

再来到一个小影院，变成了风雨飘摇，温度也下降了。这只是举例子说，创新文化的存在不仅对咨询有影响，在科技、经济、社会方方面面都有影响。例如这个 4D 课堂的电子画板里面可以有储存好的老师，就可以讲课、可以互动、可以做作业、可以做实验。创新无所不在，对人也一样，手被一照，你手里的血液、血糖状态都可以知道。我今天只是从一个侧面，给大家提示一下创新科技的驱动和产业转型的一些观点，落脚在创新文化的内涵上。

在本文总结时，我还想举几个例子来帮助打破一些思维惯性，搞咨询的人要做些梳理。以前唱"敖包相会"这支歌，我原先一直以为敖包是指的蒙古包，小伙子和小姑娘在那里很安全的相会。可是我到草原上一看，敖包不是什么蒙古包，它是个石头堆，四面放几个标记，如大刀、长矛等，标指东西南北的方向。当草原上风吹草低只见牛羊，有了敖包就好找到地方，在那里相会。这说明我以前认识上还有盲点。还有，我们只知道岳飞"八千里路云和月"的诗句。尽管我也读过历史。但是我告诉大家，最近我看了"金上京历史博物馆"，看到金国全盛时期的版图到了淮河，库页岛也在他的版图里。后来宋朝迁都到了杭州。而原来我只是想岳飞与金兵打仗，长驱八千里，脑子里没有具体的地理概念。这又是我认识上的一个盲点。还有，我到西藏的大昭寺看文成公主，也吃了一惊，文成公主边上有松赞干布的原配夫人，第二个是尼泊尔公主尺尊公主，文成公主是松赞干布的第三个妻子。结果是我心里更尊敬她了，没有其他想法。我跟大家举这些例子是说明我们读书、认识问题时会有些盲点和偏差，这种源于思维惯性的二元对立思考方式，也会给咨询业务过程中在对待问题的认识上带来盲点和偏差，从而影响到正确的判断，应该引起咨询人员的注意。

"创新文化"是上海科技创新的强大催化剂

中国未来现代化的战略目标，是建设创新型国家。人力、资本、技术在创新过程中都十分重要，而从某种意义说，最重要的是要有创新的精神。创新的精神是完成一个工程、一个项目之中的不可缺少的要素。其作为一种文化、一种精神或者一种氛围，应该是一种长久的基础性的精神文化活动。所谓创新精神、创新文化，一定是在原有的知识基础上，解放思想、放开思索、冲破权威，然后产生的新理念、新构想，经艰苦奋斗创造出来的新事物、新东西。科技创新和文化艺术创新，由政府主导或者是政策出台后大力推行，固然很重要。但创新的主体在企业、在创新者。创新的成果丰富与否，最终是由他们的劳动状态决定的。

当前的网络时代，就科技创新而言，东方文化和西方文化有着极大的差异，自由的精神、宽容的精神肯定是实现创新的最重要的前提。我们要营造创新的文化、弘扬创新的精神，并在中国发扬光大。我们有了这种浓厚的氛围，自然就会有创新产生，而且是会长久拥有的创新的动力。创新精神应该是一个创新内在的出发点，是出发后坚持不懈、永不放弃、不断艰苦实践的行为。

一、科技创新离不开"创新文化"的土壤

这次国家中长期科技发展规划中，与以往都不同，要实现科技创新，就必须提出科技创新文化的建设任务。科技创新文化对于中国企业和科技发展来说，是解决诸多创新瓶颈问题的根本关键之一。如果说中国的科技创新作为一个时代到来，它必须要有一个符合创新使命的思想、理念和文化的社会环境。创新离不开创新文化的孕育。

创新的最终目标不是去寻求形式上的新意，也不是把"创新"喊得震天响，而是在所有科学技术发展取得的基础成果上，寻求的一种有价值的新发展。创新，目前不少的方面存在着宽泛化、空洞化的倾向。因为重视创新，作为一种激励的信号，文件上频繁出现的论述，已经为人们耳熟能详。而作为一种指引行动的精神，尤其是作为创新主体的企业具体落实的行为，还远远没有达到理想的境地。围绕创新的人才、技术、资金等要素不断整合发展，在经历多年的努力奋斗之后，仍然未呈现出优化的状态。有的地方，从核心科技竞争力上分析，仍然显得沉闷。原因在哪里？最重要的是，社会成员的不少人缺失务实自信、坚忍不拔的创新精神和意志。创新行动是短期的、空化的、肤浅功利的。"三鹿"事件既是诚信的缺失，又是只想用投机捷径、快速获得财富、不顾后果、不愿艰苦创新的典型表现，是"马不吃夜草不肥"的消极文化的顽固作祟。中国人或中国的科技工作者不是没有创新意志，"神舟七号"飞船已经上天，上海振华港机厂也已经占据世界70%以上的市场份额。但是在中国大量的社会领域中，更多是缺少创新目标，缺失坚强的动力，缺失实现目标的力量和志气。创新文化和创新精神并没有渗透到我们的社会广大领域，尤其是企业的每一个神经和细胞中，来推动社会整体而均衡的创新发展。

二、企业家创新精神是科技创新的根基

德国工程师协会编写的《聚焦创新》中,把创新的定义为:创新是提出一个新理念,并能够适应市场、实现价值利益的全过程。中国目前的企业,更多是寻求快速现实利润,较多地以资本聚集和财富聚集为经营运作手段,无法忍受一种积累的过程。中国企业创新的空洞化、短期化,更多是因为在追逐利润为导向的过程中不坚持创新,而在全球性核心技术竞争的关键时刻,遭遇挫折或失败。上海振华港机的崛起,联想集团的发展,政府政策引导的成分还比较少。政策与政府服务只是企业发展外部环境的重要因素,但还不是全部。毫无疑问,改革开放为企业的发展营造了不可或缺的大环境;但企业发展的内部环境,坚持创新是最重要的;企业的领军人物坚持不懈的创新是企业的灵魂。

社会主义市场经济需要建立一种为实现最高目标而不懈奋斗的创新文化,树立一种坚韧的信念,要有咬紧牙关从起点做起、奋斗上百年的意志。社会各界只有形成这样一种共识,资源整合能力的提升、企业家素质的提高才能克服各种发展过程中必然的弱点。当然,创新文化的推动能力一定要有领先的技术手段和战略眼光为基石,能否站在科技研发的最前沿去突破。

我们去俄罗斯考察,看到许多具有非常领先的科技研发成果。而他们的研究环境在偏远的郊外,科技工作者的福利待遇并不比社会平均水平高多少,但是他们具有埋头苦干的研发精神、奉献科学的文化信念。在名古屋的世博会上,美国馆是以风筝引乌云中雷电的勇于创新的故事,作为科技创新的文化象征,将富兰克林勇于实践的创新精神作为美国科技创新文化的奠基石。从雷击中的风筝到火星车、到莱特兄弟的飞机、到登陆月球的第一个脚印,再到21世纪所有发明创造的成果,美国的科技发达是因为有着一个浓厚创新文化支撑的辉煌历程。而风筝,在我们多数人眼里,是再简单不过的玩具。

改革开放以来,中国的科技发展可以分三个阶段来观察总结。第一个阶段是引进、消化和追赶的阶段;第二阶段是知识产权的制度建设阶段,通过法律制度来保护创新的积极性和创新者的利益;第三阶段就是大力建设创新文化来推进创新的发展。在集中精力抓建设发展的同时,对科技创新软环境和软实力的建设之不甚得力,与经济建设的同步发展显得不足。我们可以看到,美国科技的强大不仅是有资金、人才和法律的支持,同时又有一个内在的科技创新文化体制的软实力。整个社会充满对科技创新的精神追求,对科学真理的不懈奉献精神,甚至像富兰克林那样不怕被雷电打得粉身碎骨。

创新社会实现的条件第一是非常务实;第二要有一个合理的体制和法律保障,第三就是同时要有一个深深扎根于社会和科技界的创新文化。只有这样,我们的创新新时代才能持续地向前发展。

三、创新文化是解决科技创新瓶颈的内在动力

上海提出科技创新的发展观已经很多年，也取得了不俗的技术成果。上海科技进步一等奖获奖数在全国处于领先地位，这都体现了上海的创新精神和文化。上海的地铁建设、地铁技术应该说是达到领先水平。但只有这些成果还不够，还有更多的领域需要去创新，需要将更多的资源集聚到创新型项目，从而实现核心技术达到世界发达国家的先进水平。这需要各个学科、各个领域从事科技研究的科技工作者，具有坚强的意志、奉献的精神和比较有序的体制来保证创新的发展。这需要对科技人员、政府管理、社会资金和人才队伍进行新的认识和对新理念的梳理，从而营造一种科技创新文化沉淀在社会思想体系每一个角落的浓厚氛围。

上海再次明确现代服务业和先进制造业的发展定位，二者必须紧密配合，共同推动和发展。而现代服务业作为第一位发展目标，需要更大的创新精神来为服务业的发展提供有效的技术手段和文化氛围。换句话说，科技创新的过程，也是保证现代服务业发展目标实现的过程，因为科技、教育是战略性的服务业。

针对科技创新与服务业发展的辩证关系，可以举例说明。温家宝总理在回答记者提问，对是否可以确保今年8%的经济增长目标时的回答非常具有现实意义。温总理并没有直接回答问题，而是说8%的增长目标是我国对于一个事情前进的指引方向和重要指标，其某种程度不是作为目标而是作为方向。从此角度深刻地看，科技创新是个方向，实现这个方向需要诸多复杂的因素和架构的整合实施，需要一步步去推动每一个要素发挥最优化的过程。

陈积芳指出，创新作为一个方向的明确，应该伴随中国经济二次发展的整个过程，应该是解决资金瓶颈、人才瓶颈和制度瓶颈的根本出发点。创新作为新经济时代的起点，需要一种创新文化将大家从各种思想中解放出来。

上海需要进一步解放思想来寻求新时代的进一步发展，作为国际性大都市，更需要学习，美国是如何从雷电中的风筝这一简单的事例来看待他们的创新过程。中国的创新首先在于文化的创新，创新作为一种实践才会有持久的动力。

另外，创新需要一种科学决策后产生的执行力，爱迪生发明电灯泡时，并未引起注意，当他不惜一切代价投入世博会项目时，照亮了世博，也赢取了市场认同。

上海的科技创新，在企业成为创新主体方面还显得沉闷，其中一个重要原因在于许多企业还是在为别人代加工，或者说是跟在别人后面跑。此外，当企业有了较多资本时，炒房团就开始涌入市场，热衷于一时资本的盈利而进行着肉搏战。这次资本市场的惨淡滑落，使企业开始认清应该实实在在推动实业的发展，开始将投入有创新含量项目，通过创新劳

动的付出来积累财富。我们现在就需要一种创新文化来推动资本、人才在创新部位的积累和投入，并使企业具有坚定的意志、平静的心态和艰巨的劳动来完成创新的实践过程。

陈积芳先生强调，创新与文化是密不可分的，创新是人类智慧和社会文明的核心体现。人类进步以后不会简单满足于物质的温饱和财富的积累。人类智慧一定要在更高层次上去追求智慧创造的快乐，认识世界真理、不懈追求真理的好奇心，以及对于已经获得的知识财富进一步获得社会认同的需求，这些都是超越物质感官享受的一种快乐。创新文化应该引导社会去成就人们对于这种创新的终极需求。1978年，当联产承包责任制的改革，将初级生产资料交给农民时，劳动热情得到极大程度地释放，物质财富和物质产品极速涌现。而对于复杂的劳动——科技创新和现代服务说来，如何让智力劳动者极大地释放出劳动积极性，是一个需要深入研究的重要问题。

创新精神应该成为企业发展的动力源泉。比如目前房地产业的低迷，过去人们改善住房的快乐，变成现在一种看着房子空空的一种困顿，这些心理问题需要一种文化去调整。科技时代的网络化，人们已经看到东方文化的巨大能力，从而拥有了恢复一种自信的喜悦，一种刚刚苏醒的愉悦。企业发展的动力同样需要文化的调整，这个问题解决了，企业发展的路径就解决了。

我们现在社会、经济、科技发展的许多问题都是被文化认识所限制。社会财富的积累刚刚改变社会的生活状况，中国到了要树立一种创新的新文化的时候了，一种更加开放、开阔、国际化的文化，能够与世界各国文明进行对接和互动。

四、科技创新需要进一步解放思想释放复杂劳动力的积极性

创新社会的实现，必须要进一步解放思想。上海引进外资取得许多辉煌的成就，各类总部也进入上海。时至今日，跨国公司的市场布局发生了许多变化，上海的吸引力在降低，一些代表新经济的产业，比如新能源、风能、太阳能等产业都没有在上海生根。因此上海在新一轮发展创新经济的时候，要深刻思考如何引导资本的流向和新技术的流向，经济结构应该形成怎样的新格局？政府的行政管理要顺应客观规律。发展现代服务业，首先要将结构调整作为重要的战略目标进行考虑。目前，有多少投资者在兴奋地寻找代表现代服务业的重大项目进行投资？不多，这值得思考。

创新需要进一步解放思想。我们需要组织更多的力量，更细致、更深入地对创新的软实力进行落实和思考。正如1978年实行"土地联产承包责任制"，用土地生产资料还给劳动者来实现生产力积极性的释放。这是对于简单劳动力的释放，我们现在需要构筑一个新的解放思想的环境，从而释放更加复杂劳动力的积极性，创新更多适宜复杂劳动财富创

造的社会政策。而现代服务业的发展就是要解决释放复杂劳动力积极性的问题，在这个领域上需要制度创新和政策创新，以有力地推动社会资源优化整合。

这类问题比1978年的土地改革复杂得多，现在不是单一的科技创新问题，是所有问题的综合发展。比如上海的造船业拥有非常多的领先技术，任何豪华游艇都能生产制造，我们其实不缺少技术。而恰恰社会进步里一些复杂问题，比如社会保障问题、人们可支配收入的结构问题等影响社会进步的方方面面，都不能得到系统的解决。如果解决了社会发展的问题，科技创新的发展动力才能深层次解决，科技创造财富的动力才能得到充分释放。比方，豪华游轮造出来，我们的老人的退休收入，足以让他们心安理得地坐上船去周游世界吗？而欧洲的老人，有能力坐得起游轮去周游世界的七八成旅客是老人。

五、创新应成为社会的精神追求

科技创新不应是没有光泽的理论，没有生命的技术，它只有被社会所接受和认可，并得以释放出财富，科技创新才能有动力向前发展，否则只是冷冰冰的设计图纸，被束之高阁。科技创新与社会福利不能分立发展，应该相互促进。

社会需要一种充满活力的新文化，企业家有责任既保持传统文化的优秀部分，又要对于儒家文化等东方文明有很清晰的再认识，并赋予它们先进性。目前，我们的企业面对的是一种文化危机、道德危机。企业追逐现实利益的短视行为是不利于企业创新发展的。在这一轮创新过程中，创新已经超越科技，应该成为一种精神追求。

企业、政府、社会团体，三者之间的利益平衡，是一种社会管理逐步提高的过程。提升社会监督的作用，发展第三方力量是社会经济治理的有益补充和协调机制的完善。比如我国提出加大对于国家投资项目的后评估，由专家队伍组成第三方，对项目管理方和项目实施方进行客观评估，就是一种管理的进步。

这次金融危机对于资金链造成紧张，但从另一个角度看，实际上为科技创新和企业核心竞争力的提高提供了大好机会。企业愿意将更多的目光转向寻求有效的技术成果，寻找新技术，从而打开新局面，这是一种趋势。资本开始寻找实体经济，需要扎扎实实的投资，体现了价值回归。因此这个趋势是必然的，是这次转危为机的新起点。

因此，要让更多的企业家了解什么是好技术，做好技术创新的价值评估，做好新型科技中介服务工作和评估推荐工作。这导致对欧美以及国内，包括台湾地区的院校、科研机构、科技企业之间，其互相的技术转移形成新的组合格局。

科学家工程师与上海科技传播

一、上海科技发展的基本情况

进入新世纪，上海经济、社会的发展面临新的目标，要率先实现产业结构的转变、率先实现增长方式的转变、率先实现现代化建设、率先实现和谐社会。为此，上海确立了中长期科技发展规划，加强科技创新，促进高新技术研发，推动科技成果的产业化，为社会和经济的发展注入持续的动力。同时，科技创新与科技创业的顺利与否，和这个城市的创新文化氛围有极大关系。按照国务院《公民科学素质行动计划纲要》的要求，上海以政府推动、全民参与的方式，大力开展科技普及与传播工作，努力提高公民科学素质。尤其是以科学家和工程师组成的科技团体，以高尚的社会责任感，积极并持久地向青少年和公众传播科技知识、科学方法、科学思想和科学精神。同样对公众提高科学素质发生了深刻的影响。科学家工程师是科学技术的载体，他们在科学研究和工程技术开发及应用的前沿，创造出最新的知识、理念和技能，对经济和社会发展产生深刻的影响。他们对科技传播最有发言权，是科技普及的宝贵资源。上海的科学家工程师在繁忙的工作中，把科技普及当作重要任务，经常在科技场馆、会堂、图书馆、学校、社区和乡村，从事各种科技传播工作。

上海的科学技术在人才和成果方面，与国内其他地方相比都有较多的优势。上海有科学院、工程院院士177位，高校院校60所，在校大学生44.3万，每万人拥有325位大学生，每万人拥有专利申请数112件；上海拥有自然科学、工程技术人员110万，2005年达到研究和发展经费支出213.5亿元，2006年达到235.6亿元，占当年财政支出总额的2.1%。就这一指标而言，上海已接近欧洲国家的水平。但本市公众科学素质的指标，2006年为10.6%，这只是美国20世纪90年代初的水平。

攀登世界先进科学高峰，占有一席之地；为国民经济发展解决关键问题，提高科技创新水平，是科学家和工程师负有的使命。上海在基础研究和应用研究方面颇有建树，如上海天文台发现银河系中心存在超大质量黑洞的最新证据，这无疑对公众来说有极大的吸引力。上海正在兴建同步辐射光源，为高能激光物理研究和应用提供大型装备；上海成功兴建洋山深水港，磁浮列车正常运行；宝山钢铁企业进入世界500强。"世博科技""崇明生态岛""清洁能源"等重大项目相继推出。科学研究成果和科技创新成绩显著，为科学技术的普及提供了丰富资源,也提出了很高的要求。

二、上海科学普及蓬勃开展

中国提出建设创新型国家的重大战略,以科技创新作为经济和社会发展的根本动力。营造科技创新创业的文化环境和社会氛围,是实现创新的基础。为此,国务院发布的《全民科学素质行动计划纲要》提出了新的目标,到2010年使公民科学素质达到发达国家21世纪初的水平。本《纲要》的实施赋予科技社会团体以更重要的责任,是符合现代化社会发展的内在要求的。上海积极落实《纲要》,初步形成了科普工作的"政府推动、全民参与"的格局。上海市科学技术协会依靠广大科技工作者,开展形式多样的科技传播活动,演讲、咨询、编撰书籍、办展览会、做广播、做志愿者、组织各类竞赛等等,发挥了很好的积极作用。这里以科学家、工程师为主所做的活动,做些交流。

1.《名家科普讲坛》。从2001年起,在上海科学会堂设立科学家、专家学者作科普报告的讲座,定期举办,至今已经成功举办80多期,内容为科技新进展、市民关心话题等,如青藏铁路通车、磁浮列车技术、食品安全、北极光、心血管病的防治、科技创新与青年、爱因斯坦百年诞辰、"神舟五号"升空、地震和海啸等等,都是市民听众关心的题材。会场上听众可以向专家提问,当时给予回答,很受欢迎。每期讲座都通过科普网站即时播出,网友也可以在网上收看和提问。讲座大多是满座的。如美国科学院院士玛格丽特·凯瑞尔松在科学会堂国际会议厅演讲《太阳系的行星》,坐满八百人,报告做完,多名中学生向她献上鲜花。

2.《新民科学咖啡馆》。上海市科学技术协会和《新民晚报》联办,针对社会热点、焦点、难点进行选题,邀请相关专家或主管部门负责人,以专业眼光、通俗语言、对话形式与听众进行互动探讨,引发听众思索,达到普及科技知识、崇尚科学的目的。一般是每月举办,至今已经举办35期,受到出席人士的普遍赞赏,互动效果很好。所选题目:人类克隆人之路、郑和下西洋600周年、天气和城市环境、手机的发展趋势、爱知归来话世博、科学幻想百年、中国的大飞机制造、中国的登月工程……每期体现"科学"与"咖啡"的要素与特色,追求碰撞、对话、轻松、难忘的效果,已有一定的品牌效应。如首席科学家欧阳致远与天文学家叶叔华院士讲登月,受到大学生的热烈反响,纷纷上前请科学家签名。

3.《青少年科学教育》试点。在中国科协的支持下,《纲要》的执行在上海的青少年人群中先行试点。在中小学生完成基础课学习的情况下,让他们有机会学习迅速发展的新科技知识,既不能加重负担,又要真正有所收获,须要得到校长、老师、学生、家长的共同认可。上海的教育主管部门与市科协一起发文件,在四十多所中学校开展试点。试点的重点是由各专业学会组织科学家、工程师编撰各学科的最新的读本,或称之为资料包,以

梨花盛开的科学会堂

区别于书包里很多的课本。资料包中的内容供同学们选修阅读,不考试;增加了大家的学习兴趣,也获得了知识。这项工作试点成功的关键,是科学家工程师的辛勤奉献。

4. 扶助科普创作的源头。上海是中国科技力量较为集中的城市,也是科普作品多产的地方。过去,一部《十万个为什么》成为千百万孩子科普启蒙读物。但解答问题式的科普作品,已发挥了其鼎盛的教育作用,虽然它依然会发生很好作用,但信息网络时代的到来,呼唤着"数字城堡"式、由读者自己去寻找知识和答案的科普作品。从2002年开始,市政府主管部门科委和市科协,共同设立100万的科普创作扶助资金,对优秀科普作品的出版给予资助,引导更多的科学家工程师创作出更多适应读者需求的优秀作品。连续四年的资助已催生了较多的好书一问世。如《科学原来如此》科普丛书十册,是上海市科协组织了一百多名科学家工程师,反复研讨、修改,编写完成,共300多万字。这部丛书有别于传统的将知识点"条目式"分列的方式,而是将知识点融会贯通,体现信息时代特征。

5. 科学家工程师辅导学生参赛。上海的科普活动,更多地组织各类专业的或综合的竞赛,以吸引青少年积极参加。市科协还在中国科协部署下,选拔优秀选手参加美国的科学和工程大赛(ISF),经常获得好成绩,在全国名列前茅。青少年能够在国际大赛中获奖,其重要原因是青少年选手都得到过专家的精心辅导。

三、上海科技传播的未来

作为建设创新型国家的中国，上海是经济较为发达的城市，人均GDP达8000美元，除了在科技创新领域要做排头兵、要为全国多做贡献；在科学传播领域上海也要争取成为科普资源的生产、集散的中心。上海的科技团体和科技人员做了一些工作，包括翻译引进了一批优秀科普著作。但是，受到经济发展水平的制约，受到传统文化中非理性因素的影响，上海仅从科普传播的源头——书籍出版、影视制作方面看，就与发达国家有很大差距。一方面我国的多数劳动者文化水平较低，又缺少接触科普教育的机会和途径；另一方面在公众获取科普信息最有效的影视领域，却缺少有新意、有分量的大制作。此外，社会进步促使人们生活丰富多彩，人际关系更为宽容而人性化；同时，消费社会带来的负面作用也使很多人对科学产生冷淡，媒体的热点对准歌星影星，社会资源容易向功利项目集中，科普创作劳动的报酬只能在社会平均收入线上下波动。因此，现代迷信和传统愚昧交织一起，以各种形式抬头，与科学真理争夺地盘，影响着在快速发展、剧烈转型的中国社会中思想情绪浮躁的人们。追求歌星而导致家财耗尽老父跳海身亡，虽说是个别极端事例，但缺乏科学理性一定是原因之一。一旦科学精神缺失，邪教就会乘虚而入。

我们关注发达国家的科普经验和学者的见解。美国俄亥俄州立大学历史系教授约翰·C.伯纳翰在上海科教出版社出版的《美国的科学与卫生普及——科学是怎样败给迷信的》一书的"中文版序"中说："自从本书出版以来，迷信的力量以它的新形态在美国增长着它的权威。""人民大众越来越生活在虚幻的、支离破碎的电视和广告的世界中……科学思维开始败给新闻业、大众传媒和消费文化。""先不说美国正在发生着什么，现在全世界的目光都在关注中国，关注工业化和现代化的力量将如何改变中国社会……本书的论述提出一个特别的问题：承载着中华文明伟大知性传统的科学家中的哪一部分人会致力于启蒙中国乃至世界其他地方的人民？"笔者认为，该书的论述对中国的科普工作者说来，有着中肯及时的借鉴意义。

以中国科协原主席周光召为代表的科学家，建议国家制定《全民科学素质行动计划纲要》，并已经由国务院正式发布。周光召院士提出"涨科学素质之水、扬科学思想之帆、行科技创新之船"，生动形象地阐述了科技发展和科学普及的相互关系，号召科技团体和科技工作者积极投身科技创新，也投身科学普及。

目前，上海正按照《纲要》的部署，对青少年、郊区农民、城镇劳动者、公务员和领导干部等重点人群，开展科学普及，并实施科普培训和教育工程、科普资源建设工程、科普宣传和传播工程、科普基础设施建设工程。在政府科技主管部门的支持下，上海市科协将依靠科学家工程师和文化工作者一起，建设科普信息资源的服务平台，集中并创作更多的科普作品,为满足社会对科普的需求,为提高公民的科学素质,为推动创新型国家的建设做出应有贡献!

太极思维对现代化建设的积极作用

来到首都社会主义学院参加研讨会,讨论中国传统文化太极思维,或者说是古代哲学对中国现代化建设的积极意义。在中国经济、科技、文化和社会发展到任务更宏伟、局面更复杂的历史关头,对于这个问题进行深入研讨,恰到时机,很有意义。文叁先生做了主旨演讲,他的报告集中凝练。我因为在科学普及的岗位上涉及一些这方面的工作,谈谈我的看法。

一、民族复兴和现代化建设可以关注和汲取传统文化当中优秀的精华,成为我们做好当前工作的正能量的来源

传统文化有源远流长的丰富内容。今天是围绕太极思维这个题目,其基础来源于《易经》,六经为首的古老传统典籍。这本身就是一个大命题,历史上多少学者,皓首穷经,其中就包括易经。就文叁先生讲的,应用太极思维对待各种社会现象,独立思考,分析有效。问题是,我们在观察分析社会整个过程中时怎么应用它,它跟我们现有的哲学有什么关系,与近代引进的西方哲学体系,和我们老百姓在学传统国学的过程中,存在怎样的关系,有什么独特的作用,是我们应该梳理研究的。

《易经》是我们民族已有的古老思想智慧,年代久远,现在它还管用吗?我没严格考证这个说法,但我信以为真。杨振宁先生曾说:"《易经》阻碍了中国现代科学的产生与发展。"汪道涵先生回答:"这样说为之过早。"回答有太极的特色,没说反对,也没说赞成。我曾当面聆听过儒雅学者市长汪道涵的多次讲话,深以为这是他的讲话风格。他讲的意思主要是等待时机,留出从容研究的余地。我很佩服这句话,讲得如此睿智。今天我们聚集在一起研讨。我认为,来自中国易学的太极思维,在当时诸子百家开放繁荣的哲学氛围下，为中国人早熟的思想智慧，是中国文化里一种极其宝贵的财富。

观点是一回事，存在事实又是一回事。东方的中国人有没有太极思维？我认为，有。我在这里不做学术证明，仅摆事实。如围棋，黑白对应，博弈缠绕，变化无穷。中国人乐此不疲。此棋仅中华家有，精于此道的高手云集。中华积弱时，吴清源入日籍，日本棋手无一人下得过他。那时竟有人在他暗夜回家小街上，用摩托撞伤他，以了结困扰日人的胜负之分。到了现代，芮乃伟九段女棋手，是围棋界第一个女性九段，国内无对手。辗转日韩的棋界，他们也不重视女性。她就跑到美国，成了全美围棋协会会长。美国数学学会会长敬她为师，请教前二十手，各种定式应招下法的优劣，都由电脑做精确记录，哪怕计算出强1/4目，也要记录清楚。问题是，到了20手以后，第21手一出，数学家问黑好白好。芮乃伟回答：黑的地好，白的势好。数学家不理解，再问她的丈夫江铸久，九段围棋手，江也是这样回答：黑的地好，白的势好。那么，美国数学家的电脑如何记录呢？他的思维模式里没有这个范式，或这个软件。当然，有专家说，人家这才对呀，认真细致科学，所以科技才发达先进。这是西方科学技术逻辑、分析、归纳、实证的特点，被科技史的无数事实证明是对的。

那么，东方式的直觉、体验、静思、顿悟的特点是否也是对的呢？由于鸦片战争的坚船利炮轰塌了许多人的自信，中华传统文化的优秀成分，在被挨打的痛苦屈辱中掩盖了。在较多人中间流行一种观点，认为中国没有哲学，认为诸子百家的学问不是哲学，或者说是近代日本学者构建了"哲学"二字；更不认为以《易经》《道德经》及诸子百家包含的中国哲学智慧，是世界上最优秀的文化精华之一。我认为，当今我们可以重新研讨，太极思维是中国人特有的，就像围棋是特有的。中国人把握大的局势、态势、趋势的这个能力是很强大的，与生俱来的，是与诸子百家百花齐放的哲学智慧密不可分的。

其实，太极思维带出的智慧特点，是思维理念的差异。简述为线性与非线性，分析与综合的差别。中华哲学，自有《易经》以来，就擅长以整体观的哲学方法从宏观上把握事物，道家哲学自古以来就成为中华民族治学治国须臾不能离开的内容，古人是以"道"来表示宏观规律的，"道"执一而驭万。[①] 围棋仅是一例，天文、兵法、中医、诗书、国画、处世、太极拳等等，概莫能外。我们不能以当今计算机、软件编程，以及大数据云计算的高度发达，来要求古人在那时就能达到尽善尽美的境地，说不定恰恰是先民的智慧，在大数据时代对我们有更好的启迪潜力。

当今天的经济崛起，生活更好了，我们回顾去审视传统的文化里面有许多优秀的东西，太极思维就是。《易经》是中华民族生存与发展过程中，漫长岁月里坚持奋斗、自强不息

---

① 《中国哲学方法》，吕嘉戈著，上海中医药大学出版社，2007年版。

的思想武器。这个观点我认为是成立的。因为看《易经》本身的文字,看各种典故,解决了许多问题。上海社科院的易经研究中心周山先生在上海《解放日报》发表了很多篇文章,我认为是很正面的。

站在这个角度思考,《易经》及其太极思维的哲学的范式和它的思想结构,对我们当今来进行思考、指导行为、解决问题都有所帮助,是正能量的源泉。我不能说是完全完美。会有人诘难,为什么中国有诸子百家早熟的智慧,而没有发达的现代科学。这是著名的"李约瑟难题"。

这里,我还认为有一个观点应予以注意:农业文明和工业文明是两列列车,因为工业文明这列列车,历史机遇决定了它一系列的科学发展,超越了农耕文明的这列列车,在一定的时间跨度里挡住了东方农耕文明的先进性,而且工业文明某种程度以资本主义前期的野蛮作为,还打击掠夺了曾领先的中华农耕文明。这个观点也是李约瑟讲的。但是,在西方文化中心的强大语境下,一个关注中华文化的学者,势孤力单。他的这种观点不会被西方其他的学者注意。马克思也是讲过"亚细亚经济"的历史观点。

我们被工业文明欺负挨打是事实,这归罪于农耕文明落后软弱,然而对传统文化全盘否定,是过头的行为。已有学界对这一方面的激进主义倾向做了研究梳理分析。由于挨了打,在较大程度上我们的文化自信心,无形地往后退。今天,中国经济崛起了,再回过头来思考,我们的文化是智慧的,是能够让世界接受的,是可以"像热爱自己的生命一样

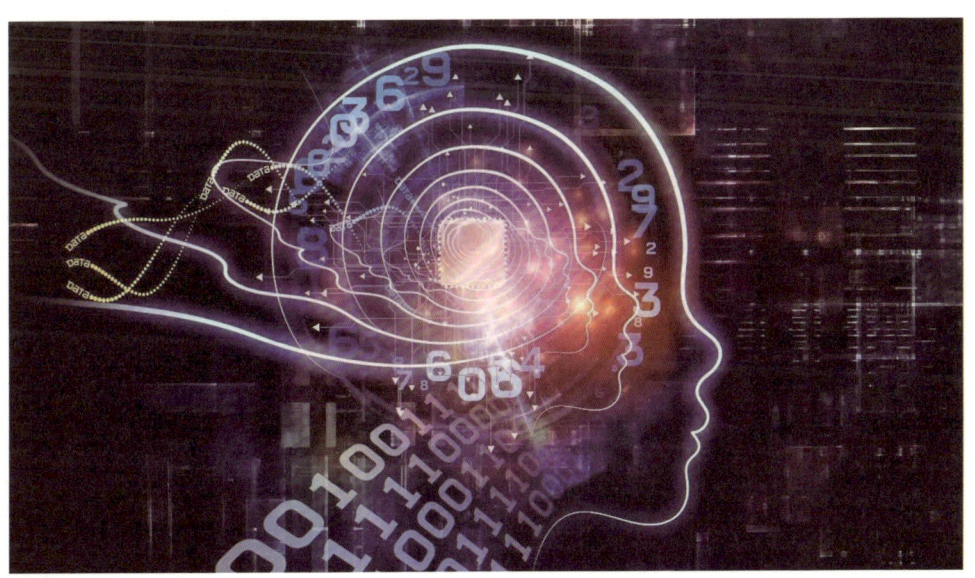

生物学启发科学家研究人工神经元(脑细胞)网络

来热爱的"①。就会看到围棋是一个，中医也是一个，太极思维也是一个。中国文化的多元性智慧也逐步生发显现出来。因为，当今的世界是互联网世界，地球村的居民低头不见抬头见，信息流动方便敏捷，经常有交流的机会。西方也开始消除高傲，平视东方文化极其丰富的智慧，而我们也要认真客观冷静地思考如何对待自己的传统文化。

二、在实践的层面，现代化建设可以也应该从传统文化的精华中汲取有益智慧，中华文化东方的思维范式有后发优势

我只是在科技管理和科学普及的工作角度，涉及创新思维与传统文化的关系，感觉到中华文化的独特的表现，溢出西方的哲学思维的框架，用他们的方法无法解释。例如，美国人的导弹防御系统，是对航天航空科技要求极高的军事国防招数，精确计算导弹飞行轨迹，快速反应计算，立即发射针对来袭导弹的拦截导弹，迎面打击，被称作"一颗子弹瞄准一颗子弹的战斗"，也不知失败了多少次才成功。而在军事爱好者的网站上，马上又有高明的帖子，认为可以用包裹金属片的气凝胶的弹头，大致计算来袭导弹的轨道的方向，爆炸后形成一片较大区域的网状物质，干扰导弹飞行轨迹，这样就把敌方的攻击瓦解了。这比线性的 TMD 的导弹防御系统有效得多。可以认为，这种方案，只有具有太极思维的中国人才会想出来。

在这里，是研讨思维科学，而在真正的推进国防科技时，同样会遇到，与对手的思路，互动对应，纠缠回转，反复试验，挫而再进，才能练出"撒手锏"。我们爱好和平，并不想与对手军备竞赛，而太极思维恰恰开启智慧之门，用关键制胜之招，破敌铁壁之阵。中国快速飞行器的四次升空试验成功，飞行速度达 10 马赫（马赫 =340 米 / 秒），又能快速变换飞行姿态，突破美国的导弹防御系统。个人认为，除在国防装备创新研发的艰苦攻关外，与我们以中国特色的思维范式，不畏霸道强敌，沉着睿智应对，具有大国风范，有密不可分的关系。

中国的电子商务可以以 40% 的速度增长，马云可以在汉诺威论坛做演讲，在美国纽约经济俱乐部演讲，中国电商一天的交易额可以超过美国一个城市一年所有交易的总量。中国电商的异军突起，不能不联想到马云思维里中华易学的因素。我们对于全局把握的思考，这种思想范式让中国人在某些创新部分的智慧开始尽情发挥。乔布斯曾被苹果公司逐出，因他与比尔盖茨死磕官司，纠缠困境，当乔布斯从东方老子的上善若水的智慧里，吸收了太极之道，他变了。他与盖茨和解，进入了苹果起飞的境界。当改变世界的乔布斯皈依东

---

① 习近平主席语。

方之道的时候,崇拜着乔布斯的国人,有相当多的却轻视着乔布斯内心奉守的来自于中国的东方智慧。

瑞士的"太阳驱动2号"从欧洲飞到中国重庆和南京,这是世界上第一架靠太阳能飞行的飞机。它的两个发明人,也是驾驶员,皮卡尔和安德烈。皮卡尔,在中国学习过中医,擅长瑜伽和催眠术。他在飞达南京的庆典致辞中说:当我看到,中国的GDP(国内生产总值)快速发展,同时也看到了环境污染的代价;我想,这是个难题,而中国的中医所表达的道理,要找到平衡才能让机体健康。中医的智慧已告诉我们能找到办法。而太阳能飞机的成功飞行,也是要证明人类能找到不污染环境的清洁能源。这位欧洲瑞士的顶尖成功创新者,自然而真诚地赞许中国文化,如果我们脑子里的概念还停留在挨打了疼痛的回忆里,显然是不够理性的。

我们对太极思维的智慧给予已有的肯定,还是会遇到一个悖论,中国早就有的智慧,当时怎么就没发展出先进科技。逆转回去,照样落后!怎样思量呢?这里,也有一个例子。"传道、解惑、授业",唐朝韩愈讲的教育思想,几百年来,所有谈教育思想的,拿这六个字开头,作为至上的原则,几百年一直稳定吗?对。这就是今天的教育理想了吗?在今天在互联网时代,似乎还少了什么?后来我们到了一家科技网络咨询公司学习考察。80、90后的创新领军人才讲一番话,让我们突然醒悟。这个公司有一千员工,平均年龄27岁,总经理、董事长都是北京邮电毕业的,过去他们为考不上清华、北大而感到憋屈,现在却很高兴,因为他们是搞电子通讯、互联网的。他们的价值和收入都比某些北大、清华的毕业生高。他们做的是当今信息科技为主体的事业。如果要做进一步研究的话,就在今天科技背景的条件下,中国传统文化的正能量的,不管是哲学的智慧,还是其他文化的智慧,其内核的优秀,并不排斥进一步跟先进的科学结合。这实际上是个效率的问题,是个由市场检验结果的问题。如果说,要与时俱进的话,太极思维曰:"天行健、君子自强不息"。这个公司现在就做以信息科技为传播手段的服务,而且干得非常好,有大量的业务订单,通过网上为客户服务,用互联网做企业的教育培训,做MOOK课件。起点是传道、解惑、授业,而过程必须注入现代科技。

三、传统文化中以易经包含的智慧在分析社会复杂因素时的辩证思维的方法论,成为中国民间智者智库的天然思想之源泉

在讲到易经及太极思维的时候,必然涉及孔子与老子的关系。老子是孔子的老师。被孔子称作"见首不见尾的神龙"式的人物;见老子后三天没说话。说明孔子对老子的学问和智慧的印象是极其之深刻难忘的。这里,我们不展开。着重谈独尊儒家背景下的老子之

运数和作用。孔子被封建历代皇朝独尊，是维护朝廷统治发展农耕文明的必然。否则，中国的农耕文明不会兴盛一千四百多年。而老子，骑青牛出函谷关与朝廷拜拜，隐居仙游去了，这也是必然的。讲得通俗些，是以考查有据的《道德经》为依据，他的智慧太聪明太透彻了。他的存在，将承皇天之命统治者至高无上的尊严，往哪里放呢？而孔子的睿智在于，除游说君君、臣臣、父父、子子的道理，还留出了"达则兼济天下、穷则独善其身"的余地。把独善其身的有志人士，思考社稷、民族大事的智慧大门打开，可受老子的智慧尽情研究沉思。因此，我们可以不夸张地说，老子是中国民间智者智库的第一位先民意义上的自然科学与社会科学的伟大教授，无时无刻不在传授他的精彩课程。

笔者在科协工作岗位上，接待过美国康奈尔大学研究班团体，讨论中国改革开放的实际，涉及科技、经济和文化，学生来自韩国、巴西、美国、法国各国等。其中有一个同学就提问，中国三十年改革开放变化是巨大的，你们是怎么样应对变化的？对来自西方的学生，不能够立即说马克思辩证法；我就会自然想到，中国一直有《易经》之学，"易"的文字学含义，就是讲变化的，而且自成体系。我们今天在研讨的问题，太极思维，是应对变化之学，是变化的哲学。而这门学问，因为有老子，有百经之首易经，成为民间的哲学智慧的教科书。

因此，"中国文化的主流，一直沿袭整体的变易的认识角度，求取全社会的相对平衡、和谐的中庸之道。""中国主流文化"对"易"的承袭性是毋庸置疑的：整体、变易、兼容，就成了主体文化的主要特点。西方主流文化讲求细部分析、逻辑完整；只有黑白，没有灰色的排中律。这样的偏见线性延伸，则是形成帝国主义的思想基础。当然，我们也得承认，"中国主流文化的整体论，由于久缺微观的验证方式，难以形成知识积累，因而逐渐式微。"①

提到太极思维的一生二、二生三、三生万物，如果讲对立统一，一生二这一句已经讲得非常彻底了。矛盾论，在阶级斗争的年代，代表那个时代的哲学著作。而补充我的一个体会，矛盾论中讲"差异也是矛盾"，但没有展开。如果说它的本意包含个性与共性的问题，由于阶级斗争和革命战争注定要在对立统一上面下功夫，注重斗争。按太极思维，二生三，三生万物，有广阔的空间写一本《差异论》。差异论是让矛盾的对立统一，再进展到对应互动转换，转换以后也有一平衡过程里的各类状态的问题，也包括"斗而不破"的道理。这是中国人的思维方法。我认为这个领域有许多问题是可以深入研究的，但不可认为中国没有西方传统上的哲学逻辑，中国有中国人自身的思考结构，我们要有自信。

举一个通俗的例子，电视剧《大染坊》染布，师傅讲黑颜色有18种。超市里能找到的染发剂也不止有十八种。于是对立统一，要么黑，要么白。电视剧《大染坊》讲的道理

---

① 《给作者的信》，董庆圆先生，哥伦比亚大学数学博士。

实际上是讲三生万物。黑白之间还有18种颜色，灰十八是搞油画的人懂得的奥秘。搞黑白摄影的人也知道叫十八灰，你把灰掌握得好，画面色调就搞好了。黑和白的中间状态，有积极丰富的层次和内容。

上海众多的高校和研究机构，有许多易学研究力量。两年前开始酝酿成立《易经》研究会，正在进展着。北京已经有两个易学的学术社会团体。怎么对待眼前社会上的看法，什么易经，什么太极思维，是否只是占卦、算命、忽悠别人。这真是我们应加以科学对待的。上海的学者以社科院易经研究中心领头，易经中心周山主任刚刚退休，拟担任学会会长，社联已同意筹备成立"上海市易学研究会"。在这里，把这个消息告诉各位关心这个领域的专家、学者。

四、当我们重新回视传统文化，还是要以科学理性的态度加以认真细致的梳理，对太极思维应该做深入的研究

我们在这里开研讨会，对文叁先生的书也进行了很好的阅读点评。诸位专家中，对文叁静下心研究太极思维所做有意义的工作，给予高度的评价。既然是研讨，站在我的角度，谈一点另外角度的看法，也是很诚恳对1972年出生、才到不惑之年的文叁先生提一些建议。

1. 不宜自己提"太极思维思想体系的创立者"。文叁先生对太极思维青春版做了很好的工作，对《易经》和太极思维的独特理解，具有接地气的通俗性。他从"太极思维"四个字展开论述，是很富有哲理内容的。我们研讨是追求科学的标准，科学的理解。《太极思维》一书的前面有一张很好的照片，上面写着是"太极思维思想体系的创立者"。我提出一些不同角度的理解。我觉得，文叁的工作可能现在刚刚开始。我建议不要提"创立者"。我们的中华文明悠久，《易经》有约1500年的历史。《易经》里包含的太极思维，早就存在。登上喜马拉雅山第一人，新西兰登山家埃蒙德·希拉里登讲了一句让全世界都记住的话：因为它在那里，我来了。用我们的方式容易说，我登上去了，我征服了这个高峰。而他说得极有人文素质，朴素地表达了他成功的喜悦。其实，这也是太极思维的特征，老子曰：敦兮若其朴，旷兮若其谷。因此，我建议，文叁对"太极思维"做了研究，但太极思维像珠峰那样早就在那里。因此说"创立者"不是很确切的。"创立者"改成什么好？在科普交流中有一个词叫"诠释者"，供你选用。

2. 太极思维是属于哲学范畴的一种艰苦的劳动，它就有极其深层的科学思辨。文叁的著作非常通俗化，一方面我非常赞赏。我是做科普工作的，科学道理要给大家讲清楚很不容易。这个文叁做得很好。但是，我们知道科学思辨性是极其艰苦而严格的。文叁先生进行了很艰苦的思想劳动，归纳了"秩序、交换、平衡"。在一个很思辨的思考体系里，能尽可能多地把对自然、社会、世界、人生的解释都包容进去。我认为，但你还可以再做一些深入的分析和思考。

既然是哲学，是思维科学，区别于文学艺术。科学是反映自然界原理规律的；艺术是反映人的情感、心灵的（李政道语）。文叁先生有一个表述，我国的诗歌也可以用你的"秩序、交换、平衡"来解释，有一定道理。但我建议，可能可以用哲学来说明人类艺术领域，但不宜太夸张的覆盖，不宜讲得太满。文学艺术是以形象思维为主要特征的。如果再把它反过来用抽象思维为特征的哲学思辨的词汇来做过重的说明，可能会不确切，供参考。文学艺术里唐诗、宋词、元曲，也像《易经》一样，在中华文化里是文化的高峰，世界上所没有的。当然，《易经》影响中医、诗歌、绘画，是可以解释的。但是，要注意不是替代文学艺术自身的特征。

3. 在国际交流中，重视研究中华文明的话语方式，要有与不同文明对话的能力。不同的语境和话语权，做到能够成功交流。为了研讨，为了更好地对太极思维深入完善，要研究对外国人怎么讲解，西方人很早研究《易经》。他们有他们的语境。在全球化环境下，尤其在互联网环境中，要善于使自己的学术理念和思考成果，在和国外同行交流中能被别人接受，这是我希望你能够走得远的心愿。不同文明，有不同的语境和话语权。例如，人的定义多达46个，精确的讲哲学的定义，马克思讲：人是社会关系的总和。存在主义哲学的定义，萨特讲：人是人生存的状态。对西方人讲，什么是太极？要做认真的准备。对太极思维研究，今后还会有思维劳动成果，但一定会遇到在思维科学的同行里大家都认同的命题，然后你会走得更远更好，包括走到其他国家，被其他国度的人们接受。

最后，引申一个故事做结语。《哈利·波特》的电影制片人，英国人海曼。我曾经在上海跟他共进午餐。我以前不太了解他。他在电影界很有成就。他说，我要拍东方的电影，中国的电影。对着我问，你觉得东方和中国什么是好的？这个问题把我问住了，一个中国人要把中国自己最好的东西脱口而出地说出来，真的是很难。我不能回答他，说孔子是好的，这人家早就知道了，全世界有300多个孔子学院呢。结果我只好举例回答。我说，在农耕文明辉煌的时候，我们的文人学者的生活是极其优雅的，甚至超过英国的贵族绅士。他们喝酒时，酒杯是放在亭阁下的水道里，顺水漂流到你面前，举杯喝完酒，要作诗，要吟诵，要挥毫……这被称作为，"曲水流觞"。海曼居然知道，他说对，这是美好的。但是这个老外也不是吃素的。他紧接着淡淡地说，可是你们那个时候的土地矛盾激烈，良田要用尽了。

可见，当世界优秀的人士来关注中国这个已经快速发展的东方古国，我们在为民族复兴和中国现代化奋斗的历史关头，我们理应重视传统文化，做科学深入的研究，汲取优秀部分，为推进宏伟的复兴事业实现，奉献一分力量。

镜头的感觉

梁冠华先生的摄影集要出版付印，请我作序。出于对摄影的爱好，是为序：

摄影艺术是光和影的艺术，是通过摄影师个人独特的感觉，用心去感受一切美好的事物，反映社会生活与自然，表达作者思想情感的一种艺术样式。

作者梁冠华是上海市摄影家协会会员，有着长期从事房屋保护性修缮和优秀历史建筑保护的研究工作背景，善于用历史建筑美学的眼光去观察所拍摄的对象，因此他的摄影作品有新颖的视角，用光构图独特，力图体现作者的个人感受。梁冠华的摄影作品在上海市摄影家协会组织的市级大赛上多次获奖，同时在国内外媒体上多次发表摄影作品和文章。

《镜头的感觉》是一本摄影文集，是作者多年来在国内外采风拍摄的作品精选。作品忠实记录了他所到之处所见的事物和人物：在国外，反映了古老而辉煌的俄罗斯文化和精美的艺术品，布拉格这座活着的中世纪古城和波西米亚的迷人风情，印度洋上的花环美丽而遥远的马尔代夫，东南亚旅行胜地文莱和马来西亚；在国内，展示了宁静而神秘的世界第三极、神圣的雪域西藏，具有悠久人文历史积淀的古迹和无法用语言来表达的自然景色……这一切都是作者用心去感悟，用摄影师的第三只眼去感受，精心熟练创作的结果。

愿这本摄影文集，让读者和同行获得美的享受。

科普活动

科普随笔

科普游记

科普人物

文耕选录

诗歌及其他

科普新媒体

黄果树瀑布与水上石林

我第一次去贵州,中外闻名、亚洲第一的黄果树瀑布,是一定要看的。在去观看瀑布的路上,要经过一个美丽的盆景园,在那里就开始听到瀑布水流的低沉的冲击声。今年,水量充沛,水质清澈,远远望去瀑布壮观而雄丽。浩荡的水流如万幅雪白的丝绢,越过山顶飞泻而下,落差七十四米,宽八十米。水势雄厚,水珠飞溅,水沫飘逸,水雾朦胧,水落轰鸣,水色透秀……真是震天动地,磅礴非凡,变幻无穷。用"高、宽、险、奇、秀"形容评价黄果树瀑布,是贴切的。

站到背着阳光的一边,蒙蒙细细的水雾里,呈现出一道七彩缤纷的彩虹,拱架在青翠的山坡上,清晰美丽,赏心悦目,随人移动。瀑布下,是深深的犀牛潭。瀑布后,隐藏着水帘洞。我们在洞里观瀑,别有一番风情。

瀑布的上头是白水河,上游的水源源不断地涌流进来。我们推测,很久很久以前,一次像汶川一样的大地震,震落地层,截断河道,抬高河床,以无法想象的巨大力量,彻底改变地貌,形成人们现在看到的黄果树大瀑布。浩浩荡荡的水流不停地奔腾,孕育了白水

黄果树瀑布附近的一座石桥

河下游天星桥景区，那里的水上石林，也是养在深闺少人识的奇美景观。美哉，水上石林！

黄果树瀑布太有名了。因而，天星桥景区的水上石林，好像是养在深闺的美人，很少有人见识。这次我们有机会游览水上石林，可以说，真是个好去处、好景色！黄果树瀑布的巨大水流，不停地跌落下来，流到哪里去了？就是流到天星桥下，流向水上石林。

好戏才拉开序幕，高潮在后面。走进景区，是一片平静的清澈湖水，葱绿的树林映在水面。慢慢走近险峻的天星桥，路边是茂密的绿树，嶙峋的奇石。这还没什么令人惊叹之处。转到大山的那边，笔立陡峭的山崖下，汹涌澎湃地喷出滚滚翻腾、不停跳跃的水流。原来，白水河像一条巨大蜿蜒的白龙，力大无比，钻到了大山底下，游到这里又钻了出来。

于是，这条白龙似乎不甘心大山的压制，一钻出来就活泼无比。巨大水量开始放任自流，奔腾翻滚，漩涡连转，无缝不入，无坚可挡，水浪轰隆，水珠飞溅，水势酣畅，水草低伏，山林倒映，天光变幻。而那些千奇百怪的石头，好像是玉帝派下凡的天兵天将变的，忠诚铁心、顽强不屈、千年不变地站立在水道中。这些石头，故意要考验、阻挡、戏耍、捉弄这条放荡不羁力大无穷的白龙。有的高耸独立，有的豁然横卧，有的龇牙咧嘴，有的连接并列，有的浑身坑疤……黑的白的、灰的青的、黄的褐的……不管水流如何冲击，就是无言无声地岿然不动地站立在那里！

面对这些石头，白龙要么绕道躲闪，要么正面冲撞，演出千姿百态。时而黄河壶口重现，时而镜泊湖水移来，时而武夷山水再造……走出景区时，已是江南水乡风情。云南石林美，贵州水上石林更美。

白龙河

在那神鹰飞翔的地方

海拔 3 700 米：从贡嘎到日喀则
美丽的雅鲁藏布江、高原反应、青稞酒与歌声

飞机将近拉萨时，从舷窗向外看，是连绵不断的高峰雪山，千姿百态。其横跨地球、超越时空的雄伟，令人惊叹的感觉比从飞机上看美国的大峡谷还要强烈许多。

飞机在贡嘎机场降落。走出机舱，感觉阳光是那么灿烂，天空是那么湛蓝，空气是那么清新。机场的海拔是 3 700 米。

来过西藏的朋友告诉我们，刚到西藏，不要"乱说乱动"，高原反应在半天以内就会给你颜色看。刚下飞机，体内还有余氧。高原比平原缺氧 20% 以上，慢慢地，人就会感到短了一口气。所以，不要去抢着搬行李；不要太兴奋，说话没个完。

我们的车队驶出机场，直奔日喀则。

不一会儿，公路就贴着一条美丽、清澈、开阔的江水，并行而进。司机轻声告诉我："这就是雅鲁藏布江。"哦，这就是被世人称为"天河"的、西藏的母亲河。雅鲁藏布，意为"高山流下的雪水"。这条全世界最高的江，一直在平均海拔 4000 米的高原上流淌。

雅鲁藏布江的江岸

西藏的地形地貌多姿多彩。那横亘千古的山脉，有的披着浅绿色的植被，仿佛是巨鲸静卧在海滩；有的不见寸草，风化的沙砾如大笔褐黄的油彩抹在画布上；有的是一派苍凉粗犷的气势，被千年风雨刻画出一道道鬼斧神工的线条……有什么语言能把这西藏高原的神奇、神秘和神圣，在你见到她的一瞬间，一下子表达清楚呢？

雅鲁藏布江就在这样的空间里穿行，时而海阔平静，大气磅礴；时而灵秀清澈，宛如美女；时而穿越峡谷、跃马可过；时而缭绕蜿蜒，风情万种；时而奔腾翻滚，白浪滔天……

到日喀则饭店，主人端出了雕饰彩纹的木盒，里面盛满青稞粒和糌粑，请客人拿出少许，扬向天空和土地。端出装满青稞酒的银碗，请客人用无名指蘸酒，向空中弹三次。在西藏，这表示一种吉祥如意的心愿。

不久，高原反应开始出现了。我们每个人都感到气急，有两、三位同志觉得头疼，严重的有呕吐感。

在西藏的饭桌上喝酒，很有讲究。按藏族的礼仪，客人要在姑娘们的歌声中，不紧不慢正好喝完杯中的青稞酒，才算符合要求。先喝光或歌声结束了没喝光，都要罚酒。因为大家刚到高原，主人就"高抬贵手"，让在座的每个客人过关了。

藏族朋友都能歌善舞。主人索郎石达席间唱起《向往神鹰》，歌声充满情感：

在每一天太阳升起的地方，
银色的神鹰来到古老的村庄。
雪域之外的人们来自四面八方，
仙女般的空中小姐翩翩而降。
祖先们一生也没有走完的路，
啊，神鹰，转眼就改变了大地的模样。
哦，迷迷茫茫的山。
哦，遥遥远远的路。
……
父辈朝圣的足步还在回响，
啊，神鹰，我已经告别了昨天，
找到了生命的闪光……

这支歌，据说是西南航空公司的队歌，歌词写得很好，由藏族朋友唱出更加感染人。

离开了日喀则，我们前往江孜县。这是一座"英雄城"，位于年楚河上游一个盆地之中，海拔4000米。汽车刚驶进江孜平原，那高耸蓝天的宗山城堡，就立即进入我们的视野。那古老而雄伟的城堡，是藏族人民勤劳和智慧的记录，也是藏族同胞反抗外来侵略的历史见证。

当地的同志介绍说："在藏族抗英烈士洒过鲜血的地方，现在正在修建抗英英雄纪念碑，旁边正在建儿童乐园。"那天是1997年6月22日，正是我们倒计时企盼香港回归的日子。望着寂静的山岩、残缺的城堞和蓝天上的风云，我们仿佛又听到1904年的炮声。英国侵略军从西南边疆入侵西藏，妄想从中国的另一端捞一块宝地。当时，英国军队经亚东派1400名士兵，突入江孜地盘。江孜人民协助西藏地方军队，在宗山筑起炮台，进行抵抗，一度偷袭英军，重创敌寇。为此，英军增援重兵，包围宗山。江孜军民坚守每一寸阵地，在弹尽粮绝断水的情况下，坚持三天三夜。最后宁死不屈的战士们跳崖殉国。电影《红河谷》再现了那悲壮的一幕。

"西藏小江南"——亚东是我们此行的最后一站。车队在高原的公路上疾驶，很快看到前方有白雪皑皑的山峰，一座连着一座。山峰上白云缭绕，缓缓飘动，变幻奇妙，分不清蓝天上是白云还是白雪。坐在时速100千米的越野车里，车厢颠簸着，使人感到，那绵延不断的雪山犹如蓝色大海里的白浪。法国大作家雨果说：比大海浩瀚的是天空，比天空还要浩瀚的，是人的心灵。在西藏，我从心灵深处感到：青藏高原几乎要贴到天顶，她拥有的雪山、白云比大海浩瀚。四万年前她是海，现在比海高出4 000多米。超过6 000米的高山有5 120座。西藏的天空比世界上任何地方的天空还要湛蓝、纯净、辽阔、高远、神奇。

正为眼前的迷人景色感慨时，车队已经驶近多钦湖湖畔。湖水清澈如镜，卓莫拉利在群峰中格外挺拔，倒映在湖水中的山影、白雪、蓝天，与水草、野花、绿地、沙滩、羊群，组成一幅幅拍摄不完的美景。此时，海拔高度已经是4 200米。我们兴奋地走下车，感到喘气有些紧迫。我们在湖畔拍照，留下难忘的镜头，这里是电影《红河谷》拍摄的外景地。电影中的景色令人感动，现在我们能身临其境，体验得就更为真切了。西藏朋友说：卓莫拉利峰是喜马拉雅山的第七高峰，我们称她为"神女峰"。今天你们运气不错，"神女"对你们好，露出尊容。一路上，去亚东，回江孜，都看到了神女峰秀美的身影，在开阔的谷地间，远远望去，那山峰在高原上挺立了千万年，庄严、神圣、纯美。路边，由石块堆成玛尼堆，插上高高的树枝，拉上绳索，上面有许多的白色哈达。那是路过的藏族群众和旅行者献给神女峰的。千百条哈达，有的已经被多年的风雨吹得零落了，新献上的，则在那里无声无息地飘动。

经过帕里镇，那里的海拔4 350米。此镇是有行政建制的世界上海拔最高的镇。经过这里，表明我们翻越了喜马拉雅山脉，开始下坡，向南麓的亚东驶去。慢慢地，草地上看到的各种野花多了，山坡上的树高了。有了灌木丛，有了各种小树。河水朝南奔流。再前进一段路程，山坡上出现高大的乔木，而且越来越葱绿茂盛。到达亚东时，山上呈现出一派亚热带森林景色，亚东县的海拔是2 900米：青松挺立、翠竹丛生，古木高耸，杜鹃盛开。这里植被丰富、流水潺潺，鸡鸭成群，一派江南风光。我们每个人的高原反应，都在亚东得到了缓解。在晚餐时，大家居然放开胆量，喝起青稞酒，把"高原缺氧，不宜喝酒"的告诫，扔在了脑后。

随后我们又到中锡边境的乃堆拉山口参观。边境线以高峻的山脊为界线，几道带刺的铁丝网很低，可以轻易跨过去。两国边防部队的哨卡相互对峙，间隔不过20多米。边境气氛平静。山顶的海拔4 000多米，沿着山径登上哨卡，气喘得厉害。停几步歇一歇，才走进瞭望亭。

20世纪60年代，这里打过仗，不远的山地上有一座墓碑，埋的是对方打败仗自杀的将军。在我们的营地里，山坡上有战士们用空罐头拼绘出红五星，耸立的标语牌上写着"扎根乃堆拉哨卡保卫祖国"，还有用红花绿草拼成"西南第一哨"的美丽字样。在部队以青松树枝搭成的大门上，有一副对联"哨位寒风冷，万家睡梦香；边陲岁月苦，九州更辉煌"，可见边防战士在艰苦环境下的坚强与乐观。

就要离开西藏了，那雄伟的布达拉宫，辉煌的扎什伦布寺和大昭寺，那镶满了上千块宝石的佛塔，充满雪域情调的八廓街，那比世界上任何地方都要湛蓝的天空，那高耸云天、白雪闪亮的山峰，还有淳朴的西藏人民，令人魂牵梦绕……

关于西藏的科学与人文的遐想

我已去过西藏六次了。朋友问我："去西藏有高原反应，去一次可以了，怎么你老是要去啊？"我只好笑笑，淡淡地说："没去过，不知道；去过后，总会想着那个神奇的地方。"说起来要感谢上海的援藏干部。从1995年起，每年对口支援日喀则地区的建设，三年一期，每期50名同志。上海科技界派一名干部去日喀则科技局工作。就这样，万里之遥的西藏，就一下子贴近了。我有机会为三位援藏科技干部出谋划策。在这个过程中，学习到许多东西，促进自己思考、读书、请教……因为西藏行，使自己的眼界开阔了，西藏情结牢牢地系在心中。

取天火　造福藏民

"只有走过高原，才知道太阳的灼热……"，一首歌这样唱道。踏上西藏的土地，第一个感觉就是天空特别蓝，阳光特别强烈。那是因为海拔高，拉萨3 650米，日喀则3 800多米，西藏高原平均4 500米。海拔高因而空气稀薄，拉萨的空气密度每立方米810克。相比之下，上海的空气密度稀薄。在高原上，大气洁净，十分透明，太阳光通过大气时，能量损失少，紫外线辐射强。身临高原，感到阳光格外刺眼夺目，天空蓝得如画似梦。

阳光强烈，能晒得人脸皮肤可以揭下一层皮。这可不是夸张，援藏干部有过亲身经历的。

大昭寺金色法轮与卧鹿

这么说，倒不是吓唬人，而是说西藏的太阳能特别丰富。日喀则的年日照数达到3 248.2，定日县达到3 393.3，而杭州年日照数只2 023.5，少了1/3。在西藏太阳能是得天独厚的资源，十分丰富。

西藏群众接受太阳能却有一个过程。大约有十五年时间，有许多人不敢用。这与原始宗教影响力较大大有关。太阳，在西藏被作为神崇拜，而窃取神的力量被人使用，会让人认为对神不尊敬，有的群众对使用太阳能顾虑重重。但太阳能毕竟方便洁净，高原上又不容易找到柴草，寺庙里的喇嘛开始用太阳能了，一些群众看到喇嘛用了，也没有不好的反应，也跟着用了。我想到，人的思想转变有个过程。科学做法的实现，同样有一个过程。这对科普工作者说来，也是一种启迪：要坚持不懈地宣传科学思想，普及科学知识。

现在，科学技术的先进成果，已在西藏大面积应用。国家在西藏实施"无电村通电工程"。上海空间电源研究所的科技人员，和我一起去西藏考察，在2002年，他们开发的太阳能发电装置，一举中标1.2亿元的工程。在高原上为400多个电线够不到的村庄，取下"天火"发电，让藏族群众享受光明和动力。科学技术的恩惠洒向高原，上海的科技人员成为普罗米修斯式的英雄。

问圣湖　会枯竭吗

要去喜马拉雅山南麓的亚东县，必定要经过多钦湖。这是一个美丽绝伦的高山湖泊，海拔4500米，藏族同胞称她为"圣湖"。我三次经过那里，都不顾缺氧，去看看圣湖的秀姿。湖水洁净，蓝天、白云、天光，都倒映在湖面。高原风吹来，湖水泛起涟漪，那水光天光荡漾，反射出银色的光芒，而且一阵阵闪动变幻，美不胜收。湖水开阔，湖边水草丛生。远处对岸，是连绵起伏的雪峰，面对我们最左边的是神女峰。金字塔式的山峰峻峭挺拔，白云缭绕，似披着轻纱的倩女。而右边的一座山峰像张着巨嘴的鳄鱼，雄健乖戾。远远望去，宁静的湖，无言的山，分外肃穆。雪线以上的山峰，在蓝天衬映下格外豪迈。如有云彩飘逸，就分不清是雪还是云，更显得神秘而缥缈。湖与峰，已存在数几千万年了。面对着她们，仿佛感到，它们要对我们说什么似的。来自喧嚣都市的人们，在这儿站一站，的确会遐想静默，敬仰自然。

以藏传佛教的传说,在这样清澈的湖水中,高僧是可以看得到圆寂活佛的灵魂去哪里转世为灵童了。进而老百姓会说,女人不能到湖水中洗澡,那是不吉利且冒犯神明的。

而上海来的从事科普工作的女性,在湖边站一站该是多么幸运、多么惬意啊。有一群牦牛在湖边,慢悠悠地走过,只听到蹄踏地表的咔嚓声。更叫人思索:秀美的圣湖啊,二十年后,你会枯萎吗?这不是随便说说的。由于地球的温室效应在增强,气温逐渐升高,湖泊在消失:我国每年约有1000个湖泊消失。看到这样的报道,心中真不愿相信。但科学的预测,你不能不信。当地的科技工作者也说,多钦湖可能在20年后干枯见底,风光不再!所以,老百姓每年要观察湖边水线是不是下移了。据说,2002年水线还上来了一点。但愿年年如此,圣湖就不会干枯了。

在圣湖边拍下一张难忘的照片,画面上只有一位女性面对旖旎的湖水雪峰,独立天涯,凝思发问:圣湖啊,20年后还能见到你美丽的身姿吗?

看珠峰　至高永恒

不到布达拉宫,不算到过西藏。不到大昭寺,不算到过拉萨。这无疑是很好地表达了去过西藏的人内心深刻的愿望。能看一看珠穆朗玛峰,这才算是真正来过西藏了。前三次进藏,我都无缘见到珠峰,第四次才如愿以偿。

前一天夜晚,我们先赶到定日县珠峰宾馆。宿一夜,清早6点钟,天还未亮就出发。一路上,心中企盼,望天公作美,珠峰别躲到云层中去。天上的星星闪亮,像一颗颗伸手就可摘到的钻石。在天亮前,顺利赶到面对珠峰的一座山顶上,叫作观景台。

天色朦朦胧胧。当太阳升起时,正前方高峰耸立的喜马拉雅山脉起伏的轮廓线上,一下子跳出了一缕亮色,最高的珠峰,最先披上了亮丽金色的阳光,好像舞台最美的灯光,追射在新娘秀丽妩媚的脸颊上。这一刹那,美妙无比,山顶上的旅游者都发出了阵阵欢呼声。8848米高的珠穆朗玛峰,最先亮相。然后,8516米的洛子峰8463米的玛卡鲁峰,8201米的卓奥友峰,在前方依次亮出了身姿,一并排开。在远方的天际,四座八千米高的雪峰集中亮相,闪射金光,万分壮观。而至圣至洁的珠峰,独立最高,昂首天外,雄视群山,气势非凡。在珠穆朗玛峰的周围20千米内,7000米以上的山峰有40多座,真是群峰如潮,山浪汹涌。而在峰海连绵的宽阔山谷间,这一天恰恰是云海滚滚,云涛渺茫,就好像是乘在飞机上看到的云天一样。

车队继续向珠峰大本营进发。从高山顶下行,穿入云海,云雾飘荡在眼前。刚才珠峰远远展现,走到她跟前,会不会躲起来呢?因为阳光照射强烈,很可能冰川的水汽升腾,就难见她的尊容了。驶近第一大本营,高度5200米。我们全体欢呼,珠穆朗玛峰今天一览无余,清楚雄峻展现在眼前。峰顶旗云飘忽,冰雪闪烁银光。她是地球之巅,至高无上,至洁无瑕,至圣无比。我们能在珠峰面前,近距离站一站,也够幸运的。

　　从20世纪20年代开始,有人开始尝试攀登珠峰,30多年里,人类攀登珠峰的梦想一直没有成功。8 000米高度,被称作为"死亡地带"。到1953年5月29日,新西兰的希拉里和夏尔巴人登顶成功。2003年,为纪念这一成就,世界各国的登山健儿,云集峰下。我国由搜狐网站组织的两支登山队,胜利登顶,其中有一位上海人陈骏池。为他们的成功,我们即便是站在珠峰脚下,也由衷感到鼓舞。

　　我们面对珠峰,作为一个普通人,感慨万分。也许我们此生的体力,永远不会也不可能去登顶的。珠穆朗玛,是人类心中永恒的高峰。有一位夏尔巴人,登上去13次。而我们每个人,应该有一个愿望,为自己心中的"高峰"不停地去攀登,无论是学习、工作……

　　珠峰,魅力永恒!

　　不出四年,2007年当地司机告诉我,美丽的多钦湖,《红河谷》电影拍摄地,女演员宁静裸背下水洗浴的圣湖,干枯见底了。本文写的担心,是2003年路过湖泊时的心情。

太阳升起的瞬间

缅甸路边用午餐

今年四月间,有机会到云南口岸城镇瑞丽,一个美丽清洁的小城。那里,树碑一块:天涯地角。哦,原来我们来到这里,就是到了祖国的边境,再过去就是缅甸了。

办好边境通行证,出口岸,就到了缅甸。领略了异国情调风光,还得吃饭啊。就在路边选了一家宽敞整洁的饭店就餐。饭菜还没上来,我就随便到后面厨房转转,还真有观感。上海的星级酒店厨房是闲人不得入内的,现代文明严格管理嘛,而小店就较随便。

一看,灶里烧的是木柴,不是煤气。看见红火燃烧,有一种亲切感。我小时候在农村阿姨家,也有这种灶。阿姨忙着做饭,就让我们这些小孩添柴草。烧的有树枝木材,也有稻草麦秸。干这个活,特别开心。

厨房里,热气腾腾,厨娘们忙忙碌碌,洗菜剁肉切葱递调料。她们孩子在身边,烤玉米吃。女孩长得清秀可爱。

饭菜做好端上来,我们感觉很可口、很满意。木瓜炖猪肉,青葱炒鸡蛋,芹菜炒水牛肉丝,我觉得芹菜炒水牛肉丝这个菜不错,芹菜是细细的,牛肉丝也是细细的,炒得火候正好,吃起来很香、很下饭。还有两个绿叶菜,新鲜嫩爽。

都说木瓜的一种成分,与肉食品一起烧,容易使肉质鲜嫩,还能帮助消化。做荤菜时用的嫩肉粉,据说就是从木瓜中提取的。

在缅甸,姑娘与妇人,都在脸庞上抹白色的木瓜粉。拿鸡蛋般粗的木瓜树干一小段,在石板上研磨,如中国人在砚台上磨墨,磨出的汁粉,抹在脸蛋最明显处,整天也不擦掉,既防晒、又美容、还省钱。你看那抹着木瓜树汁粉的缅甸姑娘,多开心、多漂亮、多可爱。连做饭的厨娘脸上也抹了一些。

这顿饭,用上海流行的说法,吃得很有文化。于是心情愉悦。本来,想带一段木瓜树干、一块石板回上海,后来冷静想来,女儿和城里的女孩,什么高档化妆品没有,谁愿意谁敢用这个东西美容防晒?

托果盘的姑娘(脸上抹一种嫩肤的植物粉末)

看三十年变化，情景展览剧好！

福康里，作为城市的一角，正好在戏剧学院的院子内。建筑依旧，空间依旧，但社会生活的实质内容发生了翻天覆地的变化。1978—2008 的时光隧道，将我们引进到情景中。真实、生动、诙谐、逗笑、感慨、精彩的情景展览剧表演，让人叫绝，却本色得很！

1978 年那是一个变革起始的年代。福康里，还做广播操，墙上还贴着凭票供应的告示。电影院的海报内容还来不及变，放映机放的是十六毫米的胶片。然而，深刻的变革，在中国的大地、福康里的一角，已经开始啦！笔者作为一个见证人，亲身感受了。

你看，那时候没有电脑和网络，里弄里的传媒是黑板报。上面的头条标题是《实践是检验真理的唯一标准》，是啊，是科学的春风吹拂的年代，是"臭老九"被扫地出门后又可以回家的时候；是莘莘学子不能高考、中断十年后恢复的年代。福康里的小屋贴出《高考复习班》布告，让在场的许多的真观众，成为真演员的真情景！难怪，那个老青年不管他如今当了院长还是局长，会说一句"真是这样"，眼眶里已热泪涌出。有人统计，就这么一条简陋的布告，牵扯了全国 2100 万青年人考上大学，从此以后改变了自己的命运。

弄堂里谁家儿女下乡在哪里，啥时候娶媳妇嫁人，邻居都知道。连今天夜饭桌上的菜是哪几个，也一清二楚。更熟悉的，进门拿筷子叨一块红烧肉就吃，连声夸奖好吃好吃，主人会十分开心。而办婚礼酒宴，喜酒喝得也像真的一样！

弄堂依旧，门窗依旧。而今的酷帅漂亮的年轻人，看着那提竹篮收粮票换鸡蛋的妇女，实在会吃惊而发笑。换蛋女，是那个年代的专用名词，她们已经都成为真正的上海人了，说不定已做奶奶了。而爆米花的开炉声，还是那么响亮，这熟悉的声响久违啦！如今，爆米花，自己家微波炉就能做。烧煤饼的炉子还是那个炉子，抱着小孩生煤炉的困苦，仿佛就在眼前。放三块砖在板车上，今日的大学生猜不出干什么的，那是乒乓桌，打起来很欢呢。老虎灶、剃头摊、蜜蜂牌缝纫机，很难看到了。取而代之的是亮堂清洁的美容店，琳琅满目的大超市，世界名牌的服装店。今非昔比，1978 年的过来人，如今体会，是真的接近发达国家的形态了。感谢戏剧学院的编导和演员，做了这么好的情景剧。中国的社会在改革开放三十年里取得伟大进步。我们还有新的憧憬，我们也面临前进中存在的挑战。我想，看看这三十年的变化，没有理由担心忧虑，我们坚信明天将更美好。

崇明东滩观鸟行

秋风起,候鸟迁徙。上海野鸟会的姚力老师前往崇明东滩,做观鸟研究,邀请我们同行。

东滩观景是去过的,但专门观鸟摄鸟是第一次。崇明的生态的确是很好,空气清爽,树木葱茏,沿路的树梢、电线、草地上都可以看到有各种鸟儿停留,耳边不断有鸟鸣啾啾。对爱鸟摄鸟者,是大有吸引力的。

来到湿地前的大堤上,一眼望出去,辽阔的湿地芦苇绵延,一望无际。有白鹭在飞翔,离人很远。车向南开得很远,停下后,老师们把三架望远镜支好,二十倍以上的放大效果,看出去很清楚。湿地里的春秋两季,有两、三百万只鸟儿前后迁徙,有17目50科312种鸟儿被观察到,占上海鸟类的70%。

我提着数码相机,走到堤岸的芦苇丛的小路里,悄悄地拍到了美丽可爱的小鸟。有一只明亮的眼睛圆圆的,灰蓝的羽毛很洁净,可能是只蓝羽山雀。在桥头拍到一只黄背伯劳。在电线上拍到一只不知名的鸟,头和身体的羽毛白色的为多。

正当我们兴致很高观鸟时,复旦大学鸟类研究生蔡志扬正好在堤上观察白头鹤,看到我们就聊起鸟类的研究项目。他来自香港,研究项目的内容是:白头鹤为何到农田里觅食?是因为滩涂上的食物不够了吗?白头鹤的生存环境有什么变化?他已在复旦大学学习了三年,因为要研究白头鹤,他得到国际鸟盟等发起的《动植物保护先锋项目》的资助。

白头鹤,全球约有一万只,易危物种。在我国有约一千只,在崇明目前观察到约100多只。东滩是它们的自然栖息地,不像在日本要人工喂养。白头鹤,嘴绿,脚黑,白头颈。也有丹顶鹤,披一身深灰的羽翼,由此,也被称为修女鸟、玄鸟。看到她们,楚楚动人,优雅美丽,有一种神秘而且顿生爱怜的感觉。飞翔起来,振翅缓和,节奏舒展,风度翩翩。白头鹤,真是吉祥美好的大鸟。我还返想,上海如选市鸟,白头鹤可以做候选对象。

下午,我们转到东旺沙的滩涂,继续观鸟。爱鸟观鸟摄鸟,也会有发烧友。大家都不吃午饭,一为节省时间,二为湿地里没饭店。啃面包算作一顿饭,照样兴致勃勃,很开心地寻找新的目标。

功夫不负有心人,居然有成千成百的鸟,在滩涂上等待着我们的到来,有五十多种。在浅水的沙地上,看到白腰、黑腰滨鹬、青脚、小青脚鹬等,大多数闭目养神,有的在悠然踱步,寻觅鱼虾。在干旱的沙地上,羽色斑杂的沙锥鸟,成群地一动不动地散落在那里,

东滩湿地是各种鸟的天堂

好像大小差不多的灰暗的石头落在地上一样。湿地的天空,也有猛禽盘旋飞翔,如雀鹰、游隼等。鹰眼锐利,也难以识破鸟的伪装。

也许是有人说话的声音太响,也许是有人走路的脚步太重,惊动了鸟。它们突然振翅飞起来,真是蔚为壮观,成群结队飞掠过芦苇丛,盘旋在蓝天间,一会儿闪烁白花花的腹部,一会儿展露深灰色的背翼,一会儿齐刷刷地奋力振翅向前飞行,千姿百态,变幻万千,活跃无比。这自然的奇妙景象,令人鼓舞,令人难忘。能遇见这场景,是幸运的。

当然,观鸟也有鸟缘,有时看到拍不到。在去森林公园的路上,就有一奇遇。车左面是河,右面是农田。突然看见,前面有一只美丽的如童子鸡那么大小的鸟。它在路的右面农田的地头。灰蓝色的羽翼,相间有白色纹点,头小有羽冠,细腿稍长。看上去整洁美丽,就是叫不出鸟名。我们停车下来,鸟儿已灵巧快速穿过公路,回到河水边。我们寻找它的踪影,它却机敏地从水草丛中起飞,沿着河道飞,一会儿就没影了。只好等下一次,再与它相遇了。

崇明湿地是野生鸟儿的天堂,也是爱鸟观鸟拍摄鸟的鸟人们的乐园。我还会再到崇明湿地去,我还会在那里有自然与鸟类知识的收获。

应记住这个村庄

——高岭村

高岭,是国际通用黏土矿物学名词——"高岭土"的命名地,有"高岭土故乡""世界陶瓷文化圣地"之称,现为重点文物保护单位。这里留有大量的陶瓷文化遗存和人文古迹,"青山浮白雪"被誉为高岭一绝。

高岭土,早开采始于公元2世纪。13世纪,高岭土被景德镇瓷工场,用作瓷器制胎原料,极大地提高了景德镇瓷器的品质,是世界瓷业史上的一次重大变革,也使景德镇的制瓷技艺达到了登峰造极的境地,从而奠定了景德镇世界瓷都的地位。高岭也因此名播海外、享誉世界。

高岭,原名玉岭,村落依山傍水,环境清幽。自宋至清数百年间,冯、办、汪、胡氏族人陆续迁此聚居,形成以管理、开采高岭土为生的"四大家族"。据称该村的何召一先生,于南宋末,首先开发高岭土,扭转了瓷业的原料危机。为祭祀他建庙,庙址在永口一带。

景德镇被称为"古代瓷都",瓷器声名远播、远销海外。持续不断的瓷器生产需要大量的高岭土。运高岭土的古道,以花岗岩石板齐整铺就。主道有7千米长,保存完好。古代矿工以箩筐将高岭土,由此道挑运至码头。古道每隔5里有亭,由地方乡绅出资建造,亭内免费供水,以便矿工及行人歇息。我们可以看到展出的雕塑:矿工愁眉苦脸,卷了草烟在歇脚。

高岭以开采露天矿为主,17—18世纪为高岭开采露天矿的鼎盛时期,共有汪家大槽、冯家大槽等等四处大型露天采矿遗址。有的遗址直径不下于500米,深度不低于50米,规模极大。

为减少高岭土运输量,常就山选矿。遗址现存三个淘洗池,其一为粗矿储备池,设闸板,溪水自水槽入池,将高岭土中所含杂质沉淀。其二为搅拌池,土浆经闸板上部流入其中,加以搅拌。其三为沉淀池,将清水放掉,待淀积的高岭土稍干,即取出制成胚子。

古矿洞与岩体裂隙的走向基本一致,说明古人采掘时都是边探边采。巷道形状一般为三角形,充分利用围岩的自稳能力,减少支护作工作量,降低了采矿成本。许多矿体富积部位被全部采空。

在高岭矿业最鼎盛的明清两代,高岭土这种神奇的瓷用原料及其制配技术,作为景德镇辉煌瓷业的核心的技术秘密,逐步传声海外。1869年,德国学者李希霍芬,将高岭土的

正在休息的民工塑像

运瓷土的石板路

高岭村

学术名称译为国际通用的英文"Kaolin"一词。高岭，由此成为世界各地高岭土的"名称之源"。而且是地质矿物学里，唯一一个以村庄名字命名的地质材料。

有趣的是，当时这个材料的选取采集与烧制瓷器的温度（要达摄氏 1 400 度）及彩瓷颜料的应用，中国是领先的。经很多年的攻关，德国等西方的瓷器工厂，才掌握了这项技术，并在多项指标上超过了中国。

欧若拉

——黎明女神？

欧若拉（Aurora），是北极光的中文译音。极光对多数中国人说来，还是比较生疏。我们生活在低纬度地区，夜空里没有极光。在挪威、瑞典等高纬度国家，自古以来，在夜晚人们经常一抬头，就可以看到极光。就像中国江南地区的老百姓，都知道清明时节雨纷纷那样。在南极发现极光是较晚的事情。地球南北极两端的极光是共轭的。

上海黄浦江上高楼的广告，闪亮着西文"欧若拉"（Aurora），对应的中文是"震旦"。而震旦的含义，是初升的太阳，或者也指黎明的光芒。而"欧若拉"在希腊神话里，就是黎明女神的名字。黎明，高贵的女神，大概是因为黎明美丽灿烂，而且代表着一天的开始和希望吧。而晨曦与极光混成一体，是很有趣的事情。生活在极地的先人，与极光相伴生活，就一直琢磨极光是什么？有一种看法，认为极光是晨曦。而这个认识恰恰是不对的。极光与晨曦，这两种同样变幻无穷、美丽莫测的光芒，是很难区分的。这美丽的错误一直延续到今天。

极光，五颜六色，变化多端，奇丽无比。对极光用如何丰富的想象力来比喻，都不为过：极光像轻柔漂亮的纱巾，围在地球母亲的脖颈上，而且经常在变换新花样；极光像迎风飘扬的旗帜，是天庭的千军万马在挥动，仿佛听到马在嘶、风在吼；极光像天幕上的动物园，雄鹰展翅飞翔，银狐在雪原上奔跑，孔雀抖闪尾羽；极光像熊熊燃烧的火炬，是天上的神灵将它点燃，照亮黑暗寒冷的天堂；极光像舞艺高超的演员，时而细腰婀娜，时而身姿飞转，时而娇臂摇曳；极光像北方村落的炊烟，无风时烟雾袅袅上升，风吹来如云烟飘走虚无缥缈。

极光一直是极地居民猜测的天象之谜。你看极光从远处地平线升起，爱斯基摩先民第一个反应,认为有金银珍宝埋在那里。他们兴奋地奔去,期待着能挖到珍宝。结果当然是白忙一场,一无所获。

在北欧,人们怀念逝世的亲人时,正好美丽的极光出现,就把极光当作亡灵的显现,也会联想成夭折的孩子的灵魂来看望父母,也认为极光是引导亡者的灵魂升入天堂的火炬。这些传说,真是凄丽而动情。

后来,人们向自然界去寻求极光产生的原因:认为极光是北极雪原冰原上,成群结队的银狐,在月光照耀下,那银白色尾巴反射出来的光芒。

在没有现代意义上科学解释出现以前,把极光当成晨曦的认识,存在了很长时间。欧若拉,黎明女神的名字被按在极光身上,是人类文化史上,极其少见的错误却被一直沿用的有趣案例。它证明了人们对自然的认识,是不断深化的。

最早用文字记载极光的是挪威著名北极探险家南森。他在北极探险的日记中描写了北极光。英国著名航海家杰姆斯·库克船长看到南极光,这是人类做出的最早的极光观测记录。

今天,对极光的科学解释已被愈来愈多的人接受。极光,是由被称作太阳风的高能带电粒子流,从太阳飞向地球时,遇到了地球南北两极的磁场,其中一部分被吸引改变行进方向,而沿着磁场线向极地高空大气中的分子、原子和离子撞击,带电粒子的能量瞬间释放,激发产生的光辉。因此,人们认识到极光(Aurora 或 Polarlight)是地球高磁纬地区上空一种大规模的放电过程,是一种绚丽壮观多姿多彩的发光现象,而且是规律性地集中在北极圈和南极圈的上空发生。当然,是在南北极地的夜晚才被人们的肉眼看见。而在南北极的白昼季节,这种放电的高空物理现象也存在着,只是人们看不见。1960 年,国际电磁学—高空大气物理学会下属的极光委员会将极光分为三大类:1. 带状极光 2. 弥散状极光 3. 射线状极光。

那么,极光的绚丽颜色是怎么来的呢?极光的发光原理很像霓虹灯,灯管内充有不同的气体,两端加压后,高速带电粒子流与其中气体发生撞击,使不同气体发出各种颜色的光辉。极光也是强大的太阳粒子流撞击了地球高空的不同气体原子,激发出不同的光,又由各种波长的光叠加在一起,表现出的结果。我们见到最多的极光是黄绿色的,那是由氧原子发出的光;红色的极光也

美丽的北极光

主要由氧原子发出。此外，氮分子发出粉红色的光，氮离子发出的是蓝紫色的光。距地平线高度 70—400 千米的电离层里存在各种气体，被太阳粒子流激发出各种颜色的光，构成了极光的多彩颜色。

中国的北极科学考察站就建立在朗依尔贝镇以北 100 多千米的斯匹次卑尔根群岛的新奥尔松（Ny-Alesund）地区，被命名为黄河站。北极黄河站的第一任站长是杨惠根博士，现任中国极地研究中心的主任。他的研究领域就是极光，属空间物理学的范畴。研究极光，涉及太阳风和太阳活动周期，因为太阳风暴对人类的高度信息化活动有密切关系，对通讯、电网、客机导航、人造卫星、GPS（全球定位系统）信号等，都有很大影响。极光的科普知识与我们息息相关呢。

流行歌曲中居然有一首是抒唱北极光的，似乎也只有这一首，歌名就用的译称《欧若拉》。歌星张韶涵唱得很用情、很好听：魔力北极光 \ 奇幻的预言 \ 赶快去找不思议的爱 \ 爱是一道光 \ 如此美妙。

是啊，五彩欧若拉，魔力北极光。你一定会喜欢并来关注她，还会萌生去极地看极光的意愿吧。

中国的侏罗纪恐龙公园

——你知道禄丰龙吗？

最近，我去云南参加第十八届全国发明展览会。顺便好朋友拉着我去恐龙谷。快到恐龙谷时，就看见广告宣传牌，赫然写着：北有兵马俑，南有恐龙谷。我不以为然，认为广告嘛，总是加大点力度，说得夸张一些。等参观完出来，才真心感慨，名不虚传，世界第一的恐龙谷。宽敞高大的展馆里，陈列着 64 具以禄丰龙为主的恐龙化石，蔚然壮观。闻名世界的美国恐龙谷，也只有 40 多具恐龙化石。

找到禄丰龙的地质土层下，据说还可能有 100 多具恐龙化石。被开挖的土层，按原样保存着，在展览馆的大厅里，连着暴露出来化石骨骼，展现在每一个参观者面前，十分真实且珍贵。

禄丰龙是恐龙的一属。因发现于中国云南省禄丰县而得名，也是在中国找到的第一个完整的恐龙化石，生存于距今约1.9亿年的早侏罗世。禄丰龙身体大小中等（6—7米长），兽脚型。头骨较小（相当尾部前三个半脊椎长），鼻孔呈三角形，眼前孔小而短高，眼眶大而圆，上颞颥孔靠头骨上部，侧视不见。下颌关节低于齿列面，牙齿小，不尖锐。颈椎10个，背椎14个，荐椎3个，尾椎45个。肩胛骨细长，胸骨发达，肠骨短，耻骨及坐骨均细弱。前肢相当于后肢的二分之一长。

禄丰龙生活在距今大约2亿多年前的侏罗纪早期的湖泊岸边或沼泽地区，是一种杂食性的恐龙，主要吃湖岸和沼泽周围森林里的各种植物，也可能还吃一点水里的螺蛳或蚌壳类小动物。馆内展出的这具许氏禄丰龙是第一具由我国自己装架的恐龙化石标本，因此人们称它为"中国第一龙"。

1938年，中国恐龙研究之父、杨钟健先生（中国科学院院士），在云南禄丰盆地发掘出了中国第一具恐龙化石标本——"许氏禄丰龙"。这一划时代的考古发现，引起人们无限遐想。对以龙为崇拜图腾的中国人，可以诉说多少浪漫故事。

这个气势不凡、内容精彩、知识丰富、值得一游的世界恐龙谷2009年4月18日刚刚正式开馆，离昆明市区只有一小时多的路程。上海的朋友们，出门旅游，可以选择恐龙谷哦。

澳门的大赛车博物馆

澳门的大赛车博物馆，与葡萄酒博物馆在同一个建筑的同一层，参观了这个，马上可以参观那个，风格迥异，却相得益彰。上海这些年也有了赛车场，F1赛车赛也吸引大家的眼球。澳门的赛车，有很长的历史。看赛车博物馆，很有趣味。

澳门早年的赛车。当年赛车手出发比赛的时候，澳门只有49平方千米，最近把珠海的5平方千米划给它，澳门也不算大。因此，澳门的赛车是在城区的现有马路上进行的。画面上亮红灯的路线，就是赛车用的。

澳门赛车博物馆

万宝路的赛车,高须的赛车,近距离观看,真是一辆比一辆漂亮挺括。还有制作成火箭状的赛车。得奖的著名赛车手,很有成就感。

赛车运动要有发达的汽车制造业为雄厚基础。博物馆里展出几辆年代久远的名牌车、老爷车,很有味道,让人浮想联翩。

澳门的通讯博物馆

——能看到多国的信箱

澳门的通讯博物馆,空间不大,然而做得丰富多彩、精致有趣、互动且生动。人类通信方式的演变——烽火、信鸽、旗语、风标、灯塔、骑兵、鼓声、漂流瓶、电报……

在澳门的科技活动周上,通讯博物馆的项目也深受市民和中小学生的欢迎。可以说,做科普展览的专家，很用心，很下功夫，把通讯的科普当作学问来做，让参观者兴趣盎然，学到知识，满意而归。

你看，一块小小的展板，把人类通信方式的演变展示得一目了然。烽火、信鸽、旗语、风标、灯塔、骑兵、鼓声、漂流瓶、电报……最主要的都摆上来，成人看清清楚楚，中小学生看更是生动形象。

葡萄牙的邮筒，与英国的一样，只是多了徽记；澳门的新款邮箱；香港的邮箱；澳大利亚的邮箱；加拿大的邮箱；德国的邮箱；冰岛的邮箱；俄罗斯的邮箱……款款都极具地方特色。

通讯博物馆里，有许多历史性的资料。如1929年就建成了邮政厅大楼。这座楼与上海苏州河四川路桥街角的那座邮政大楼，真是兄弟俩，年代也差不多。大门前的三轮车、黄包车也是一样的。那摇铃的电话，都是同一时代的新技术。今天，都是移动电话的天下了。

互动项目很能吸引观众。比如，让你自己设计一张邮票。人物、风光、动植物的图案，电脑里都是现成的，你只要选择你想用的题材。组合好了，电脑就自动生成一张很标准的邮票。剩下的齿孔，由你自己动手，用打孔机压出整齐的齿孔。不管儿童，还是大人，拿着这样一张邮票，都很有成就感。馆里还每个月有小朋友画画，做明信片，孩子们的图画，天真可爱。

真没想到，澳门邮政局发行的邮票，很漂亮且有文化水准，让人爱不释手。12张动物生肖票设计的别有情趣，看来也大气而亲切。成语故事一组，正放在博物馆正门口展示着。刻舟求剑、鞠躬尽瘁、四面楚歌、螳螂捕蝉，四张一组，工笔细绘，风格古朴，含义深厚，又很简明美观，太好了！临走，要买些邮票作纪念，如愿以偿。但看到卖品部的货架上，琳琅满目，指着那个小邮筒，说买一个！馆长黄锦欣笑了，说这是我个人的收藏品，都是与邮政通讯有关的，在世界各地带回来的，摆出来与大家共享。

多好啊，世界上爱美心善的人很多，向黄锦欣馆长致以敬意。

澳门电视塔上的蹦极运动

世界10个城市电视塔的前十名，只有澳门的电视塔上有富于刺激性的蹦极运动。澳门电视塔的观光厅，看到蹦极的机器装置、绞绳机、安全绷带，跳台突出跳塔约一米。我们看到正披挂好的一位蹦极者，是一位男士，即将跳下去。我们亲眼见识了蹦极——又称作"笨猪跳"，没跳下去以前，看他的脸部表情，有点紧张。准备跳的时候，他想到什么？这种运动总是安全的，只是我从没体验过，跳下去，就知道了是什么感觉。这位蹦极者，跳回上来。是哟，勇敢者脸带微笑，感觉很好。价格1 488澳元，要照片光盘再加钱。

澳门电视塔上的蹦极

奥运会体操金牌得主——杨佳，也来跳过，有照片展示。空中旋转一圈，感觉很好。对体操运动员来说，蹦极当然很舒服。杨佳跳下的一瞬间，从容不迫，大叫一声。你想吗？敢吗？也去试试？

他山之石　琢我美玉

——名古屋世博会纪实

每隔5年一届的世界博览会，即将在中国上海举办，这是中国的自豪，全世界华人的骄傲。走马观花游世界，爱知同历时代秀。2005年世界博览会在日本爱知县举行，这是日本第四次举办这样的世界性博览会。2005年7月，我有幸去到日本，走进世博，一睹了它的魅力与风采，参观由日中科技友好协会接待。这天是星期天，观众很踊跃，我们上海科协代表团享受了不排队的礼遇。

自然的睿智、人类的智慧

日本爱知世博会的主题是"自然的睿智、人类的智慧"，这个主题表达了人类对居住地球的共同关注，正契合了世博会的名称"爱地球"。走在名古屋的街头，我们处处可以感受到浓厚的世博气氛，吉祥物频繁出现在建筑物、橱窗、巴士及各种宣传品上。爱知世博会的吉祥物是一老一小两位可爱的绿色森林精灵，代表爷爷与孙子。

乐趣十足的旅行一天内带你周游世界。由于行程安排紧凑，我们参观世博的时间只有一天，这一天里，我们参观了20多个国家和企业的场馆，如此走马看花式周游世界，却真有亲临其境的强烈感觉。由于日本相关单位的安排，提前帮我们预约了几个展馆，我们得以不用排队，轻松参观展会，即使这样我们还只是参观了六分之一的展馆，可见世博会场地之大。对于普通人而言，这无疑是一场乐趣十足的旅行节目，而这或许也就是在信息时代举办的世博会仍有魅力的原因吧。

参观了爱知世博会，我有两点突出的观感：一是我们看到发达国家或企业都是以最新的科技成就和科技手段来展现他们国家或企业的综合形象，给人的突出印象是一场科普演出。而发展中国家是以有民族文化特色的产品、资源、风光来展现形象，较多地给人以商品展的印象。中国馆的布展也在这一大类里。

二是东道国日本举办世博会四次，确实是体现了它近代完成工业化后的雄厚经济基础，在世博会上给人十分强烈的印象，丰田、三菱、日立、松下等大型企业，在显著位置独立设馆，展现了各自最新的技术。

美国馆陈列着富兰克林的引导雷电的雕塑与故事。美国馆最吸引人的是展方一部短片，以富兰克林为主线介绍人类与科技发展里程，采电的风筝始终贯穿其间，富兰克林电而不死，诙谐地解说体现了美国发明家顽强探索、崇尚科学、不懈追求的精神。

另一个让人印象难忘的就是火星登陆车的1:1亮相，还有大量火星地貌照片、莱特兄弟发明的飞机与登月照片，无不展示出美国拥有的领先的科技成就。

加拿大馆内的多媒体演示，美轮美奂。如果说，美国以凸显科技成就取胜，那么加拿大馆就是以多媒体声光电的高超展示技术水平令人赞许。加拿大馆充分运用了影像、多媒体的优势，令人耳目一新，通过春夏秋冬四季的交替，展示了人类与科技同在的主题，红红的枫叶也把人引入了那个迷人的国度。

处处显环保

日本人对环保的重视给我留下了深刻的印象。丰田馆的电力来源于风能,馆中的钢铁构架可以解体再利用,墙壁则是可再生的麻质板材,能在展会结束以后用来造纸。在环保厕所内,污水直接由微生物和臭氧处理,然后成为透明的水再冲洗厕所,这样既不向河流排放污水,在整个世博会期间还可节约大量的水。

细节体现关怀

对中老年同志来说,参观世博会对身体颇具挑战。世博会长达六个月,中间经过盛夏,中老年人很容易耐不住酷暑。主办方在细节上体现了对观众的体贴。在人行走道的上方,或休息座椅周围,设有喷设水雾冷气的管道,在炎炎夏日里让人感到湿润凉爽。三菱馆设置了庞大的钢管滴水外罩,水流不断流淌,给人清凉。世博会中部有一座高大的建筑,干脆整座外墙流淌着水幕,被称作"名古屋之塔",带来不少凉意。

中、美、日、加四大展馆,各领风骚

中国:中国馆对博大精深的中国文化进行了演绎,表达了中国人"天人合一"的哲学思想。舞台上女子十二乐坊精彩的江南丝竹表演,吸引了不少观众,令人欣慰,但丝绸、文房四宝、手工艺小商品的展示,略微逊色,让人有些小失望。

日本:丰田馆可以说是本次世博会上最有创意的展馆了,丰田概念车的亮相,真令人折服于高科技的魅力;以支持人类的智能化机械为基本理念开发的 8 台机器人,组成了世界上第一个机器人乐队,分别吹起了圆号、小号等各种乐器,与主持人之间默契的合作演出,还能排列出各种队形,步履如真人。

世博会上的尴尬事

爱知世博确实有许多值得我们上海世博借鉴的经验,不过也有不太令人满意的地方,譬如,如厕难。我们就碰到了这样的情况,大家一同去上厕所,男士这边速度还是比较理想,一会就出来了,但女士那边,厕所门前排成了数十米长队,一动不动的,同行的女士队伍排在那里,急得直跳脚:活人不能给尿憋死啊。

希望我们上海世博会上,不要重现这样的尴尬事才好。

爱知世博会的举办时间是2005年3月25日—9月25日。世博园区占地面积173公顷。共有121个国家和地区及4个国际组织参展。参观人数约2205万，每天参观人数8万—10万。门票收益670亿日元，经济效益约1.2万亿日元。一日入场券价格4 600日元，全期间入场券价格17 500日元，青少年和老人有优惠。

西班牙馆的藤板墙是开水煮过的

藤板用钢丝斜向固定，像鱼鳞一样排列，既牢固又美观。这些深浅各异的藤板都是在孔子的故乡山东制作完成的，不经过任何染色，藤条用开水煮5小时可变成棕色，煮9小时接近黑色，这就是这些藤板色彩不一的"秘诀"。

在西班牙著名导演比格斯·鲁纳的讲解下，西班牙馆的第一部分展厅"起源"展露了它的全貌。参观者仿佛置身"岩洞"，头顶有点点"星光"，视听设备将影像打在"岩壁"上，奔腾的海洋、远古的化石，弗拉明戈舞者在激昂的鼓点中翩翩而至，穿着原始服装的舞者将从屏幕里"舞出来"。

西班牙国家馆为上海世博会面积最大的自建馆之一，参展规模之大也创下西班牙参加世博会的新纪录。整座建筑采用天然藤条编织成的一块块藤板作外立面，整体外形呈波浪式，看上去形似篮子。8524个藤条板不同质地颜色各异，面积将达到12000平方米，每块藤板颜色不一，它们会略带抽象地拼搭出"日""月""友"等汉字，表达设计师对中国文化的理解。

西班牙馆设有能容纳300人同时用餐的西班牙餐厅，提供最地道的西班牙美食。

节能建筑西班牙馆

意大利馆格调典雅清新

我作为土生土长的上海人，童年时代是玩过游戏棒的。一把游戏棒有五六十根，五颜六色，如铅笔芯粗细，两头是尖的。其中有金色的、银色的、花色的。手握游戏棒，在桌面上竖着，一放手游戏棒顺势倒下，然后，每个孩子轻轻把小棒拿起来，看谁游戏棒拿起多、颜色好来分输赢。听说意大利展馆设计灵感，来自上海的传统游戏"游戏棒"，建筑墙面上有交叉的斜线，我就觉得很亲切。

展馆由20个不规则、可自由组装的功能模块组合而成，代表意大利20个大区。整座展馆犹如一座微型意大利城市，充满弄堂、庭院、小径、广场等意大利传统城市元素。

从平面来看，意大利馆的裂缝线，确实很像我们儿童年代经常玩的游戏棒。设计师吉姆帕奥罗·英柏利格（Giampaolo Imbrighi）显然还很有童心，他认为可以将上海人的游戏融入建筑设计中去，是上海这座城市给予设计师的灵感。游戏棒可以自由变化，意大利馆的建筑积木也可以以较小的规模进行拆卸和组装，从而呈现出千变万化的姿态。这是很友好很富创意的构思。

一走进意大利馆，映入眼帘的就是意大利时装。典雅、时尚、美丽、浪漫，享誉世界，尤其世界著名的时尚之都米兰，汇聚了国际众多的奢侈时装品牌。在为期六个月的世博会展览中，意大利馆已上演杜嘉班纳（D&G）、普拉达（PRADA）、阿玛尼、范思哲等世界著名时装品牌的时装秀。其中，PRADA专门为意大利馆设计了礼服。

作为文艺复兴的代表地，意大利拥有达·芬奇、拉斐尔等艺术大师的名画。重量级的意大利名画，在意大利馆展出。在高敞的墙面上，摆放着一个交响乐团的座椅和乐器，旁边的电视屏，播放着乐队和演奏艺术家的表演。有趣的是，指挥棒和琴弓的挥动的轨迹，被处理出流畅的白线，形象地展示出意大利在音乐领域的成就。

那一只巨大的紫红色高跟鞋，很多女士在鞋旁留影。那形态各异、颜色美观的椅子和台灯，代表着意大利在工业设计领域的世界级水平，让游客分享意大利卓越的艺术、文化、科技等方面的成就。

意大利的设计在中国闻名遐迩，尤其是一些奢侈品牌，但此次参加世博会的展项，让大家看到了不一样的意大利——世界领先的高科技创新国家，创意与创新的融合、艺术与科技的融合。

意大利馆将会展示前卫的建筑技术，包括新型建筑材料、住户自控系统、净化运输、可再生能源以及新兴工业设计趋势、纳米技术的潜在应用等尖端技术。例如，展馆采用新型材料——透明混凝土，实现不同透明度的渐变，显示建筑内外部的温度、湿度等。

意大利馆占地面积 7 800 平方米，以"人之城畅享意大利生活方式"为主题，诠释当代意大利文化，呈现出充满生气、幸福感的城市生活。单是卖品部的各种杯盘、丝巾、文具等，都透出幽雅高贵的气息，花纹雅致、色彩舒服、姿态淑美、格调清新、构思独特。你看，那只可插笔的乌龟，设计得多么巧妙而又简洁，美！那著名的通心面，在灯光照亮的方格里，也摆得极有艺术性。一顶帽子，一款方巾，都令人心头有丝丝的馨香飘动。不过分地说，这才是世博会带来的生动具体的文明。

意大利饮食以芬芳浓郁、原汁原味闻名。由于历史上长期处于城邦分治状态，使得意大利的菜式非常丰富，精美可口的面食、奶酪、火腿、甜食，浓郁芬芳的咖啡、葡萄酒，都是意大利特色传统美味，带有亚平宁半岛的独特风味，中国和上海的消费者会喜欢。展馆里的餐厅，有不少游客在品尝。而那副由瓜果蔬菜拼装出来的肖像画，给人生动而充满情趣的印象，真酷。

意大利馆内展示的"意大利之创新"竞赛成果，绝大部分是真正的产品，如吸收空气

世博会意大利馆

丰富多彩的意大利美食

中烟尘的油漆、新型食品以及市场上已有产品的优化升级等。意大利有很强的创新意识，近期对1000件科技产品的调查显示，30%的产品来源于意大利。相信意大利的创新理念，将对未来科技的发展产生积极影响。

下一届世博会，将于2015年在意大利米兰举办。

上海苏州河变得洁净美丽

2009年的国庆,是中华人民共和国60周年的生日。阅兵、游行、晚会,北京庄严的军威、欢腾的民心和光彩流溢歌舞连绵的不夜天,让每一个中国人兴奋不已,心中充满着自豪幸福的感觉。而作为一个每天过家常日子的公民,更为身边的环境发生的变化而感动,深深地觉得:祖国正变得越来越美丽,与世界上任何一位美丽的母亲相比,都是最美丽的,是毫不逊色的。

上海人,从小看到的苏州河是黑色的,散发着难闻的臭味的。苏州河曾是工业化环境污染的代名词。她是中国的泰晤士河,不过泰晤士河黑过,但后来治理好了。上海苏州河两旁,多得是化工厂。美丽的天山在新疆,可是上海的天山路,却是化工厂云集。我家的新房就买在天山路双流路,因为地铁2号线在那里延伸,为了出行的方便。而苏州河在地铁2号线的北边。与河并行的那一段,是长宁路。我们搬进新房四年,苏州河的建设护挡板遮隔了四年。当然,市民们知道,在修建河边的绿化工程,新闻报道告诉大家一幅美好的蓝图。但四年里看到的,除了挡板、泥土,还是挡板与泥土。

说苏州河的治理,是上海改革开放以来最难最大的事情,也不为过。打个不确切的比喻,要把又穷又脏又黑又臭的丫头,打扮成细皮粉嫩、楚楚动人的新娘,那是件多难的事情。光投入的资金就得有近百亿元了吧,挖出河底多年的污泥,阻断排放的污水,搬走污染的化工厂……要下决心、想办法、搞规划、坚持不懈地做。

国庆60周年,新娘"苏州河",掀起了盖头来。苏州河长宁路段,拆掉了挡板,露出美丽的绿化,彩色的人行道,波浪形的银白的栏杆,带反光材料的堤墙,成片盛开的鲜花,还有鸥鸟飞翔的河面。嗨,你还不会相信,居然还有老渔夫,用最传统的细竹竿架起的渔网,在岸边捕鱼。过去黑臭无鱼虾的苏州河里,有柳条鱼了,多顽强的水中之生命啊。那戴草帽的渔夫,大概是为了捕鱼的快乐吧,这小鱼还不敢吃吧。这一带,叫北新泾,是上海市的城乡接合部。我们小区的第一排楼房,就都住着拆迁了旧房的农民。正是因为这个原因,才能在这里看到最原始的捕鱼场景。上海的先民在河汊里捕鱼,也是用这种渔网。而在2009年的十月,拉起那细纱的渔网,在夜间暖色灯光的映射下,那渔网似乎变成了一位贵族夫人脸上披戴的朦胧的面纱,给"苏州河"新娘,平添了许多漂亮的姿色。

住在这里的市民乐了。面熟的邻居在小区路上散步的,都到亲水堤岸的漂亮路上来,一家子，手拉手，带着第三代孩子，牵着小狗大狗，其乐融融，每个人都在微笑。夕阳余晖，给苏州河撒下一层金色的光芒。宽阔的六车道的平坦沥青马路，川流不息的大小车辆。与南京路淮海路不一样，这里的车流中多的是助动车，年轻人驾驶的，快速地驰过。还有大卡车、混凝土车、装满各色废品的三轮车，是中心城区里少见的特色。如果再有意大利的记者来采访，肯定也会看到这一点的。

治理后变清的苏州河

别以为，城乡接合部的特色就一定是土气。这里的波浪形的不锈钢栏杆，是最时尚、最有创意的设计。不仅流线形的造型与苏州河弯曲的河道相呼应，让人感觉新颖可爱，而且那不锈钢的弯形，还做出了适合人体的座位，栏杆与座椅两个功能，合为一体，真可谓巧妙。坐在这样的栏杆里，真是很浪漫的呢。年轻的恋人，驾着红色的新摩托车，到这里来谈情说爱，当然是很好的地方。年老的伴侣手牵手，迎着夕阳红，心里真有互为宝贝的感觉呢。更令人高兴的是，河上边将要通行"水上巴士"，春天里将举行划龙舟的比赛。

这一段苏州河的堤岸与人行道，是美丽的时尚的。不信的话，请你专门来这里走一走。

美国运输机坠毁的地方

——东川驼峰航线

陈纳德、陈香梅和飞虎队，为支持中国人民的抗日战争，运输大量的军事物资，这段中美友谊的故事，许多中国人还是知道的。

最近，我到云南去考察，来到东川，才知道了更详细的情况和故事。原来，东川的小牯牛山就坠毁过美国的军事运输机。东川，离昆明100千米。当地人目击飞机因大雾又偏离航线，撞到了山上坠毁燃烧爆炸。当地的简陋的展示室，摆放着从山顶上收集来的飞机残骸，机翼碎片、铜线、导油管、箱盖等等。

更让人印象深刻难忘的，是以下数据：在这些航线上坠毁损失的美国飞机有468架，牺牲的美国军人有1579人，运输了军用物资736 374吨。

据记载流传，美国军人出于对国民党政府腐败的义愤，宋美龄从美国运来一架优质钢琴，要经驼峰航线运往陪都重庆，结果被这架飞机上的美国士兵，扔到机舱外，在山地上摔得粉碎。

当地政府和有识之士，正在酝酿建造《情谊无价》之纪念碑和博物馆，以纪念中美深厚的友谊。

附件：关于驼峰航线的资料（东川县委书记讲话）

2005年是中国人民抗日战争暨世界反法西斯战争胜利60周年。今天，我们汇集在这里，目的就是为了纪念在这场伟大的战争中，中美两国人民结下的深厚友谊，重温那段可歌可泣的悲壮历史，弘扬全国各族人民在中国共产党的领导下，不畏强暴、英勇奋斗的民族精神，从而"牢记历史，不忘过去，珍爱和平，开创未来"。

中国的抗日战争已结束六十年，但我们始终没有忘记，来自大洋彼岸乃至全世界和平爱好者对中国人民的全力支持。六十多年前，日本侵略者的铁蹄踏上了整个太平洋西岸，中华民族随之被卷进了这场空前的历史浩劫。然而中国人民却空前团结、奋勇抵抗。在这危急的关头，美国总统罗斯福在陈纳德将军的游说下，批准了援华计划，一大批预备役和退役航空兵奔赴中国，投入到中国的广阔战线中来。同时，大量的军用物资，冲破日军的封锁，源源不断地补充到中国战场。

1942年3月日寇占领缅甸，导致滇缅公路瘫痪，美国的援华物资只能通过空中运输来完成。因而，陈纳德将军又开辟了从印度阿萨姆邦至中国昆明的空中运输线——"驼峰航线"。

在1942年3月至1945年9月，3年多的驼峰飞行中，通过这条空中运输线美国共为中国战场运送了736374吨战略物资。就在这条著名的航空线上，中美双方都同样付出了极大的代价，共损失运输机468架，牺牲飞行将士1579名。在整个亚洲战场，由于美国的参战，有力地遏制了法西斯阵营的侵略步伐，同时也扭转了欧洲战场的局面，最终取得了反法西斯战争的全面胜利。

昆明，是二战中美国援华航空队司令部的所在地，而800多千米的驼峰运输线由西向东横贯了云南，东川虽然不是二战的主战场，但东川却是驼峰飞行的后续主航线。在这片小小的土地上，曾坠落过四架盟军飞机，其中三架运输机全部损毁，一架战斗机得到当地民众救护后重返蓝天。东川与驼峰航线结下了不解之缘。

1998年，东川区文联三位会员自发对东川驼峰坠机进行走访、调查，目标锁定在东川牯牛峰。他们历时六年，徒步千余里，足迹遍及会泽及牯牛山麓的20多个自然村，共寻访了30多位70岁以上的老人，初步掌握了1944年旧历二月至三月间，坠毁小牯牛峰运输机的翔实资料。通过对滇东北地区及不明坠机地108架遇难飞机的排查，终于得出了答案。

1944年旧历三月初一晚八时至九时，一架美国C-46大型运输机，满载军火和油料，由昆明方向飞来，当航行到牯牛峰附近时，众多村民发现机腹有火，而且机声低沉，不像往日般清脆，在折返爬升的过程中，又出现航线偏离现象，最后撞到右侧的小牯牛尖峰坪子，邻近村民亲眼看见了这场灾难。

飞机撞毁时，发生了剧烈的爆炸，随即燃起了熊熊大火，火光映红了整个小牯牛峰顶，在燃烧过程中，还不时伴随着沉闷的炮弹爆炸声和枪弹爆炸声，时间持续了两个多小时。

当时，年仅14岁目击人梁正礼与村里的另三位表兄，连夜向牯牛峰顶奔去。经六个小时的攀爬，于第二日黎明时分赶到现场。这时，出现在这四位村民眼前的是一幅悲壮而惨烈的画面：近500平方米的地域内余烟缭绕，散落着各类爆炸后的飞机残片和飞行员的残肢断腿，已没有一具完整的尸体，地面上的高射机枪子弹由于受热爆炸，头弹分离铜皮翻卷使人难以落脚，现场土质经燃烧和反复爆炸后，变得疏松如遭重炮轰过一般，整个机身已经解体，仅剩一只完整的机翼翻落在尖峰坪子东侧……

东川区文联在区委、区政府的指示下，再次组织人力对大小牯牛峰进行综合考察，正式将东川驼峰坠机的寻找列入文联的日常工作。

2003年10月，文联会员利用国庆大假之机，登上了海拔3810米的小牯牛峰，对坠机现场进行辨认、考察。他们相继四次登顶，组织人力进行现场挖掘，通过民间收集和坠机地搜寻，共搜集了1500多件飞机残骸，其中，有铜、铝、合金、橡胶、皮革等共13个种类。其中一块合金铭牌证实了坠毁飞机型号和身份。

2004年12月3日，中央电视台《走进科学》栏目摄制组到东川，与文联有关会员一道再次重上牯牛峰，对当年部分目击证人进行了实地采访和拍摄，回京后制作了30分钟的专题片《寻找消失的神鹰》，先后播放，在全国范围内引起了不小的轰动。此片还将成为中美文化交流节目飞临大洋彼岸，成为中美两国人民重温友谊的重要依据。

在坠机地点建立纪念性的文化标志和纪念馆，它会成为东川区的一大名胜。"弘扬中华和谐文化、促进世界和平大业"，这是全国人大常委会副委员长、中国科协主席韩启德的题词，也是东川30万人民的心愿。

一衣带水的美丽海岛城市

——长崎

长崎三面环海，是一处凝聚了海、山、温泉等自然景观、充满无限魅力的地方。自古即为日本唯一对外开放的贸易港，是深受中国和荷兰等国影响的历史观光景点，所以，不少游客喜爱这座海岛城市。长崎，离上海只有800千米，航程一小时多一点。长崎与上海结为友好城市，上海东方航空与长崎通航已30年，开展了许多交流交往的活动。

但是，客观上，上海到长崎的人，与到东京、大阪、名古屋、北海道相比，还是少得多。这次上海华侨摄影家协会去长崎采风的人士，几乎都是第一次去长崎。对长崎的美丽环境、历史人文，脑海里没什么具体的印象。而长崎与上海很近，对上海人来说，去旅游采风是很方便的。这次有摄影高手和爱好者共约40人参加。

长崎的海水很蓝，也很清澈，海面上有208座大小岛屿组成的"九十九岛"观光区，是日本最西端的西海国立公园。九十九岛，和中国文化的意思一样，"九"是取其为数中最大最多之意。搭乘白色船体木纹内饰的游览船，其名为"珍珠女王号"（Pearl Queen），进行50分钟的环游之旅，一边享受海风轻拂，一边眺望蔚蓝海面与岛屿的风景，真是心旷神怡，胸怀开阔，感觉好极了。

眺望九十九岛姿态各异，有狮岛、鼠岛、牛岛、猪岛……那是对每个岛屿的形象的比喻。而真正传神的，是把九十九岛的南部众岛，因为清秀翠绿、姿态可爱，一起称为美丽妩媚的少女。而把九十九岛的北部诸岛，因为粗犷憨厚、峻峭刚烈，就称为彪悍帅酷的男人。

周游海上南部九十九岛，真的感受到它的清秀美丽，与中国浙江的千岛湖差不多，只是海面的蓝色，给人的视觉更为通透、更为远眺，更为宽阔。也许是这天的阳光明媚，因而岛上的绿树也更加苍翠。海风吹拂，有淡淡的咸味，使人想到吃海鲜的愉快。小岛的峥角处有人在那里钓鱼，有的独自一人，有的两人做伴，那感觉，真如中国的山水画里的钓鱼翁，似乎在仙境中。海面上还有养殖海珍珠的产业。清澈的海水里，还会有许多水母漂浮游动，乳白透明的圆伞状的模样，像星星点点的幽灵似的，在游船边漂过消失了。快到岸时，船上的音响播出了轻快的舞曲，同伴情不自禁地跳起了舞。

哦，海风、甲板、阳光、跳舞，还有咔嚓咔嚓的照相机快门声。浪漫的九十九岛，愉快的长崎行。

日本岛国位处太平洋地壳板块的缝隙上，因而多地震、多火山，也多温泉。长崎境内，就有平成火山。平成二年（即公元1990年）11月17日，沉寂了198年的云仙主峰普贤岳再次爆发，火山灰和熔岩堆积成了海拔1486米的平成新山。在平成新山的眺望台上，游客可以欣赏春日的花海和秋天的红叶，并能够细致地观察到普贤岳的熔岩。

云仙普贤岳经过近200年休眠之后，再次发生火山喷发，火山熔岩开始流出，在四年间火山喷出的熔岩达到2亿立方米的惊人数量。其结果使熔岩层高度超过普贤岳山（1 359米）100米变成高达海拔1 486米的巨山。这座熔岩山被命名为"平成新山"，与北海道的"昭和新山"并列为观光名胜，从云仙的仁田山峰眺望台，可直接感受到平成火山带给人们的大自然的魅力。

长崎的云仙岳灾害纪念馆以其实物和影像，向人们展示了大自然的威力、人民的抗灾以及与火山共生的才智。影像显示，新山顶形成的拱形熔岩，直到1996年5月，在五年多的时间里，时常频发由火山灰、熔岩块、火山气等组成的"火碎流"及泥石流，高达摄氏600度的火碎流和泥石流自山顶冲下，时速达100千米，形成的火道横扫民房，农田被毁，造成巨大损失。1991年6月3日的大喷发，有44人丧生，其中有现场的20名新闻记者，很是惨烈。不过，1792年云仙岳的一次大喷发，曾使15 000人遇难。

云仙岳的山麓上，有著名的云仙温泉。温泉区内蒸腾着温泉热气，因为硫磺成分高，造成这里植物难以生长，被称作"云仙地狱"，至今流传着凄婉动人的传说。站在山坡上，看着那遍地不断冒出来的蒸汽，带有浓烈的硫磺味，真是为地球内部的巨大能量，咂舌惊讶。

有机会到温泉宾馆里住一夜，泡泡温泉，那是很惬意的事情。水温在42摄氏度左右。室外的池子，更有韵味，抬头望明月，人浸在水乡，温泉暖全身，知足常思量。温泉水富含多种矿物质，浸泡十多分钟，周身血液加快流动，额头开始冒汗，真感到很舒坦，对清洁养护皮肤，是很有益处的。

欢送第 26 次南极科学考察起航

2009年10月11日，上海外高桥的码头上，气球高悬，锣鼓喧天，金龙飞舞，上海各界欢送"雪龙号"第26次赴南极进行科学考察，这次科考队的人数最多，达250人以上。

地球的南北两端，冰封着自然科学领域最原始的秘密。各国"科学考察大军"，一心想要摘取这顶"桂冠"上宝贵的"珍珠"。其中，来自中国的"精锐之师"近年来成绩斐然。把发生在南北两极的科学故事讲给更多人听，让更多人关心极地、爱护极地，这是中国极地研究中心自诞生之日便着手开展的事。位于金桥路的中国极地研究中心，将一楼专辟为极地科普馆，先后被命名为上海市和全国科普教育基地。据中国极地研究中心主任杨惠根透露，不久的将来，我国首座极地博物馆也将建在上海。

大多数上海人并不知道，中国南北极考察的母港、国内基地、科研平台和科普中心，其实都在上海；无论"雪龙号"，还是南极长城站、中山站、昆仑站和北极黄河站，其实都"家住"上海。坐落于上海浦东新区的中国极地研究中心，前身是成立于1989年10月10日的中国极地研究所，如今已发展为我国唯一专事极地考察科学与管理保障的专业机构。极地考察大本营，足可以成为上海的一张城市新名片。

在中国极地研究中心成立20周年的新起点上，南极科学考察第26次出征，真有很多的新故事、新含意。

细心的极地科普爱好者，会看见"雪龙号"的甲板上，稳妥地捆绑装载着一架崭新的直升机。上次考察胜利归来，那架在南极飞行过的直升机，居然在黄浦江上坠落，让极地科普的粉丝，心痛不已。登上过"雪龙号"与这架直升机合过影的网友，在网上贴出照片，有调皮的帖子说：喔，这架直升机有点型号落伍了，超期服役了。这次这一架新的直升机，是从俄罗斯买来的，3 000万元人民币。真是弹眼落睛，很精良的先进装备。

在船舷旁向亲友深情告别的"女战士"，很清秀漂亮，她是谁？南极科考队里有女性，还是近来的事情，很引人注目。这位清秀漂亮的女士，穿的是船舶驾驶员的制服，她是"雪龙号"破冰船的驾驶员，三副，27岁，第一次出航南极。她叫谢洁瑛，是上海海事大学的航运系教师，教的专业就是驾驶船舶与航运。她已婚，还没有孩子，丈夫与父母都支持她远航南极。她此行半年，一定可以写出很多故事。

再赴崇明东滩

10月30日，参加崇明科协、教育局举办"培育'生态人'建设生态岛"论坛。正值越江隧桥在第二天通车，我们趁这个机会，在第二天早上，去崇明东滩观鸟。

天气很好，蓝天白云，江风吹拂，阳光和煦。我们来到上海市科委布点的生态科学研究的试验区。下车后，一直沿着简便的沙土路，向湿地的中央走去。

路两边的浅水滩芦苇丛生，有的密集拥挤，有的稀疏耸立，在清澈的水中摇曳。一种青青长长的绿草，密密麻麻地长在一起，起伏绵延，一望无际，有点像人种植的庄稼，但更多的是一展大自然的无形力量，给我们这座城市一块珍贵的湿地，输出着使用不竭的氧气。站在软性的土路上，为了不影响鸟儿的栖息，我们轻轻地走路，小声地说话。清风徐来，不禁让人深深地呼吸几次，感觉到：在城市中心不那么清新的浊气里工作惯的肺，在太平洋、长江口的洁净空气里，痛快地洗了洗，真是舒服极了。

芦苇丛里真的有许许多多的鸟儿，不时有三三两两的白鹭飞起来，它们对人的活动很警觉，四五十米开外，站着不动，走近到二三十米时，就飞起来向远处的芦苇丛落下。趁它们飞起时，我们按下快门，拍下它们优雅的姿态。

我们每往里走进一段路，就会遇到一些芦苇里的鸟群飞起来。说实话，是我们打搅了鸟儿平静的生活。较多的是个头较大、翅膀较宽的灰鹭。有时遇到十几只很大的灰鹭成群地飞起来，蔚为壮观。野鸭也看到有20多只一群地飞过去，它们的翅膀扇动得比较快。湿地深处有成百上千的鹬鸟飞起来，从个头的大小能看出来是鹬鸟，它们的品种也特别多。

这次看鸟，从照片中，意外地拍到人类伤害鸟类的证据。有一只灰鹭飞得很高，而它的细长的脚上却带着一只铁夹子。有人要夹住它，谋害它，被它逃脱了。而它被迫带着这只铁夹子，在天空中飞翔。这个镜头，真是在鸟类自然保护区里拍到的极富嘲讽性的案例。看一看吧，灰鹭的脚上夹着铁夹子，这只灰鹭格外的瘦，让人为它心痛。还有一张照片，也可看鹭鸟的脚上带着很长的绳索在飞翔。

看来建设生态岛，真应该深入开展生态文明的科普教育。真正地爱鸟，把它们当作我们的朋友对待。回到陈家镇，逛集贸市场，看到了应保护的珍贵鸟类——隼鹰被布绳拴在竹竿上，待价而沽。又是一个悲剧镜头。

生态文明教育的任务还很重呢！

东滩的鸟群

崇明岛隧桥通车

世上的事情变化很有趣,而且也是无声无息的。但其变化之深刻,在表层之下,却是耐人寻味。2009年10月31日,就是那么重要的一天。这一天,上海市区通往崇明的越江隧桥正式通车。那天,我正好在岛上参加"培育'生态人'建设生态岛"的会议,上午还到东滩去观鸟。去崇明是坐渡船,一个多小时到达。回来很想坐小轿车,一溜烟通过新隧桥回上海。可是,新隧桥要到31日的晚上6时才能放民间车辆通行,前面在上午的通车仪式,都是为领导部门安排的。吃完午饭,干等到晚六时,还真有点乏味,又牵扯东道主的时间。我们就决定还是坐船返回。以后再坐小车,用现代化的方式到崇明吧。

渡船要开一个半小时,耐心观看着,长江的开阔江面,秋天凉爽舒心的江风,迎面吹拂,各色轮船在江面上驰过。我感慨着:只有今天,我们才会坐这班渡船,慢悠悠地从崇明开到吴淞客运中心的码头。看到吴淞口,母亲河黄浦江进入长江的入口,有一种特别的心情。为通车快乐,那是肯定的。还为点别的东西,如崇明不再如原样平静了,越来越多的上海人将不会来坐船看吴淞口了。

此时此刻就这样想的。

果然,最近上海人"疯"的是坐车去崇明。有一篇博文这么写:

"上海长江隧桥的贯通,不光圆了千百年来崇明人不用乘船就能到达市区的梦想,结束了崇明人出岛'自古华山一条道'——只能乘船的困扰,同时也给许许多多岛外游客来崇明观光购物带来极大的方便,上海长江隧桥开通至今短短的七、八天时间里,竟有 20 多万人次来到崇明岛,面对如潮水般蜂拥而来的游客,一时物价飞涨,货物短缺,接待不周,停车难就餐难如厕难……连昨晚新闻综合频道的夜间新闻里都发出了'崇明岛不堪重负'的呼声。"

是啊,那天我看着吴淞口的灯塔,看着面对面驰来的同样型号的车客渡船,就是想着,社会变化力量很大,是由不得人们个人左右的。

"崇明岛作为绿色生态岛,岛上空气清新,物产丰富,老毛蟹、洋扁豆、黄金瓜、甜芦粟、甜包瓜等等都是久负盛名的崇明土特产,以前由于受到交通瓶颈的制约,大部分土特产都由本岛居民消费,物价稳定。如今大量的上海人拥入崇明,见什么买什么,也不管价格贵贱,菜贩见有利可图,价格水涨船高,原来 3、4 元钱一斤(1 斤为 500 克)的毛蟹(一种长不到大闸蟹那么大的螃蟹)现在竟卖 25—30 元一斤。"我们那天逛了一下陈家镇的自由市场,青膏蟹也才卖 30 元一斤。

坐船慢慢悠悠的,岛上的生活也是慢慢悠悠的。车去得多了,人去得多了,就不一样了。有人说,崇明岛成为半岛了,不是岛了。从崇明坐船开向吴淞的时候,心情是百般滋味涌上心头。

吴淞口,因为吴淞江入长江之口,故名。黄浦江与长江汇流处,东距长江口 30 余千米,北与崇明岛、东与长兴等岛隔水对峙,扼长江主航道翼侧,为上海、南京的通海门户。明洪武十九年(1386)设吴淞江守御千户所。嘉靖年间设总兵。清顺治初改吴淞营,置战船驻守。此后,在河口两岸先后筑有东、西炮台,南石塘南、北炮台和狮子林炮台,置各种口径火炮 30 余门。

1912 年,称吴淞要塞。吴淞口战略地位重要,历史上多次为外国侵略者入侵之地。1553 年,倭寇侵掠吴淞,参将俞大猷率军据此破敌。第一次鸦片战争中,1842 年英国侵略军侵犯广州受挫后,又北犯吴淞,江南提督陈化成凭借吴淞有利地形抗击英军。1932 年和 1938 年日本帝国主义入侵上海,在吴淞口附近登陆,曾遭当地军民坚决抵抗。今吴淞口仍为海防要地。

如果一定要把吴淞口与当今上海人的亮点热点联系在一起，那就是股票证券了。成立我国第一家私营银行——四明银行的虞洽卿，他根据沪甬两地的客运实际，发起创办了宁绍轮船公司，自任总经理。三年以后，他独资创办了三北轮船公司，并在此基础上，又先后创办宁兴轮船公司和鸿安轮船公司，第一次发行股票买了蒸汽机轮船，往返上海与汉口之间，为发展我国的民族航运业做出了贡献。那时候的吴淞口，轮船穿梭往来，非常热闹。

新中国即将诞生前夕，国民党海军的"重庆号"巡洋舰，1949年2月25日，在上海吴淞口发动起义。这是关于这座城市革命史的重大记录。

看着吴淞口的江心中的灯塔，它是一座海港都市的标志，是上海工业化进程的里程碑。那一座座伟岸高大的船吊，那一艘艘满载货物的巨轮驳船，那一门门火炮导弹装备的舰艇，在斜阳的金色光辉的笼罩下，显得十分庄严、百般活跃、万端美好，像一幅内容丰富、极耐看的大师绘就的油画。宝山森林公园的湿地，草地翠绿，树木苍郁，鹭鸟飞翔，生态环境也很优美。崇明越江隧桥，从1992年美籍华裔桥梁专家林同炎，向市政府建议，到论证、规划、建设，而今通车，历经17年。这是上海现代化工业化成就的重彩一笔。

坐汽车去崇明，还没做到，已经有这么多的遐想了。也许有一天，上海人开始拥有的游艇，多得像汽车一样多时，想起驾驶到江上来看看吴淞口，也是很浪漫、很开心、很时尚的。

清明前拜谒秦惠䇹墓

三月底，我们有会议在东山。前些年因举办"上海国际科学与艺术展"，获得诺贝尔奖获得者李政道教授热情支持，得以当面聆听他的思想，并知道他的夫人去世后，墓地安放在他的家乡苏州东山。而且以科学与艺术结合的图案，设计和装饰了夫人的墓地，我就有想去一次的心愿。这次，时值清明，正好去看望拜谒。

东山有许多墓地。我们看地图上有华侨墓地三处，就顺道寻找。第一处不是，工作人员告诉我们李夫人的墓地在"万隆墓园"。黄昏时分，薄云蔽日，松柏静立，石狮默卧。我们很顺利地找到了秦惠䇹的墓地。墓地约有近200平方米，宽敞静穆，周围青绿的柏树已长高,衬托在墓碑后面。墓碑是庄严的黑色大理石,镌刻着逝者的生卒年份和姓名。我默默在碑前怀念,三鞠躬。李政道的碑是红字寿碑。

秦惠䇹生于1925年,晚年得了肺癌。1996年11月29日,秦惠䇹带着对李政道及子女的深挚的爱,带着与李政道共伴人生的幸福记忆离去了!李政道失去了相伴了半世纪的爱妻和助手!

李夫人去世那天,李政道先生作画,寄托哀思。画面画的是枯墨翠竹,临风摇曳,题词为"竹神萧萧问秋风,君影茫茫去何处"。

李政道教授每年回国,只要时间允许,他总要到苏州太湖之滨的夫人秦惠䇹的墓前凭吊。他看到镌刻在墓碑上自己写的悼念惠䇹夫人的诗:"竹神萧萧问秋风,君影茫茫去何处"时,对惠䇹的强烈怀念就涌上心头,他站在墓前,默默地向惠䇹倾诉,讲述"䇹政基金"的故事。这时,他仿佛看到了惠䇹欣慰的笑颜,听到了惠䇹欣慰的笑声……我们也仿佛看到了这一幕感人场景。

最有特色的是,这片墓地,没有石狮,没有牌坊。在平坦的花岗岩铺就的地面上,迎面一块约4平方的"鲲鹏展翅"汉白石雕,后面一块"创天"、依次两块"无尽无极"、"核子对撞"的汉白石雕画。它们凸现着李政道教授一直倡导的科学与艺术结合的精神,而在他深爱的秦惠䇹夫人的墓地,也以科学与艺术结合的方式来布置,让凭吊者肃然起敬。

笔者在国内凭吊较著名的墓地时,看到用科学和自然的知识及思想来布置设计的,真是凤毛麟角。就遇到的说,只看到两人。一是陈嘉庚,著名的爱国华侨领袖,他的墓在厦门,墓地很大,动植物图案的石雕布置在墙廊和围沿上,还有历史人文知识的砖雕,给人很深的印象。二就是李政道教授设计的其夫人之墓。笔者以为,这与他们多年在西方科技与教育发达的社会环境里生活,以及文艺复兴以来,西方文化背景中科学与艺术交融文化有关。这是应该提倡的,而且是在面对死亡,即面对人生的终极点上的深刻态度。

最后要说的是,在病重的日子里,秦惠䇹多次嘱咐李政道,要他继续关怀祖国大学生的成长。她希望要让祖国的大学本科生,特别是女大学生,在学习期间,利用假期能跨学科地熟悉科学研究,多接触科学家,增进对科学研究和科学家的了解和理解。希望用他们的私人积蓄建立一个基金,来支持这件事。

在悲痛的日子里,李政道征得家人的赞同,宣布"为了纪念惠䇹",设立"秦惠䇹李政道中国大学生见习进修基金",(简称"䇹政基金")。这项基金同一般基金不同,专门用来资助祖国优秀大学本科生利用假期或课余时间见习科学研究,接触科学家。到目前为止,已经资助了1500多位大学生。

站在这肃穆安静的墓地,默默沉思,感慨良多。

第一幅汉白石雕《唯宇宙之大膨胀,始生鹏》,清华美院画家刘巨德教授从庄子《逍遥游》中得到启发"北冥有鱼,其名为鲲……化而为鸟,其名为鹏;鹏之背,不知其几千里也;怒而飞,其翼若垂天之云……背负青天而莫之夭阏者",以展翅之白鹏象征宇宙,作为国际学术研讨会的主题画。白鹏展翅俯视地球,双翅的白色羽毛如朵朵白云,栩栩如生,表现了《唯宇宙之大膨胀,始生鹏》。

第二幅汉白石雕《创天》,著名女画家常沙娜教授以她擅长的敦煌飞天的笔法,为会议作了"创天"主题画,该画气势宏雅、寓意深刻,以"妙手托出星云展,艺境创天万物生",来表现人类对物质和宇宙奥秘的探索。意大利中世纪著名画家米开朗琪罗,为罗马梵蒂冈西斯廷教堂绘制的世界著名巨作《创世纪》中的"亚当诞生"表现了上帝创造人类的神话,画面看上去是静的,特别是上帝的手,看似静而实际上充满了巨大创造力的势能,使人感到将要创造出动的东西来。而常沙娜教授的画,双手托出宇宙,表现人的智慧创造世界,画面若虚若实,极为精彩,与西方的画形成强烈的对比,是一幅杰出的作品。

第三幅汉白石雕《核子相撞》,李可染教授奉献了"核子重如牛,对撞生新态"之大作。画中两牛抵角相峙,似乎是完全静态的。然而,蕴含在这幅画中的巨大能量是显而易见的,它正准备释放而成激烈的运动。李可染教授说,他一生所作的画大多是平和的。这是他第一次描绘斗争和矛盾,以表现人类探索自然的决心。

李可染大师在他生命的最后一年中,竟为科学所动、所感,两次改变他作画的风格。一次是为1989年5月举行的"场、弦和量子引力"国际学术研讨会作的画,一改过去写实的风格,做了题为"超弦生万象"的抽象画(虽然事实上是为科学原理写实);另一次就是为"相对论性重离子碰撞"国际学术研讨会作的题为"核子重如牛,对撞生新态"的画,此画一改过去所画温顺的牛的风格。

第四幅汉白石雕《无尽无极》,是当代杰出画家吴作人教授从中国古代哲学观点出发,认为所有的复杂性都是从简单性产生的。正如老子在《道德经》中所说的"道生一,一生二,二生三,三生万物"。而如此繁多的复杂性是如何从简单"道"产生的,则是自古以来一直被研究的问题。现代人们已知道,通过带正电或负电的粒子之间的相互作用,形成了原子、分子、气体、液体、固体和星球,构成了世界万物。这种负电荷与正电荷的对偶结构,中国称之为"阴"和"阳"。中国古代著名的"太极"符号恰当地表现出阴和阳的关系。

吴作人教授为国际学术会议作了主题画"无尽无极",以"现代太极图"赋予了阴阳二重性以更深的含义。寓意世界是动态的,宇宙的全部动力、所有物质和能量都产生于静态的阴阳二极的对峙。而太极似乎是静态的结构,孕育着巨大的势能,可以转变为整个宇宙的动能。吴作人教授所做的现代太极图已成为北京正负电子对撞机的标志。

碧螺绿荷掩青蛙,圣果豆苗开新葩

——上海郊外的自然情趣

大都市上海,给人的印象全然是高楼大厦、精品商店、时装美容、香水口红、西装领带、玉石银楼……这当然不错。但上海郊外的自然情趣,也不错,就看你能否看得见。

碧螺绿荷掩青蛙,圣果豌豆开新葩。

豆娘苗条蝴蝶美,白鹭俊晳飞翔巧。

蜘蛛网络当站长,蟛蜞青蟹撒脚丫。

篱笆墙上丝瓜黄,红荷舒放姿态雅。

这首小诗,描述的就是:我们在周末去郊区的度假村,在园落、池塘、小路边、树林里,拍摄到的景象。

在餐厅旁边的花坛的小树间,有一个蛛网。中央就笃笃定定地停着一只鲜艳的花蜘蛛。人们的围观拍照,它只当不知道。四条修长的腿,前两条黑白相间。身体有橙色,还带着金黄的条纹。有趣的是,它吐出白色的丝状体,写成"www"字母样子。大家笑着说:

鱼儿仿佛想游上荷叶

它也很时尚,开了个网站。清晨,在树林小路上散步,听得婉转的鸟鸣,看到最多的是蛛网。在早晨的阳光映照下,带有细微露水的蛛网是别有一番风情的美感。网中央的蜘蛛有的很大,听到人的脚步,会很快地顺着蛛丝,逃遁到树叶的安全处。

郊外树林里有很多的鸟类。听到鸣叫声,循声找去,常常会看到鸟儿飞起。你穿绿色条纹衫,走得轻轻地,就会遇到鸟儿停在不远的树枝上或草地上。可用长焦距镜头,拍到它们的倩影。常见的有喜鹊、伯劳、斑鸠、白鹭、鹬鸟等。如果鸟儿飞起来,姿态更优美。

小河与池塘更有趣,这次我们碰到了不少青蛙。它们躲在草丛里,荷叶下。你走过去,就看见它们扑通扑通地跳进水中。如果你轻轻地走近,轻轻地按动快门,就能拍到它们。真的久违了,很久没看到这可爱的青蛙了,只听见青蛙的叫声,现在在大都市很难看到青蛙的尊容。那躲在青青荷叶下,睁大眼睛的青蛙,刚被我看见,一霎那就缩回头,不见了。水面上,有一种水虱子,会用四支细脚点在水的表面,很快走动。这次看到它们聚在一起吃食物。

人呀,总是要为自己的美食,动脑筋作捕捉之类的事。钓鱼总是有收获的。而这次,我用一颗熟的玉米粒作饵食,等了约两小时,钓上来一只2斤多重的甲鱼,中午就吃美味的甲鱼。还可以看到的是,蟛蜞、青蟹,它们也很机灵,一有动静就逃之夭夭。蜻蜓与蝴蝶是常见的昆虫。而现在的上海的郊区的夜晚,很少见到萤火虫了。小时候,我常常捉到萤火虫,放在小瓶里,一闪一闪地发亮。

在繁忙的都市生活过得紧张呆板了,那就到郊外放松放松。看看蝴蝶飞过喇叭花的头上,那是一种优雅的情趣。这情趣,上海的郊外就有。心中有这美,就看见了。

草原孩子看上海科技史

上海开埠以来,成为连接东西方的桥梁,"开放"的门户和窗口。各种文化和文明在这里碰撞交汇,形成了独特的海派文化风格。上海的科学技术体现了"融中外、汇东西"的海派文化的特色和精神。上海的科学技术是随着西方近代科学技术的传入起步和发展起

池塘边的青蛙

蜘蛛称霸

来的，除了西方传教士直接在上海传播近代科学技术知识之外，东渡日本引进科学技术，也是上海传播近现代科学技术的一条途径。上海近现代科学技术的勃兴是由一个源头、两条途径引发的，这构成了其独具的海派文化的特色。

上海的科学技术因此具有开放性，不闭关自守，不故步自封，不拒绝先进，不排斥时尚。上海近现代科学技术起步时，中国正处于半殖民半封建社会，在以后相当长的历史时期内，社会动荡、战乱频繁，加上经济基础薄弱，某些国家长期实行封锁、设置壁垒，上海的科技事业发展困难重重。

晚清时期，有识之士奋发自强，兴办工业，同时译书和办学，介绍西方的科学技术。民国期间，科技工作者开展科学研究，发展实用技术。实业家引进国外技术，创办近代民族工业，建立工业体系，工业经济在上海城市经济中所占比重不断增长。

新中国成立以来，科学技术在上海的经济恢复、展开社会主义建设、传统产业的改造和新兴产业的发展、建设成为国家的重点工业基地的过程中发挥着举足轻重的作用。上海与全国各地的有关部门和单位协同攻关、集体协作，奏出了一曲又一曲壮丽的凯歌，在核技术、航天技术的研制和人工合成胰岛素的合成上，取得了重大的成就。

改革开放以来，上海的科学技术工作面向经济建设，加快转化为生产力的步伐。上海各级领导和科技人员结合上海实际制定切实可行的措施，实施科教兴市、建设创新型城市主战略，努力打造与建设世界一流城市相适应的科技支撑体系，以促进高新技术产业的发展，实现产业结构的不断优化，推动上海经济社会的繁荣昌盛。

上海的科技人员和广大群众在特定的历史条件下，为推进科技事业走过了曲折的创业和发展之路。他们不畏艰险，充分发挥自己的聪明才智、苦干加巧干，在不同的历史时期，在科学发现、技术发明和技术创新上创造出了一个又一个的奇迹，取得了众多享有"中国第一"（甚至"世界第一"）美誉的科学发现和技术发明成果。其中有科学工作者在基础研究方面取得的重大突破；有爱国实业家为打破外国资本的垄断，争得民族工业的一席之地而创办的、用先进技术进行生产的近代化企业；有冲破国外封锁、独立自主制造的大型设备；有为提高生产效率创造发明的新产品；有为赶超世界先进水平、占领战略制高点的高新技术产品……充分体现了上海科技人员和工人群众自力更生、自强不息的精神。

当前上海科技工作者紧紧围绕国家科技发展战略，增强自主创新能力，加快自主创新步伐，立足上海实际，以"应用为导向自主创新"作为上海科技发展的基本思路，提出以"引领工程"为重点的技术创新任务，加快战略产品研发和重大示范工程的建设，加强科学研究和科技创新体系建设，争取在原始创新、集成创新和二次创新方面取得更大成就，努力增强城市国际竞争力，为建设创新型国家做出更大贡献。

上海善于从各个方面、各种途经吸纳科学技术知识，海纳百川、兼容并蓄、熔铸中西、为我所用。上海的科技界与国外一直保持密切的联系、频繁的交往、互利的合作和广泛的交流,并以出色的成就,走出国门,通向世界,融入世界科学技术的大海。进入新世纪以来,上海加快实施"科教兴市"的战略,积极开展以应用为导向的自主创新,借鉴国际上创新型国家建构"市场经济型国家技术创新体系"的经验,努力建设成要素齐全、布局合理、运行高效、合作开放、互动充分并具有区域特色的科技创新体系,形成创新人才集聚、研发设备完备、创新源泉涌流、技术转移畅通、创业孵化便捷、主体实力强劲、特色产业集群的科技创新创业的新局面。

在金融大厦100层看浦江

9月22日,云南的朋友来上海看世博会,之后再陪他们看上海有特色的景点,我选择了登游金融大厦。金茂大厦和金融大厦比邻耸立,金融大厦高477.96米,在阳光照射下熠熠生辉。星期天想上金融大厦的游客很多,要排队一个小时才能上去。我们在大厦的脚下,抬头看,高楼像一座高耸的山峰。一位外国的年轻姑娘,抬头看高楼,发出了"真的很高"的感叹。这样近处看,金融大厦更像一座金字塔,很壮观、很现代。

一只圆润的飞翔的白色的小鸟,立在电梯口,是大厦的吉祥物吧。高速电梯上升到停下,是435米的高度,再走199级楼梯,到100层观光层。登上100层,往下看到的世纪大道,小轿车比芝麻还小。从100层看黄浦江,船儿也很小,楼房都很低。看窗外的金茂大厦、东方明珠,也矮了一截。远处的南浦大桥都显得不高大了。看远处的住宅房,像积木搭起的。

观光厅里人头攒动,还有一些外国游客。游客脚下有透明的玻璃地板,看下去,让人眼晕。小女孩就不敢往下看,害怕!小姑娘在妈妈的呵护下,才放开小手,往下看一眼。游客纷纷在窗前拍照留影。云南昆明来的女孩罗一,坐在落地窗的低沿拍照,身后的黄浦江的船就只有小小的一点。

金融大厦幕墙玻璃上反射出正在建的第三座摩天大厦的影子。从市中心的科学会堂向东看,时代金融大厦比金茂大厦高出很多。那将要造好的第三座大厦,有多高呢?

头发丝闪亮的"赫本"

——当代艺术给人的新感觉

9月8日,华师大艺术系陈磊教授邀请我,一起去看亚太地区当代艺术展的晚间预展。真正大量地欣赏当代艺术作品,还是首次,收获颇丰,很开眼界。

要说当代艺术,顾名思义,是相对传统的经典艺术而言,是贴近当今社会生活,在题材、创意、风格、手法、技艺、材料上都更为新颖的艺术作品。

在长长的过道中,远远看到一幅有点像著名演员"赫本"模样的女性照片,秀气而精神。而走近了,才知道这幅照片的奥秘,美丽的脸庞印在金属底版上,头发完全是用尖锐的硬底板的金属器物刻绘的,于是,那线条是闪亮的,还看得出手用力划过时的波纹。在画廊射灯照耀下,一条条闪光的头发丝,更加显示出金发女郎的本色。这就是艺术家创作的意图,把金发女郎的本来面貌,表达得更为出彩了。

看看,那飘过眼睛边的几丝金色头发,几乎是有着可以捏捻在手指里的感觉。而细亮的头发,与那明亮的眼睛和眼睫毛,相映在一起,比看真人的感觉还真实而强烈,这就是艺术高于生活现实的魅力。材料是金属的,刻绘也是用金属,那效果是传统经典的油画不能比拟的。油画颜料的色差、色调、色温,再精心调制和绘描,也无法弄出如此闪亮、如此细腻的视觉感。我作为一位爱好绘画艺术的普通观众,领略了当代艺术家为什么要探寻新的艺术创作意图、途径和手法的动因。

每个人都爱美,艺术家是创造美的专家。他们创造美,是需要有新的视角、新的思考、新的探索、新的升华,才能达到新的境界。有时有一种声音,认为当代艺术的许多实践者,是另类的、别出心裁的,看上去像胡来的,似乎是毫无意义的。我从观看这次当代艺术展,感觉这金色闪亮的头发,蕴含着艺术创新的现实意义,也体现着艺术思想创新的普遍意义,进而还包含着当代艺术具有推动全社会营造创新氛围的文化意义。

这使我联想到一件事,在巴黎的商场里看到美丽丰富的窗帘布,那编织成各种花样图案的各色纤维底线,在灯光的照射下,闪耀着不断变换的光芒。窗帘是与遮挡阳光连在一起的,在编织时已经把丝线在阳光下闪亮的艺术效果,考虑进去了。怪不得国际时装之都巴黎的窗帘也卖得贵,因为它的艺术价值的含量,的确比平面图案、简单色彩的窗帘更高,更能赢得消费者的青睐。而这样一个简单的纺织产品,拉开的差距,是从艺术创新的思想开始的,不仅仅由于工业生产的技术和装备的差距。

当然,所谓当代艺术也不可能远离今天的人们。许多题材还是很直白地表现生活的。不过表现的手法却是留出了许多想象的空间。

比如,《看不见的偶像》,那穿着似曾相识的制服,仿佛在揭开新娘头盖的动作,正襟危坐的是非凡的大人物,这很显然在揭示一种社会现象。而那个被崇拜的人物,已经被历史的布盖蒙着而变成悬念了,可以是假想出来的。人们着迷而继续膜拜的一个人,一个粉丝暗恋着的明星,却在布后面,看不见。正因为看不见才令人回味,令人深思,令人惊醒。而《金色的面孔》想表现什么?我看了的第一感觉,是"人人都可以成佛",普通人也是金色佛面。

更有情趣的是一些构思巧妙的作品,如用绳子做出细长的人,在绳索上走,在绳梯上攀登,浑成天趣,忍俊不禁。而题材也有穿越时空的作用,毛泽东、雷锋的老照片,做旧如旧,竟然也会让人驻足停留,静静观看沉思。

电脑技术的飞速发展,无疑会深刻影响艺术的创作。当代艺术的许多作品完全是用电脑来创作的。有一副寓意《人类》的电脑绘画,是极端地超越现实的。似乎是被赋予亚当含义的裸人,骑着马匹,扛着鲨鱼,也可以搬运着饮用水瓶子,或者围拥着老爷汽车,白鹭停在猪的背上,还有裸身骑着非洲雄狮的……纯粹是想象出来的画面,但不妨碍观众来欣赏。每个人都可以想到或品味一些内容。

还有的作品比较抽象,看不出或看不懂里面的含义,可能是艺术家故意使然……

节日里苏州河畔看捕鱼

国庆节长假在家休息。家住上海长宁区的"和风丽景"小区,北边是长宁路苏州河。两年前,也是国庆节,我为苏州河写了短文,河堤建得很美丽,河里有了柳条小鱼,治理取得明显的效果。

10月5日下午,去苏州河边散步。鲜艳的五星红旗整齐地排列在长宁路的灯柱上,呈现浓烈的节庆气氛。

有意思的是：周围楼房林立的苏州河里，摆开了七八张渔网，很多位打鱼人在一次次拉起四五米宽的大渔网，看看有没有收获。有一位老伯伯很幸运，拉起网，网里有一条约40厘米长的大鲶鱼。老伯用兜网去套它，鲶鱼拼命窜逃，捞了好几次才捞起。老伯不一会儿又捕上一条鲫鱼，有巴掌那么大。路边的水箱里，有四条鲫鱼一条黑鱼，都是挺大的。两年前，我写过一篇短文：苏州河里有柳条鱼了。想不到现在的苏州河里，能打到这么大的鱼。正是亲眼看见，鱼儿能生存的水质，说明一定是生态水平大为改善了。当然，这鱼儿能否放心地吃，还存疑。而打鱼的人是真的要将鱼儿当下酒菜的。还有人在讨价还价，想买走。

苏州河能变清，真的很不容易，它一度很让上海人头疼。上海市委、市政府十分重视苏州河污染的治理。十多年里，治理苏州河投入了100多亿元资金。

1996年上海市政府成立苏州河环境综合整治领导小组，开始实施一期工程，1998年到2002年，总投资约70亿元，系统地进行整治。主要以改善水质、陆域环境、相邻水系为目的，以消除苏州河黑臭、整治两岸环境的脏乱，建设滨河绿地为目标，开展了大量的科研工作。

2003年至2005年实施了苏州河环境综合整治二期工程，总投资约40亿元人民币。以改善水质、陆域环境、绿化建设为目的，涉及截污治污、两岸绿化建设、环卫码头搬迁等工程。

2006年到2008年实施苏州河整治三期工程，计划总投资31.4亿元。重点加强截污治污，实施底泥疏浚，推进两岸景观建设，主要实施以改善水质、恢复水生态系统为目标的工程。苏州河生态系统进一步恢复。

现在看到治理的目标达到了：1. 消除黑臭，水质稳定。市区河段的主要水质指标达到景观水的标准。2. 鱼类回归，支流水质改善。鱼类品种和数量进一步增加。3. 河道整洁，市容改观。苏州河两岸成为适合居住、休闲的生活区。

曾经黑臭闻名于世的苏州河，变清些了，有大鱼了，记录在此。这是上海人都会喜欢的事。捕鱼的河段，修建起游艇码头，虚位以待，是又一件让人们高兴的事。

大都市的美丽苏州河岸上，竖起渔网，有人捕鱼，真是一道幽默有趣的风景线。

西藏之行（一）

——我们看到了珠穆朗玛峰

到西藏去，人们内心的最强烈愿望是：能看到珠穆朗玛峰。我因工作要支持上海科技援藏干部，六次去西藏。在雨季，云层厚，就看不到珠穆朗玛峰。有时等三小时、三天、三星期，也看不到，只能抱憾而归。

这次同行的五位团员，都是第一次赴藏，更是希望看到珠峰。我们在八月中旬去珠峰，正是雨季向旱季转换之际。前一天还有雨，出发那天却是天晴无云。到了定日县，晚上在珠峰宾馆住宿。

说来也有趣，晚餐时，上海奉贤来的援藏干部十分热情，陪我们喝青稞酒。他给我们讲故事："到西藏来的团组，我接待了八个之多，每次陪着去珠峰，领导和朋友没有一个看到珠穆朗玛峰。别人抱憾不说，自己心里更是郁闷纠结。第九个团组来了，还是自己家乡上海奉贤区的，更得亲自陪。可是，如果陪上去再看不到珠峰，那就更纠结啦。于是，当晚就索性喝了许多青稞酒，晕乎乎地睡到第二天出发时还晕乎。结果，上去看到了珠峰。"所以，得出结论：酒喝得多，珠峰就看得到；喝得越多，就看得越清楚。哈哈哈，大家真的被汪主任的笑话鼓动起来，喝了好几杯青稞酒，也忘了缺氧了。

天不亮我们就出发了，漆黑的天空上闪烁着星星，很有希望看到珠峰。沿着盘旋的山路，向珠峰观景台进发。到达时，天色已蒙蒙亮，拉着经幡的山口映衬在粉红色的云霞里。远处8 000米以上的高峰十几座连绵排列，壮观而雄伟。但是，珠峰还是躲藏在云层里。

还是抓紧向珠峰大本营前进，趁太阳未升高，水汽云层没涌上珠峰，去一观她的尊容。去珠峰，必经嘉措拉山口，海拔5 248米。路途中，有一个位

从绒布寺眺望珠穆朗玛峰

置是面对珠峰的,我们把车停下,观察珠峰,她还是在黑灰的云带掩盖下。看了二十分钟,不见动静。司机程师傅说,走吧。我说,再等五分钟。话音刚落,黑灰的云带居然慢慢地移动了,看不见的珠穆朗玛峰峰尖,露出来了。

8848 的高度,

从小记在脑海中。

当今天真的面对您,

仍禁不住心猛烈跳动。

您耸立天外,傲视群峰。

至高无比,至圣无比,至洁无比。

只有云和风能凌驾峰顶。

真想成为雄鹰,飞到您的身边……

大家喜出望外,继续前进,到达世界上位置最高的寺庙——绒布寺,珠穆朗玛峰一览无余。没有一点点云彩遮挡,洁白的冰雪放射着明亮的光芒。珠穆朗玛,她昂首天外,耸立蓝天,至高无比,至洁无比,至圣无比。又一次看到她,心中充满喜悦和庄严的感觉。在一座小山坡上,拉起五彩的经幡。那里竖立着一块"珠穆朗玛峰程高测量纪念碑——8 844.43m"。而曾经官方公布过的高度,是 8 848 米,因而老百姓现在很多人还是把"珠峰高 8 848 米"挂在嘴边。

资料:珠穆朗玛峰

珠穆朗玛峰简称珠峰,又意译作圣母峰。尼泊尔称其为萨加马塔峰,也叫"埃非勒斯峰"。珠峰位于我国和尼泊尔交界的喜马拉雅山脉之上,终年积雪,高度 8 844.43 米,为世界第一高峰,是中国最美的、令人震撼的十大名山之一。

珠峰所在的喜马拉雅山地区原是一片海洋,在漫长的地质年代,从陆地上冲刷来大量的碎石和泥沙,堆积在喜马拉雅山地区,形成了这里厚达 3 万米以上的海相沉积岩层。以后,由于强烈的造山运动,使喜马拉雅山地区受挤压而猛烈抬升,据

珠穆朗玛峰标识牌

测算，平均每一万年升高 20—30 米，直至如今，喜马拉雅山区仍处在不断上升之中。

清康熙五十六年（1717年）《皇舆全览图》上作朱母郎马阿林。1952年，我国政府将此峰正名为珠穆朗玛峰。

喜马拉雅山脉，绵延长达 2 400 多千米，山体高峻雄伟。主脉海拔平均超过 6 000 米，是世界上最雄伟的山脉。在喜马拉雅山脉之中，海拔在 7 000 米以上的高峰有 50 多座，8 000 米以上的有 14 座，著名的有南峰、希夏邦马峰、干城章嘉峰、卓奥友峰。其中，最为高耸的则是位于中国和尼泊尔边界上的珠穆朗玛峰，它以高达 8 844.43 米的高度，成为世界最高峰。

"喜马拉雅"在藏语中就是"冰雪之乡"的意思。这里终年冰雪覆盖，一座座冰峰如倚天的宝剑，一条条冰川像蜿蜒的银蛇。

1953年5月29日，34岁来自新西兰的登山家埃德蒙·希拉里作为英国登山队队员与39岁的尼泊尔向导丹增·诺尔盖一起沿东南山脊路线登上珠穆朗玛峰，是记录中第一个登顶成功的登山队伍。1956年，以阿伯特·艾格勒为首的瑞士登山队在人类历史上第二次登上珠穆朗玛峰（有准确记录以来）。1960年5月25日，中国人首次登上珠穆朗玛峰。他们是王富洲、贡布（藏族）、屈银华。此次攀登，也是人类首次从北坡攀登成功。

西藏之行（二）

——美轮美奂的藏传佛教艺术

在前往珠峰的途中要经过萨迦寺，那里是藏传佛教萨迦派的祖庭。在江孜县，我们参谒了白居寺和十万佛塔。这两处圣地，都是藏传佛教的重要寺庙。我们作为普通游客，抱着对佛教的尊重，同时又认真地学习了佛教的丰富内涵和历史传承，沉浸在美轮美奂的藏传佛教艺术氛围中。

白居寺是藏传佛教三大派兼备的寺庙，风格多重。十万佛塔，是国内供奉有最多佛像的庙塔，气势非凡。多层佛龛，我们逐层拜谒，目不暇接。来到江孜的游客相对少些，佛塔的喇嘛收少许费用，就允许我们拍照。

日喀则白居寺佛像

十万佛塔真名菩提塔，最高的13层是塔瓶，有彩绘的佛殿门楣，上面有湿婆神的慧眼，一双眼睛足有3米多长。湿婆神起源于印度教，相传它的慧眼俯视大地，洞察一切，判断善恶，佛教信徒用此警诫自己。

十万佛塔里供奉的佛像，面容、眼神、肤色、装饰与中原内地的佛像有许多不同之处。眼睛、鼻梁更像印度人、尼泊尔人的面孔特征，线条更突出些。而肤色有浅绿、朱红、深蓝、橙黄、粉红等，给人以很强的视觉印象，让人很难忘，也有特别的亲切感。

我请教当地的专家，不同颜色的佛面佛身，就是佛的变身，比如绿度母、白度母等都是观音菩萨的变身。藏族信徒认为，文成公主也是观音的变身，来帮助汉藏友好相处、和睦生活。这是多么善良美好的宗教愿望，就如内地的观音菩萨，也有22个变身：送子、滴水、白衣、竹篮观音等等，各司给民间送粮、派药、生儿、下雨的职责。

西藏的寺庙主殿上建有佛教金色法轮与金鹿，而萨迦寺是法轮与金孔雀。一进萨迦寺的大殿，就看见喇嘛在放下一幅五彩的大型佛像绣画。我赶快按下快门。他们卷起佛画，抬到寺院内的空地上铺展平，在覆盖上五彩的丝绸。当喇嘛们放手扔出丝绸的一刹那，我又按下了快门。晒佛的情景很生动很精彩，也难得遇上。

萨迦寺位于本波山麓，仲曲河两岸，已有900多年历史。寺内藏有众多经文，尤其是贝叶经，还有元代中央政权给的封诰、印玺等。寺内有珍贵的壁画，号称"第二敦煌"。

萨迦寺是用众多的合抱的整根圆木，将宽敞的寺庙大殿支撑起来。空间高爽敞大，是土木技术建造的庙堂里少见的。佛殿后面的整整一面山墙，存放着数万部经书，最大的有一米长宽，真是叹为观止。想象不出当时要有多少喇嘛认真地抄写。

西藏之行（三）

——有幸遇到西藏的野生动物

进入西藏，从拉萨贡嘎机场出来，先到林芝去。由较低的地方朝较高的地方走，对缺氧反应会适应得快一些。第一站就是松赞干布的家乡。庄园的前面是一片开阔的湿地、河流、草场，远处是起伏的山脉。河水清澈，河滩弯曲，牦牛马匹在静静地吃草。白墙红砖的矮矮围墙，护卫着一片树林，是防止山羊啃吃树皮的。靠公路边的青草地上，支起四五顶彩色的帐篷，是供游客度假休息的。

这么风景优美的地方，吸引我提着相机，走下公路。向着青青草地的里面走进去。当我走近河滩，只听见河对岸的草丛里，响起嘎嘎的大雁的叫声，随着就看见一群大雁结队飞起来。在阳光下，大雁的头部、脖子和胸羽上泛射出金黄的光芒，羽翼是白色黑色相间，映衬鲜明。对好镜头，喳喳地按下快门，很过瘾，拍到十几张雁群振翅飞翔在树林，飞翔在云天，飞翔在山间，飞翔在草原的英姿，活跃而生动，给人奋进而升腾的感觉。这是进藏的第一批好照片，真是西藏送给我的礼物。

大雁是出色的空中旅行家。每当秋冬季节，它们就全从老家西伯利亚一带，成群结队、浩浩荡荡地飞到我国的南方过冬。第二年春天，它们长途飞行，回到西伯利亚产蛋繁殖。大雁的飞行速度很快，每小时能飞68—90千米，几千千米的漫长旅途得飞上一两个月。飞行中，雁群的队伍组织严密，常常排成人字形或一字形。它们一边飞着，不断发出"嘎、嘎"的叫声。这种叫声起到互相照顾、呼唤、起飞和停歇等的信号作用。大雁常组成六个一组的团队，是挺有趣的现象。鸟儿飞行中的很多特征，物理学家也在深入研究，也许会成为科普的新内容。

我们在西藏行驶的路程很长，中途下来休息方便。偶然在公路下的草地里，发现有可爱的小动物——兔鼠。我赶快用相机把它的尊容拍下来。在它出现的附近有许多拳头大小的洞穴，是兔鼠的家园吧，比兔子的"狡兔三窟"还要多得多。这些地洞构筑很巧妙，可防阻雨水流入地洞。如果敌人出现，它们便吠叫警告同伴，并跳入地洞。兔鼠穴居的地方，被称为"兔鼠城镇"。有些

兔鼠

兔鼠的城镇绵延广阔，拥有众多的居民。

兔鼠，是一种啮齿动物，其吠叫声尖利。它们在草原上生活，又被称为草原兔鼠，体型短小结实，长着又小又圆的耳朵，短尾巴，样子很可爱。皮毛为灰黄色，长度从10到15厘米不等。兔鼠以种子、根茎、草、昆虫为食，寿命约有8年。在草原上，兔鼠是狐狸、郊狼、蛇及鹰捕猎的食物。兔鼠很容易与土拨鼠混同，但土拨鼠的体形比兔鼠大，有30到45厘米，站立时有人的膝盖高。笔者一开始曾以为这小家伙是土拨鼠。

这次在西藏的路边，偶然遭遇兔鼠，而且近距离拍到它的标准像，真是幸运。此外，在车子行驶中，远距离拍到美丽苗条的黑颈鹤，在草地上蹒跚踱步，姿态优雅。路边，几次碰到野兔，灰黑的皮毛，十分机灵、活蹦乱跳，就是很难拍下的。在树林里可遇见许多鸟儿。可见西藏野生动物之丰富，随便就看到不少。记录在此，与网友分享。

优雅的黑颈鹤

西藏之行（四）

——雅鲁藏布江风情万种

雅鲁藏布江，是藏族的母亲河。"雅鲁藏布"意思是雪山上流下来的水。这是一条在平均海拔4000米以上高度流淌的河流。可以说，是天堂里的河。

雅鲁藏布江，在天堂般神奇的空间里穿行，时而开阔平静，大气磅礴；时而灵秀清澈，宛如美女；时而穿越峡谷，跃马可过；时而缭绕蜿蜒，风情万种；时而奔腾翻滚，白浪滔天……

清晨，到江边去拍摄，感受太阳升起时，光线的丰富变化。过去，唱《北京的金山上》，以为藏族同胞热爱北京，想象北京有金光闪闪的金山。在西藏，看到初升的阳光洒在山坡上，整个山体都是金色的，非常壮观而辉煌，色彩金煌煌而不晃眼睛，视觉印象非常美好难忘，真会以为来到了金色的天堂。

天边有一些云彩，阳光透过云层照射出来，形成一种特殊的效果，好像看到一缕缕的太阳光线，喷洒出来，而这在城市里是看不到这情形的。江岸的山脉在逆光下，显出黑色的剪影，山坳处有明亮的曲线，阳光洒落在江水上，层次分明，金光闪烁。深色的沙滩，银亮的江面，组成色块错落有致的画面，有如一幅经典的油画杰作。

在西藏，听说过关于"诚信的沙滩"的古老故事：雅鲁藏布江的江边，山前有一长堆巨大的净沙。原来这里是一片良田，因为村长答应别处的移民前来居住。后来，这年因干旱而收成不好。这村子的村民因此不守诺言，不让外来移民来居住。佛陀作法，从空中运来巨大的沙堆，埋没了良田。正像爱尔兰的传说，风笛手用笛声引走了不守信村民的所有孩子。丢失诚信要整体被惩罚，是必然的。

哦！雅鲁藏布江，真是流淌在天堂里的江，是值得我们留恋的江。

在那遥远的天边，有一个神秘而古老的地方。它是那么神奇，那么威严。那里有高高的唐古拉山，那里有远古的呼唤，它是我钟情的雪域家园，它是人们的朝圣的夙愿。美丽的西藏，你是我向往的地方，你那雄伟的布达拉宫和青藏高原，是我的留恋。

清晨的雅鲁藏布江

西藏之行（五）

——庄严的布达拉宫和大昭寺

从药王山佛塔看布达拉宫

布达拉宫是世界上海拔最高、规模最大的古代宫堡式建筑群，是藏族古代建筑艺术成就的一座丰碑。它距地面119米，东西长350米，南北宽270米，建筑面积13万平方米。

布达拉宫所在的山，被称为红山，藏传佛教典籍中称之为"第二普陀山"，梵语"普陀"的藏语音译为"布达拉"，意译为"持舟山"，原意是指佛教传说中观世音菩萨的住处。

布达拉宫屹立在西藏首府拉萨市区西北的红山上，是一座规模宏大的宫堡式建筑群。最初是松赞干布为迎娶文成公主而兴建的。17世纪重建后，布达拉宫成为历代达赖喇嘛的冬宫居所，也是西藏政教合一的统治中心。整座宫殿具有鲜明的藏式风格，依山而建，气势雄伟。布达拉宫中还收藏了无数的珍宝，堪称是一座艺术的殿堂。

布达拉宫，宫墙高深，木窗幽秘，不禁叫人想起六世达赖仓央嘉措的情诗：

落暮出去寻找爱人，破晓下雪了。

秘密也无用了，足迹已印在了雪上。

在西藏的寺庙里，常见八种吉祥物，又称八如意。

1. 法螺，代表佛教梵音。2. 宝伞，给众生阴凉利乐处。3. 胜旗，昭示信徒走向胜利。4. 宝瓶，愿众生富裕健康。5. 双鱼，自由游向幸福彼岸。6. 莲花，洗涤污浊水灵纯洁。7. 金轮，法轮能够扫荡邪恶。8. 吉祥结，生无穷智慧和方便。

法轮，据说是古印度的一种兵器。后来被佛教吸收为法器，昭示着佛法无往不胜。西藏寺庙正殿前的屋顶都安装金光闪烁的法轮，一对金鹿伏卧左右，象征释迦在野鹿苑初转法轮，首次说法。在大昭寺的庙门顶部有金碧辉煌的法轮与金鹿。

西藏那雄伟的布达拉宫，辉煌的大昭寺和扎什伦布寺，那镶满了上千块宝石的佛塔，充满雪域情调的八廓街，那比世界上任何地方都要湛蓝的天空，那高耸云天、白雪闪亮的山峰，还有淳朴的西藏人民，令人魂牵梦绕……

西藏之行（六）

——阿里无人区见到藏羚羊

九月下旬，我们小团组四个人，再次进西藏。西藏的俗话说：不到大昭寺，不算到拉萨；没到过阿里，不算到西藏。阿里是高原中的高原，平均海拔在 4 000 米以上。古格王朝遗址就在阿里地区。前几次进藏，团组人有十来个，身体条件抗缺氧的能力不一样，不敢贸然一起到更高的地区。那时候，路况也差，到阿里要汽车要开 2 天。有一个晚上要住在位于海拔 4 000 米地区的宾馆，缺氧起来头痛得难以度过，而且过去提供氧气的能力也有限。这次我们进阿里，顺利经过无人区，收获很大。

这次去西藏，到达阿里古格。经过无人区，近距离地遇到野生动物：藏羚羊、野毛驴、黑颈鹤，而且拍摄到它们的尊容。

开车司机程师傅说：汽车有时会撞到藏羚羊，一是藏羚羊为了穿过公路；二是小羚羊会跟不上妈妈。真的，途中看到一只母羚羊，在公路边徘徊，好像在寻找公路上遇难的孩子。原来野生动物也那么有情有义。

这让人想到一个流传在藏北无人区的故事：《下跪的藏羚羊》。发生故事的年代距今有好些年了。这个故事的主人公，是那只将母爱深藏在深深一跪的藏羚羊。

那时候，枪杀、乱逮野生动物是不受法律惩罚的。就是在今天，可可西里的枪声仍然带着罪恶的余音，低廻在自然保护区巡视卫士们的脚印难以到达的角落。当年举目可见的藏羚羊、野马、野驴、雪鸡、黄羊等，一度已经成为凤毛麟角了。

当时，经常跑藏北的人总能看见一个肩披长发，留着浓密大胡子，脚蹬长筒藏靴的老猎人在青藏公路附近活动。那支磨得油光闪亮的权子枪斜挂在他身上，身后的两头藏牦牛驮着沉甸甸的各种猎物。他无名无姓，云游四方，朝别藏北雪山，夜宿江河源头。饿时大火煮黄羊肉，渴时喝碗冰雪水。猎获的那些皮张自然会卖来一些钱。他除了自己消费一部分外，更多地用来救济路遇的朝圣者。那些磕长头去拉萨朝觐的藏家人。每次老猎人在救济他们时总是含泪祝愿：上苍保佑，平安无事。

　　杀生和慈善在老猎人身上共存。促使他放下手中的权子枪是在发生了这样一件事以后——应该说那天是他很有福气的日子。大清早，他从帐篷里出来，伸伸懒腰，正准备要喝一铜碗酥油茶时，突然瞧见两步之遥对面的草坡上站立着一只肥肥壮壮的藏羚羊。他眼睛一亮，送上门来的美事使沉睡了一夜的他浑身立即涌上来一股清爽的劲头。丝毫没有犹豫，他就转身回到帐篷拿来了权子枪。他举枪瞄了起来，奇怪的是，那只肥壮的藏羚羊没有逃走，只是用乞求的眼神望着他，然后，冲着他前行两步，两条前腿"扑通"一声跪了下来。与此同时，只见两行长泪从它眼里流了出来。老猎人的心头一软，扣扳机的手不由得松了一下。藏区流传着一句老幼皆知的俗语：天上飞的鸟，地上跑的鼠，都是通人性的。此时藏羚羊给他下跪自然是求他饶命了。他是个猎手，不被藏羚羊的跪拜打动是情理之中的事。他双眼一闭，扳机在手指下一动，枪声响起，那只藏羚羊便栽倒在地。它倒地后仍是跪卧的姿势，眼里的两行泪迹也清晰地留着。

　　那天，老猎人没有像往日那样当即将获猎的藏羚羊开宰、扒皮。他的眼前老是浮现着给他跪拜的那只藏羚羊。他有些蹊跷，藏羚羊为什么要下跪？这是他几十年狩猎生涯中唯一见到的一次情景。夜里躺在地铺上他久久难以入眠，双手一直颤抖着……

　　次日，老猎人怀着忐忑不安的心情对那只藏羚羊开膛扒皮，他的手仍在颤抖。腹腔在

珍贵的藏羚羊

刀刃下打开了,他吃惊得叫出了声,手中的屠刀"咣当"一声掉在地上……原来在藏羚羊的子宫里,静静卧着一只小羚羊,它已经成型,自然是死了。这时候,老猎人才明白为什么藏羚羊的身体肥肥壮壮,也才明白为什么要弯下笨重的身子为自己下跪:它是求猎人留下自己孩子的一条命呀!天下所有慈母的跪拜,包括动物在内,都是神圣的。老猎人的开膛破肚半途而停。

当天,他没有出猎,在山坡上挖了个坑,将那只藏羚羊连同它没有出世的孩子掩埋了。从此,这个老猎人在藏北草原上消失了,没有人知道下落。

今天,在保护野生动物的法令实施和志愿者的努力行动下,开始产生了可喜的效果。曾经稀少的藏羚羊、野马、野驴、雪鸡、黄羊等,这些年逐渐增多起来。

生活的高原环境无比洁净美丽,有清澈的湖水,有广袤的草原。雄性藏羚羊,体型优美矫健,一对羚羊角锐利英武,很令人喜欢。雌性,没角,体型小一些。金黄色的皮毛,在阳光照射下显得很美丽柔和,腹部臀部腿部镶有白色的皮毛,不恰当地比喻,真有点贵族的风度。它们很机警,一有车子停下,就屁股朝向我们,向草原大山那边奔跑。藏羚羊将白屁股对着我们,中间有黄褐色小尾巴。

幸运幸运,见到藏羚羊的那一刻,满心喜欢。拍下极好效果的照片,更是好像手捧"软黄金"那样欣喜,那是因为"软黄金"得到了保护。

西藏之行(七)

——在阿里看到藏野驴

藏野驴,青藏高原特有种,国家一级保护动物。体形酷似驴、马杂交而产的骡子,因尾稍似马尾,所以有人又称其为"野马"。该物种为高原型动物,栖居于海拔 3 600 米至 5 400 米的地带,营群居生活,对寒冷、日晒和风雪均具有极强的耐受力,多半由 5、6 头组成小群,大的群体在 10 多头,最大群体可达上百头,小群由一头雄驴率领,营游移生活。藏野驴栖居于海拔 3 600 米至 5 400 米的地带。

藏野驴头短而宽，吻部稍圆钝，耳壳长超过170毫米。藏野驴四肢粗，前肢内侧均有圆形胼胝体，俗称"夜眼"，蹄较窄而高。吻部呈乳白色，体背呈棕色或暗棕色（夏毛略带黑色），肋毛色较深，至深棕色。自肩部颈鬣的后端沿背脊至尾部，具明显较窄的棕褐色或黑褐色脊纹，俗称"背绒"。肩胛部外侧各有一条明显的褐色条纹，肩后侧面具典型的白色楔形斑，腹部及四肢内侧呈白色，腹部的淡色区域明显向体侧扩展，四肢外侧呈淡棕色，臀部的白色与周围的体色相混合而无明显的界限。成体夏毛较深，冬毛较淡，幼体毛色较深，呈沙土黄色，绒毛很长，第二年夏天换毛后毛色似成体。

藏野驴对寒冷、日晒和风雪均具有极强的耐受力。清晨从荒漠或丘陵地区来到水源处饮水，白天大部分时间集合在水源附近的草地上觅食和休息，傍晚回到荒漠深处。藏野驴的行走方式是鱼贯而行，很少紊乱，在其经过的地方有大堆的粪便，因此很容易辨别出其活动路线。从宿地到水源草场，藏野驴每天要奔跑20多千米以上的路程，有很大的迁移性，有时与藏羚等偶蹄动物同栖一处，以高山植物为食，可以数日不饮水。藏野驴5月中旬开始换毛，至8月中旬完全换成新毛，并开始肥壮起来，游移范围逐渐扩大，秋末为逐渐聚集大群生活。藏野驴喜成群活动，一般是由一只强壮的公驴和数只到十余只母驴组成。若几群藏野驴群合在一起，就会出现公驴殴斗的场面，极力想把对方赶出队伍。在野外，常常可遇到孤独的或三三两两在一起的野驴，那多是老、弱的公驴，是战斗的失败者。

藏野驴集群的大小，与高原这一地区水草丰盛程度及数量有关。如在阿尔金山自然保护区、卡尔草原带的种群数量就大；在西部荒漠草原和高山荒漠地带，就不易组成较大的群体。藏野驴的"个性"极强。当汽车经过的声音惊扰了它们的闲情逸趣时，它们便会随着汽车一起奔跑，直到从行驶的汽车前面横穿过去才肯善罢甘休，这无疑体现了锲而不舍

藏野驴五俊图

的精神。藏野驴喜欢社会生活,也需要单独的空间。在高寒沙漠草原上,一出生藏野驴就带着浓浓的恋家情节,要不是受到天灾敌祸的影响,都是在自己固定的区域活动。

根据这一地区水草丰盛程度和种群的数量,藏野驴少则五六只结组、十几只结群由一雄性头驴率领;多则组成百头大队顶着寒冷、日晒和风雪等种种残酷考验,过着游移生活。小团队合成大队伍的时候,几个小群的公驴之间少不了一番争权夺位的决斗。它们都极力想把对方赶出队伍,以保证自己在群里的特权。

藏野驴天生胆小,它们在受到惊吓或面对天敌和人类的威胁时,求生的本能使它们在海拔四五千米的高原上以 50 千米的时速狂奔,迅速逃离现场。"生存"似乎是自然界一切生命的信念,为了这个信念即使是进食、休息的时候它们都自然地头朝外形成圆圈或伞状圈形,时时保持警惕。凭借着敏锐的视觉、听觉和嗅觉,它们能发现五六百米之外的威胁,或异类的行动。所以人类很难接近它们。

当越野车驶过的声音惊扰了它们,它们会有一种不服气的驴劲儿,喜欢与车赛跑。当它超过汽车时会停下来骄傲地回望一下,之后再跑,一直跑跑停停,停停跑跑,不时地还会叫上两嗓子。也许因为身在高原,它们的驴叫短促而嘶哑,远不及家驴的洪亮。有时,野驴因这种古怪的驴脾气而付出生命代价,一些偷猎者就是开着汽车追杀野驴的。

清晨,雄驴开路雌驴断后,幼驴被护在中间,驴行队伍从荒漠或丘陵处鱼贯而来,集合在水源附近的草地上度过白天的大部分时间。伴着夕阳,它们又踏着那条约 20 厘米宽的明显"驴径",一路点缀着消化物,再次驴行 40 余里回到荒漠深处。告别夏季雪线附近的肥美牧场,冬天的寒风从头顶刮过,卷起阵阵尘土撕扯着地面上低矮稀疏的植被。大部分的河流和湖泊都已冻结,地面也被冻得极为结实。本身就植被缺乏的荒漠草原没有足够的食物,它们不得不走得更远。在一些低洼的湿地,运气好的话,它们会找到一些野葱、针茅草、固沙草、苔草,这是它们的主食。除了食物的短缺,干旱常使它们数日滴水未进,但面对这片高原千万年的严酷考验它们适应了。聪明的野驴们会在河湾处找到地下水位较高的地方用蹄刨坑"掘井",沙滩上刨出的那种半米多深的大水坑,当地牧民称为"驴井"。这些"驴井"除了满足自己饮用外,还供应给藏羚、藏原羚、鹅喉羚等其他动物。

繁殖时间,雄驴争偶激烈,互相撕咬,身上经常留下明显的伤痕,交配期在 7 至 8 月间,怀孕期 350 天左右,6—7 月份产仔,每胎 1 仔。4 岁性成熟。每年的 5 月中旬开始,随着水草的丰盈藏野驴胃口倍儿好,身体倍儿棒,吃嘛嘛香了。到了 8 月中旬它们已经完成了"辞旧迎新"工作,换了一身新毛衣,个个腰肥臀圆了。同时这个季节还是藏野驴的"驴游"黄金季,它们会逐渐扩大活动范围逐水草游移。在七八月合群交配季节,各处游移的驴群聚集成场面相当的壮观数的千只大群。此时优胜劣汰的大自然法则明显可见,公驴间嘴啃脚踢的争斗远比其他任何时候都更为凶猛。因为它们心里都明白胜败将决定着他们的生育权和统治权。胜利者的战利品是可以享受"妻妾成群"的幸福生活。翌年 7 月幼崽降生后，在母亲的舔舐下很快就可以站立起来行走。又一个月后，大群解散，重组，分成小群。但在这一群中，只有"头领"带领着他的"妻妾"和新生儿，成年的"儿女"已被逐出本群去自立门户了。

和其他野生动物一样，藏野驴的生活也遭到人类过度放牧、淘金和违法偷猎等有意无意地侵袭干扰，导致其种群数量大大减少，据珠穆朗玛峰自然保护区的牧民称，成百上千头藏野驴在一起吃草休憩的壮观景象已经多年不见。

为了保护这一物种，《濒危动植物种国际贸易公约》将它列为第 II 类受保护的动物，中国政府也将其列为一级重点保护动物，严禁捕杀。2003 年起，西北濒危动物研究所承担国家林业局"青藏铁路野生动物通道对藏羚羊等高原有蹄类动物的有效性监测研究"和"青藏铁路营运期野生动物通道监测评估"项目。几年来，科技工作者们一直坚持在高原野外科学研究工作，对这些高原"原住居民"的保护提供科学依据。

藏野驴的种群得到了很好的保护与恢复。根据世界自然基金会的调查统计，在阿里改则县察布乡北部和尼玛县西北部的局部地区有数量庞大的野驴群，有些群体的数量达到 500 头以上。因它仅分布于我国青藏高原，已被国家列入一类保护动物，严禁捕猎。目前约有藏野驴 2 万头。

扎龙自然保护区

扎龙自然保护区，是我国六大最美丽湿地之一。这里，有世界十五种鹤类的六种，有野生鸟与水禽两三百种，真是鸟的乐园，也是爱鸟和喜欢摄鸟的朋友们的乐园。一年四季，在这个地方都可以拍摄鸟儿。

丹顶鹤，一直是人们心中吉祥、美丽、健康、长寿的名禽。这次应曾下乡的农场邀请，回第二故乡看看。我下乡的农场在查哈阳，在齐齐哈尔附近，有机会到扎龙自然保护区。可以近在咫尺地观看丹顶鹤，真是幸事。在那里，圈养的丹顶鹤，每天放飞四次，上下午各两次。在当地摄影烧友的鼓励下，趁着落日西下，我们又跟拍了一场。拍摄丹顶鹤，过足了瘾，也获得了许多好片子。

扎龙，名不虚传是丹顶鹤的故乡。齐齐哈尔出去，不过四十分钟就到了，真值得一去。丹顶鹤体高约150厘米，是一种优雅的白色鹤。头顶裸出部分鲜红色，脸颊、喉及颈侧黑色。自耳羽有宽白色带延伸至颈背，体羽余部白色，仅次级飞羽及长而下悬的三级飞羽黑色。丹顶鹤的虹膜呈褐色；嘴为绿灰色；脚为黑色。繁殖时作号角叫声。

分布状况：全球性易危。丹顶鹤于中国东北繁殖。冬季南迁至华东省份及长江两岸湖泊，也有至朝鲜及日本。偶见于台湾。这种过去的常见鸟，现在已非常稀少且局限于宽阔河谷、林区及沼泽。冬季在江苏盐城尚有大群越冬。

丹顶鹤在繁殖地的炫耀舞蹈很受当地文化推崇。飞行如其他鹤，颈伸直，呈"V"字形编队。

湿地有浅水的池塘，鱼虾在水里游动，鸟儿在天上飞，向下看得很清楚。它们一面飞翔盘旋，一面向下瞭望，发现目标，就快速俯冲，身体扎入水面，叼住了鱼儿，就马上起飞，带着到嘴的猎物，飞上天空，大概是到安全地带去美食一顿。也有少数一两次，鱼儿太大，或挣扎逃命，从鸟嘴里逃遁，掉入水中。由于喜欢鸟，我开始注意鸟的知识，这种会捕鱼的鸟，叫须浮鸥。拍摄这捕鱼的过程，很有趣。

展翅的丹顶鹤

丹顶鹤群

丹顶鹤头部特写

科普活动

科普随笔

科普游记

科普人物

文耕选录

诗歌及其他

科普新媒体

医学科普做得出色的杨院长

杨秉辉教授,是上海中山医院的外科医生,医术精湛,医学科普也做得出色。他曾获得上海大众科学奖等荣誉称号。

他为市民做过无数场科普报告会。有一次,他在《名家科普讲坛》讲冠心病的预防,深入浅出地把高血脂、高血压的危害性讲得很生动。坐在我旁边的一位中年妇女,自言自语地说:"杨教授的讲课,不用记笔记,都能听懂记住。"可见杨教授做科普的功力。

他还善于用做外科手术的手,画出精美的速写,举办过多次个人速写画展。去年十月,他赠送给我一本精装的《杨秉辉风景写生画》,还签名题词:"积芳先生雅正,谢谢你的这方印章。"下面还盖了鲜红的印拓:"秉辉速写"。这是因为我钦佩他的速写画作,专门为他治印一方,赠送给他。我觉得,在黑色的流畅线条的画面上,盖上朱红的印章,是很美的。杨教授送我《写生画》时说:"用了几个印章,还是最喜欢你刻的这一方。"我听了很欣慰。我治印有三百方之多,这一方确有汉唐韵味,与杨教授画作融为一体,真是科普共事的友谊之佳话。

作为祖国传统文化的一支,篆印还真是很有情趣,又能帮助手工操作,灵活手部神经,增加大脑血流量的好处,还能增进科普同仁友谊,不亦乐乎!

汉光瓷

——高贵优雅的中国瓷

11月24日下午,在上海国际会议中心华夏厅,复旦大学上海视觉艺术学院为《汉光瓷》

举行181件日用瓷系列《盛世奇迹》的新闻发布会。为弘扬中华文化，振兴中国陶瓷事业，探索学研产一体化的新模式，李游宇大师陶瓷工作室过长达一年之久的科研开发、创新设计，已完成制作了汉光日用瓷系列，为中国陶瓷事业做出了新贡献。

汉光瓷的产品具有极大的价值和极高保值性能，以中国传统官窑手工工艺精心制作。精湛的技艺成就了汉光瓷风格独特、高贵优雅的中国经典之作。

李游宇先生为汉光瓷的高水平成绩，付出了艰辛的劳动。李游宇，男，汉族，1954年生，湖南岳阳人。1977年毕业于湖南轻工业专科学校（现湖南理工大学），1982年毕业于中央工艺美术学院（现清华大学美术学院）陶瓷美术系。中国工艺美术大师，中国陶瓷艺术大师，中国工艺美术学会常务理事，中国工业设计协会陶瓷专业委员会主任，上海陶瓷艺术家协会副会长，上海工艺美术学会副会长，同时担任复旦大学上海视觉艺术学院时尚学院副院长、清华大学美术学院等多所艺术院校客座教授和名誉教授。

李游宇是中国著名的陶瓷专家，曾在上海大学美术学院任教10年余，任陶瓷研究所副所长。1989年应邀赴日本大阪艺术大学任交换学者。1993年筹建汉光陶艺社。1994年成立汉光陶瓷研究所、汉光陶瓷制造有限公司和汉光企业机构。他从事陶瓷学习研究三十余年，自四十岁开始，他只做一件事：带领他的团队潜心研究"汉光瓷"，经历无数次攻关、千万次的试验，在"7501"毛主席用瓷的基础上，大胆创新并挑战工艺极限，终于获得成功。他的研究成果获得国家发明专利和设计专利200多项、国际国内金奖数十项。

"一个优秀的陶瓷艺术家，也应是陶瓷工艺技术专家"，这是李游宇所秉持的理念。李游宇不愿做沉迷困守在象牙塔中的高谈阔论者，他崇尚"动手"运动，是一位脚踏实地的实践家；他是学者，理论深厚，学贯中西；他又是美术家，从小习画，是"文革"后第一届中央工艺美术学院毕业生，继承了国家一代艺术宗师的学养；他有极强的民族自信和爱国精神，用一己之力，担当起重塑中国陶瓷的世界形象的重任，堪称中国知识分子的脊梁。

李游宇虽功绩卓著，誉满天下，但虚怀若谷，处世态度谦恭，坚持学习与工作，孜孜不倦。除在工作室创作之外，他大部分时间下车间和工艺师们一起动手，共同研究，为下一阶段把汉光瓷打造成国际著名品牌而不遗余力。

在《汉光瓷》的产品说明图册里写着："为何中国CHINA有龙？为何中国CHINA有凤？为何中国CHINA崇红？为何为何为何？因为炎黄子孙有金色梦。

"金银珠玉象征富有　富有时而生发恶俗

瓷器代表的是高贵　高贵才能传续后代"。

有高贵优雅的精神，才有高贵优雅的追求、锲而不舍的奋斗，乃至获得举世赞誉的成就。李游宇是中国瓷的崭新之骄傲。

两岸科普交流的文缘深厚

——我所认识的张之杰教授

在两岸交流交往日趋正常密切的形势下，2010年5月21日至30日，"海峡两岸科普论坛"在台湾中坜元智大学举行。大陆科普代表团由福建省科协牵头组团，叶顺煌主席任团长，北京、上海、云南、湖北、安徽等省市64名领导、专家和科普工作者参加。上海有15位科普工作者与会。期间，两岸学者教授交流热烈，各抒己见，气氛友好。在台中教育大学、高雄科技大学、科技工艺馆、科技教育馆的访问交流，都是发言踊跃，收获颇丰。笔者从自己收获的方面，谈点体会：

两岸科普的文化渊源深厚，大陆"科普"两字被引进台湾。说来也很有趣，因众所周知的原因，两岸在不少的问题上有相当的隔阂。而科技和科普的发展与交流，却有不约而同地互认，大概是科学理性在起作用吧。

张之杰教授曾担任过台湾《科学》月刊总编辑，这次论坛主办方安排我俩，共同主持一个专题讨论会：《科普教育的改革与发展》。五年前，在上海市科协"纪念郑和下西洋六百年"的活动时，接待台湾的专家，我就认识了张之杰教授，他的专业是生物科学。

作者在台湾科普论坛与张之杰教授（右）合影

那年在席间交流时,他以台湾岛上很常见的黄蝴蝶为内容,吟诗一首《蝴蝶》:"君且暂为蛹,我亦栖天涯。明年春三月,携手看黄花。"无独有偶,我2003年秋天访问台湾时,在北投的春天酒店,写过一首小诗《蜻蜓》:"秋冷上残荷,温泉舞女巫。江南蜻蜓影,相约来北投。"当时,我们用科学会堂的便笺,写下自己的诗,交换后拿在手里合影留念。

真没想到五年后,会在台湾元智大学"海峡两岸科普论坛"上与张之傑教授重逢。我在论坛的大会上,演讲到《上海的科普创作的回顾与展望》的最后,放映出与张教授合影的照片,并说:"他的诗写台湾的蝴蝶,我写江南的蜻蜓,今天在中坜再会。"会场里许多代表发出了笑声,可见两岸科普界的友好之一斑。

这次再遇,进一步了解到张之傑教授是台湾的一位资深望重的科普专家,还是引进大陆"科普"名词到台湾、并被社会上认同流行的第一人。这真是两岸科普交流的鲜为人知的佳话。

"科普"在台湾,已经是一个流行名词,甚至可说是个流行的概念。许多人不假思索,对科普采取高度赞许的立场,但是对于何谓"科普",科普的涵义与表达方式,就常是与大陆表述不同。台湾理工科知识分子传达科学知识,也富有责任心和热情。对台湾而言,科学普及和通俗化一直被视为是现代化重要的任务之一。不仅台湾如此,中国大陆也有心致力于此。张之傑教授认为,尽管学者与民众曾反复讨论过,但对于"科学普及"究竟应该采取哪一种说法,一直没有清楚地表达。实有必要就时下流行的"科普"概念做更深层的探讨。而目前采用极多的"科普"一词,来自中国大陆。

张之傑说,大陆创造的种种术语,有的会令他觉得有些不习惯。但是"科普"这个术语,却使他思索了两年,最后毅然接受了它,这是他始料未及的事。张之傑认为,科普是"科学普及"一词的简称。大陆为了推动现代化,遂大力倡导科普,甚至将科普称为一种学问——"科普学",以期唤起民众,提高国民科学水平。最后,张之傑决定采用"科普"这个名词,在台湾推广应用。他甚至还在北京向专家请教,了解"科普"这个词,是20世纪50年代初,在苏联的俄语词汇中,翻译过来的。

他说:"大陆所谓的'科普',就是台湾俗称的通俗科学(工作),或科学社教(工作)。但是'科普'这个词,远较台湾所用的两个词语意广阔,念起来也比台湾所用的两个词生动。经过两年多思考,已经决定扬弃沿用已久的'通俗科学'而取'科普'。这个决定,使我扮演的角色之一,通俗科学工作者,变成了科普工作者。"

在这方面,张之傑的看法是:科普本身有给定的对象。并非特定的科普作品适合给所有人看。有的科普作品是写给儿童看的,有的是写给大人看的,有的甚至是写给同行看的,对象都不相同。例如史蒂芬·霍金所著的《时间简史》,也是一本科普读物,但读者假如不是对现代物理有相当造诣,根本看不懂,即使看也看不出门道来。学生物学的张之傑说,

台湾阿里山主峰

日月潭

他自己曾经认真看了好几遍，还是看不出名堂来。而这些论述，被记载在《台湾科学社群40年风云——记录六七十年代理工知识分子与〈科学月刊〉》一书中。

回到上海的当天，我就收到张之傑教授的电子邮件。

"积芳兄：再次重逢，甚为高兴。今晚聚餐，我因故不能参加，已托请《科学月刊》副总编辑曾耀寰博士带上拙作两册，乞请指正。22日所赠两书，黑天鹅日记雅洁可爱，已用于记事。《俄罗斯与全球化》系专书，待研读。之傑2010.5.29"

我也立即回复了邮件。

"张教授：你好！的确是，再次重逢，甚为高兴。这次相遇，正是让人会相信科学以外的'缘分'。我已收到你的两册书。很喜欢，读后感会待后报告。那天告别酒会，我也读一首小诗，如下：《惜别台北》

校园松柏郁郁青，凤凰花开艳又红。七省专家聚宝岛，科普论坛谈兴浓。

惜别五八金门酒，喜看同胞亲情融。共有科学新月圆，期盼再沐海峡风。

积芳2010.5.30"

这些天，我有空就拿起张之傑教授赠送给我的科普读物《自然札记》，读来文笔清新流畅。他写道："自序—是回忆，也是自然史。小时候台湾的自然环境还没破坏，在大自然的陪伴下长大。后来学生物，对大自然的认知加深。这样说吧，札记中凡是亲身经历、发生在台湾的，都可视为台湾的自然史，这或许是本书的价值所在吧。"

他真是一位思想敏锐、勤奋多产的科普作家。

作者简介：张之傑，笔名章杰、张百器、张乐音、章无忌等。"资深编辑人"，业余研究科学史与美术史，民间宗教、民间文学、西藏文学，并兼任大学教职。喜爱写作，各类代表作：《生命》（科普）、《走出实验室》（杂文）、《寂静的河堤》（散文）、《绿蜻蜓》（科幻）、《江湖行》（武侠）、《西藏文学精选》（西藏文学）、《画说科学》（科学史、美术史）《名人的话》（童书）、《世界屋脊》（翻译）等。主编书刊以《环华百科全书》、《百科大辞典》两巨作为代表。

他们为科普一生辛勤耕耘　值得我们敬重学习

听到饶忠华先生逝世，正值我们赴台湾参加海峡两岸科普论坛，噩耗传来，令人悲痛。他是我国著名的科普编辑家、理论家和优秀科普作家，曾任中国科普作家协会副理事长、上海市科普作家协会秘书长、常务副理事长。为表彰他对我国科普创作事业所做出的卓越贡献，2009年中国科普作家协会在成立30周年庆祝大会上，授予他"荣誉奖"。他和王国忠先生的逝世，是上海科普界的损失。我们科普创作界的同仁，对他们的逝世致以深切的哀悼。

我到上海市科协工作不久，正遇中国科普创作协会在上海庆祝成立25周年。全国的科普专家云集上海。饶忠华先生作为东道主，热情洋溢，为科普法的颁布、科普事业的兴旺喜悦不已。他那充满激情的形象，至今还在眼前。两位先辈是科普工作者的榜样。我从内心对他们怀有深深的敬重。首先，在科普编辑和创作的岗位上，他们可以说是辛勤耕耘，执着奋斗，业务精湛，成果丰硕。饶忠华当《科学画报》的主编时，《科学画报》发行量达到高峰。他们编辑的图书深受青少年喜爱。

其次，他们自身是坚持科学理性、科学思维的楷模。饶忠华很早就在理论上提出"科普学"的见解，认为科普学是关于传授科学技术知识和技能的规律的科学，是一门规模宏大的边缘科学。连台湾的科普专家也知道大陆有"科普学"。我看，这与饶先生的研究成果密切相关。他认为科普具有向下接力和反向接力的功能。这两种接力，一是向下接力，指力求将科研成果尽可能用通俗的语言、文字和有效的方式，以最快的速度进行传播。二是指所谓"反向接力"，即通过科普激发人们创造性的思维和能力，攀登新的科学高峰。科普学的建立，把科普上升到专业，作为专门学问来研究。这对改变那种把科普作为"低端的、浅薄的""小儿科"的片面认识，有着基础性的建设作用。饶先生还把综合性科普期刊的丰富编辑经验，总结为"编创十功"即：敏、通、博、积、检、捕、掂、点、添、创，引发了当时国内科普界对这一理念的广为传播。

再有，他对中国科幻小说的发展有着独特的见解。饶忠华先生说："现实是想象的出发点……在现实基础上对未来的预测更诱人。科学幻想往往是预测的形象化的延伸，它比预测更为迷人。科学一经和幻想结合，就像增添了一双强劲的翅膀，把人们引向更为遥远的未来，给人以遐想、启示和力量。"他的科普人生重要事件是，1981年随中国科普作家代表团访问美国,期间采访了科幻大师阿西莫夫。我们上海的科普专家中,见过阿西莫夫的,只有饶忠华。这对他深入思考科学幻想的创作与编辑产生了深刻影响。而且他坚持着科学理性,与没有根据的乱想划清了界限。这在今天,对我们继续推动科普创作中的科学幻想的创作,仍有积极的作用。

他们为科普终生奋斗奉献的可敬品格,是留给我们上海科普工作者的宝贵的精神财富,一定会鼓励我们和更多的年轻人,在知识经济和网络时代的新形势下,为上海的科普事业做出更好的成绩。

《追星》

——文笔流畅的天文学科普图书

由上海市科普作家协会会员、卞毓麟先生著,由上海文化出版社出版的《追星——关于天文、历史、艺术与宗教的传奇》获得 2010 年度国家科技进步奖提名。

这本书真的很好看,获得过国家图书文津奖。作者卞毓麟,我认识,很钦佩他,能给青少年和公众写出这样好的图书。我对他的《追星》,有过一次交流对话,登录在此,供网友一读。

《追星》作者卞毓麟说:没有枯燥的科学,只有乏味的叙述。

我从小就得益于科普作品,到了自己也能写写的时候,就有了一种与大家共享的愿望。从南京大学天文学系毕业以后,我到北京天文台工作,所有的写作都是站在这个自己最熟悉的立足点上,这样心里才最踏实。

我感觉美国科普作家阿西莫夫的语言极其平易近人,从不堆砌形容词,不花哨,平淡之中见新奇。他在临终前的自传《人生舞台》中专门提到写作风格的问题,说彩色玻璃很美,但人们无法透过它看到它背后的东西,而平板玻璃就好像不存在一样,背后的一切都能让人看得清清楚楚。他认为理想的写作风格就应该像平板玻璃那样平易近人,这也是我追求的境界。

我过去写科普作品有一个潜意识:我的读者是天文学爱好者,特别想了解天文,专挑天文书来买,我就把这个领域的最新进展等内容深入浅出地告诉他们。现在我设想拿起这本书的人原来并不一定是了解天文学的,我想让更多类似《新民晚报》读者那样的人,随便翻翻我的书后能萌发对科学的兴趣,以此提高全民科学素质。

不是我把天文、历史、艺术和宗教串在了一起,是它们之间本来就有联系,而被天文学家和公众忽视了。有一句话说:"没有枯燥的科学,只有乏味的叙述。"世界本来就不缺少美,而是缺少发现。

我一直相信"写作的上游是阅读",一个人的视野越开阔,就会有越广泛的兴趣,涉猎越广,对知识结构的完善就越有好处。

从事30年科普创作,我的心得是:科普不是在炫耀个人的舞台上演出,而是在公众理解科学的田野上耕耘,这件事只有有志者才能做。我希望现在有条件的大学尽可能开设些科普写作的选修课,传媒宣传科学要宣传它的"真",而不要宣传一些花花绿绿的东西。

科普应注重受众的主动性,卞老师做到了这一点。天文学既是一门古老的科学,也是一门发展迅速、有许多新进展的学科。

这种古老和崭新都决定着这门学科的传播会是综合和有趣味的。卞毓麟这本书正是定位于"传播科学知识和科学思想的综合性读物"。

今天的科普已不同于功利地在生产年代里简单的技能传授,或经济不够发达时代满足于"解惑"的知识传播。虽然这两者依然是科普的基本功能,但随着信息时代的到来,新

卞毓麟老师在中国台湾的垦丁留影

卞毓麟创作的科普著作《追星》

的知识、科技成果大量、层出不穷地涌现，科学知识与科学思想的传播方式已发生了深刻的改变。从"解惑"角度讲，《十万个为什么》是我们那个过去的时代符合读者强烈的求知愿望且发行量几乎达到科普作品顶峰的读物，它从回答问题出发，是典型的点式、条目式的。

现代社会经济的持续发展和社会的迅速进步、转型，则使人们对文化和精神生活的需求越来越旺盛，科学传播也已随之呈现出新的局面：像"黑洞"、"太阳系卫星也有极光"等问题所包含的知识新鲜性和深刻性，已为现有知识拓展了需要进行更深入研究的巨大空间，甚至挑战了已有的科学结论，这之中的知识量不能仅以十万个题目而计，甚至十亿个都不一定够。

所以，今天我们有知识丰富的专家，但已没有一位预设的、能回答任何问题的专家，答案被交给了爆炸性知识面前的公众自己，网络和信息传播则提供了对各种条目和点的索引可能。像《数字城堡》之类书籍的畅销，正是因为它把善于自己畅游的人引入了知识的海洋，让他们有可能自己去寻找答案。卞毓麟这本书正是敏锐地注意到了这种引导方式。

事实上，科普读物更多的受众不是去学习那样庞大的现代科学知识、进行专题研究的对象。美国曾经有人说："很多人是不注意一个新技术背后的科学知识的。就像骑自行车的人没有几个会知道它行进中不倒下来的原理，甚至他一想，反倒就会跌倒了。"如果能像著名科普作家李元所提倡的那样，用娱乐的方式向更多人传播科学，我觉得那是种成功。因为要吸引文化程度相对较低的人来阅读，娱乐也是必要的，只要不歪曲科学的本来面目就好。

但我对于科学讲座能做成《百家讲坛》那样并不乐观——科学再有趣，毕竟还是有教育成分在其中、要人花精神思考的，科学消费在人们生活中的地位一直不高，科学的普及不存在传统"失落"的问题，所以不会出现失落的传统文化回归后那样的"浅消费"现象，不可能用一种方式使它一时就热闹起来。我们更多地应该像中国科学社早年的那些人那样，甘心去做"开路小工"。

值得尊敬的科普作家——李正兴

科普,是一件注定要务实勤奋、来不得虚头的事情。九十多年前,在美国留学的科普志士发起成立"科学社"时,就宣言:为科学做开路小工。这是深深知晓科普使命的人,理解并自愿实践的承诺。能先读为快,浏览了《李正兴文集》,我以为:李正兴就是一名忠诚为科学开路的小工。

我认识李正兴,是在2002年,他组织召开"纪念全国科普作家协会成立25周年"会议上。那时,他是上海市科普创作协会的秘书长,请来国内的科普创作大家,相聚上海,抒发感怀。他忙前忙后,不辞辛苦,踏实而有凝聚力,给我留下深刻印象。

以后的十个年头里,我因任上海市科协副主席,分管科普工作,与李正兴有更多的交往,更了解了他是科普事业上热情执着、思维活跃、认真务实的协会干部;而这次初读他的文集,更了解了他是功底扎实、笔耕勤奋、涉猎广泛的科普作家。这洋洋二十二万字的文集,是他三十多年奉献科普、不断学习、精耕细作的可观成果。这一结集,真让人不得不对李正兴先生,油然而生敬意。甘做小工,而必成显赫;自强自奋,而必有天成也。我以为,李正兴先生的科普生涯所体现出来的科学精神、科学态度和工作品格,是值得我们科普工作者学习的。

这么多篇文章的汇成,是与李正兴先生热情执着地从事科普工作密切联系在一起的。上海,有着科技的优势,又是科学普及的重镇。李正兴对科普事业的源头——科普创作,有着坚韧的追求。在三十多年的协会工作的时间里,他始终与科普同呼吸同甘苦。他不重名不重利,一直默默无闻地在这个"开路小工"的岗位上,为追随科学技术宽阔大路的伸展,关心着科普的拓展。

他思考的题目,比如探索科普创作的突破点,科普活动的有效手段,从创新是科普创作之魂谈起,建一流队伍、出一流精品,培养科普创作人才必须从大学生着手,试论新的历史条件下科协科普工作新高度……都是上海科普创作的重大题目,他认真思索,并写出来,和大家一起去争取更好的结果。科普创作队伍如何年轻化?他不但写了文章,而且积极去组织"大学生科普创作培训班"。这时候,他年逾七十,不担任秘书长了,但工作的劲头不减,联系大学,组织生源,安排师资,好像还是年轻小伙,很多前来参加培训的大学生也为之感动。大学生科普创作培训班,是被全国科普界的一件广为赞誉的事情。这与李正兴的努力有极大的关系。

从文集里看到,他不仅勤于思索,还涉猎广泛。他写到科普创作很多方面的重要话题。比如:科普是科学的"丝绸之路",强强联手编写大型科普丛书,重振科幻雄风的新起点,科普可否让企业运作,学会是科普的主力军,与美国科幻小说作家海因莱因座谈,有感于科教电影重登本市影院,抵御邪教对人们心灵的侵害,唤起全社会对科学的理解与重视等等。李正兴是一名三十多年在科普创作协会工作的骨干,他勤奋写作汇成的文集,也是改革开放以来,对上海科普创作发展较全面的客观记录,读来觉得珍贵。

文集记录了三十多位科学家、领导、专家、记者、学会和基层干部等人物,都是李正兴亲自面对面交往并相处过的,笔触描述之处,真实、亲切、细致,十分难得。他写到钱伟长院士,科普先辈高士其、贾祖璋教授;市科协副主席高孝冲;著名科普作家叶永烈、谈祥柏教授;上海科普作家协会历任理事长、名誉理事长饶忠华、卢于道、陈念贻、杨秉辉教授、褚君浩院士;许多做科普的名人,如漫画大师张乐平、农艺师吴小青、科普美术家蔡康非、顾世鸿、蔡兵;科学老报人姚诗煌、科技记者李文祺、科普编辑方鸿辉;科普作家王国忠、卞毓麟、雷宗友、徐传宏;还有学会协会和基层干部叶其琪、朱成名、邵兰星等,都写得真实生动,写出他们的科学精神和科普情结,写出他们对科普的奉献和勤奋,其中也饱含着李正兴对他们的深厚感情。这是上海这个城市拥有或联络着的为科普无怨无悔而劳作的小工队伍,也是为科学技术第一生产力开路的精粹队伍。

文集还包括:与科普工作有关的游记、诗歌、书评、科幻作品等,丰富多彩,有很好的可读性。我相信,文集出版后会受到科普工作者的欢迎,而且对有志于投身科学普及和科技传播的青年作者,是一本有引领作用的好书。

科学幻想作家也有很多粉丝

在 2011 年全国科技活动周暨上海科技节期间,上海市科普作家协会与上海大学生科幻联盟召开"创新与科幻作品研讨会"及"科幻苹果核年会暨华东高校幻想节"。上海市科普作家协会邀请著名科幻作家韩松（新华社对外部兼中央新闻采访中心副主任），从北京专程前来上海，为科普作家和青年科幻爱好者做《我的科幻创作理念与实践》主题讲演及交流会。报告会于5月14日上午在虹桥路沪杏科技图书馆举行。

许多喜欢科幻的大学生来到会场，还有从南京赶来的。韩松先生，在一个半小时的演讲中，讲了他的科幻生涯，其间妙语不断，体现了一位科幻作家的跳跃式、反常化的思考方式。会场里不时有阵阵笑声响起。

韩松先生个儿不高，脸色白净，看上去就像经常值夜班的一介书生。最近，他就在赶写纪念汶川地震的大文章。他的一双眼睛，给人有无穷探究力的机灵的感觉。

他攻读完英文系、新闻系，获文学学士学位及法学硕士学位；以优异的成绩参加考试并进入新华社，历任记者、《瞭望东方周刊》杂志副总编、执行总编，对外部副主任兼中央新闻采访中心副主任等职。在这期间，他撰写了大量报道中国文化动态的新闻和专访，他还参加过中国第一次神农架野人考察。由他参与或单独创作的长篇新闻作品包括政论性报告文学《妖魔化中国的背后》和有关克隆技术进展的报告文学《人造人》，在业界是很有点影响的。

看看他的这份职业，就会想到他会是一位很严谨很规矩的人。他有一篇文章题为《为科幻而活着》。这次听了他的演讲，才真的理解：他更出色的成就是他的科幻作品。

所以，许多科幻迷带着他的书，在他的演讲结束后，围着他，请韩松签名。而且，著名的飞机设计师、航空科普作家80岁高龄的程不时先生和他的夫人也来听讲。

韩松的作品极富文学情趣，结构精巧，曾获中国科幻银河奖、世界华人科幻艺术奖、中国科幻文艺奖。美国《新闻周刊》、英国专业评论期刊《基础》等，都曾报道过韩松科幻文学成就。他的科学幻想代表作《红色海洋》，作为《中国当代科幻名作》之一，2004年由上海科学普及出版社出版了。

黑衣人韩松走在红色豪车旁

他说：他喜欢上海这个城市。上海，是充满着幻想力想象力的摩登都市。而中国别的城市，没有气质和能力享有"摩登都市"这个名称。只有纽约、巴黎、伦敦、东京能享有，而上海与他们齐名。

韩松在演讲里表达一个重要的观点，"其实现实生活中，处处有科幻想象……"。我们在王朝酒店就餐完毕，走出来，韩松无意间走过一辆红色的豪华跑车，我们的相机按下快门，就照下了穿着黑色运动服的科幻作家——韩松。真是，应了他的话。

这还是外在的巧合，黑衣幻侠笑着走过红色跑车。真正让听讲的每个人哄堂大笑的，是一位科幻作家的跳跃式、反常化的思考方式。韩松讲到英国科幻作家威尔士的故事：地球人大战入侵的火星人，由于外星球的高级生灵，智慧、技术、武器、装备都比地球人强大，一次次战斗，地球人都被打败了，眼看地球人要被火星人彻底战胜，突然火星人全体倒下，原来被一种地球的无名病毒感染，火星人又不具备免疫力，就这样地球人免于被奴役的悲剧。这是典型的科幻故事。

韩松的话锋一转，冷静地说：我一直为中国人的乱穿马路、随地吐痰的陋习而苦恼，当看到火星人倒下这一段时，我突然想，也许让火星人倒下的病毒，正是从吐在地上的那口痰里飞出来的。话音刚落，全场大笑。韩松跨越常规、常理、常识去玄想，是他从事科幻创作的原动力。吐痰战胜火星人，亏他想得出，而真的只有他想得出。这是让我们听讲演的每个人难以忘却的。

我有幸组织并主持了这个活动。为感谢韩松先生来上海演讲，博主治印一方"韩松印"，边款："为科幻而活"，赠送给他，以资纪念。

附录：《韩松评传》（摘录）作者：董仁威

2010年5月20日上午9时，韩松来到我下榻的酒店接受我的采访，我逐渐了解了韩松的身世，他走过的人生道路。从他的经历中，我发现韩松既是一个普通的孩子，又是一个不平凡的孩子，他的头脑中经常会钻出许多奇怪的念头。

韩松出身于重庆，生于1965年8月。他8岁才在位于重庆市中区上清寺附近的人民路小学读书。小学毕业后，他先后在重庆6中、29中读中学。这时候，正值中国迎来科学的春天，科学杂志如雨后春笋般涌现出来。这时，韩松开始遭遇科幻。他从《科学文艺》《科学画报》《知识就是力量》《我们爱科学》等科普杂志中看到了不少科幻作品。他看了童恩正的《雪山上的魔笛》，看了叶永烈的《小灵通漫游未来》，看了《十万个为什么》。他喜欢上了科学。

1982年，韩松在29中读初三时，他14岁，正遇上全国在进行科幻小说征文，学校老师发现韩松是个科幻迷，把他找去，要他写几篇科幻小说去应征。他答应了，一口气写了几篇。这几篇科幻小说已显示出韩松的特质：思维新颖睿智、反常规，写出来的文章色彩阴暗、悲观、凄凉、诡异。老师看了直摇头，连声说："要不得！要不得！"

老师教他用传统的方法写，编一个故事，将一点科学知识塞进去。韩松心里不以为然，但不得不照办。他用这种手法，编了一个用宇宙飞船将熊猫送到月球上去的故事。虽然写得传统，小说中仍透出韩松行文的特质。学校不敢把这篇与众不同的科幻小说送到北京去，但这篇小说仍获得了重庆市的奖励。

韩松第一篇科幻小说的奖品是一大堆科幻书籍，有威尔斯的，还有一部外国科幻小说选。这些小说，不仅使他眼界大开，而且，这些"软科幻小说"中对社会问题的关注，对人类、宇宙的终极关怀，以及行文布局的神秘、诡异，不同于传统的中国科幻小说，很对他的胃口。在这些小说的滋润下，他开始了独具一格的科幻小说创作。

1985年，韩松在武汉大学读书时，开始创作科幻小说。由于韩松的作品极富文学情趣，结构精巧，内蕴深远，独树一帜，被四川成都《科幻世界》的老编们看中，不断发表他的作品，并于1988年、1990年获得《科幻世界》杂志社颁发的科幻银河奖。

这些作品写得非同凡响。有一篇科幻小说，写地球人到达一个有智慧生物居住的星球，说的第一句话是："我们到这里做生意来了！"须知，那时，中国的商品经济"小荷才露尖尖角"，人们头脑里还没装进商品意识，当年，没有一个大陆科幻作家写太空探险小说，会说出这样的话。他还写了一篇科幻小说，说科学家将所有人都返老还童了，世界上只剩下最后一个老人。这个老人使所有的年轻人都羡慕，于是，年轻人又把自己变成了老人。谁知，这个老人社会也不理想，充满了勾心斗角、争权夺利、尔虞我诈。怎样才好呢？韩松也不知道，你自己去想吧！

《科幻世界》的老编们决定借颁发银河奖之机，见一见这个极有前途的青年科幻作家，向他面授机宜，进一步培养。但是，通知书发给韩松，韩松却为难了。他非常想去，却没有路费！

《科幻世界》的编辑谭楷知道这一情况后，写了一封信给武汉大学的校长。这位校长是位爱才之人，他立即批了500元专款给韩松，让他去成都开会。

韩松欣喜若狂，他顺利地来到成都，见到了他一直仰慕的《科幻世界》杂志社总编辑杨潇、副总编辑谭楷等老编。老编们没有赞扬他，却对他耳提面命，认为他最近的创作路子不对头，写得怪头怪脑的，色彩也很阴暗，把他写的一大堆稿子退给了他。这一批退稿中，包括了他自认为很得意的科幻小说：《宇宙墓碑》。

对于老编们的教诲，他洗耳恭听，但内心不服。他将自己的作品交给台湾来的科幻作家吕应钟，吕应钟大加赞赏，并将他的《宇宙墓碑》带走。

《宇宙墓碑》写的故事真是奇怪到了极点，写宇航，写月球，哪样不能写，他却去写外星球上的坟场和墓碑，并像地球上的考古学家一样，去研究宇航员的墓葬风俗。他好像是在写遥远的未来，又像是在写现在，让人很快信以为真，随后，你便同作者一起，坠入科幻故事的云里雾里，为故事中人物哭，为故事中情节笑。写这些有什么意思？韩松说，不知道。我读了以后也不知道，想知道就得再一次去阅读，自己去细细品味，再一次让自己云里雾里吧。

不知道这篇小说有何意义,不等于看了他的小说会无动于衷。我看完这篇小说后,便产生了一些奇想,出现一些怪头怪脑的念头。我生前是没机会去进行宇宙航行了,死后,我的遗体能不能进行宇宙航行,能不能葬在外星球上,让我在外星球上躺着,天天遥望深邃的星空,并在坟头上也立一块墓碑呢?这得花多少钱,我的存款够不够?为了实现这个愿望,也许钱应该省着点用,或者将钱拿去投资,以钱生钱,攒够足够的钱,使我能实现死后上天,在天上的坟墓里静静地观看、感受宇宙亿万年的变化,那有多爽!把钱投向什么地方?建一个"宇宙墓碑"公司呵!公司成立后的第一件事,便是将韩松的小说《宇宙墓碑》拍成影视片,充作公司的广告片!不知韩松干不干?

这是后话,按下不表,还是言归正传吧。自从吕应钟把稿子带走后,韩松就把这事忘了。谁知,1991年的一天,韩松得到通知,他的《宇宙墓碑》获得了台湾《幻象》杂志组织的世界华人科幻小说征文首奖,奖金10万台币,当时折合人民币2万5千元,这对一个刚大学毕业参加工作的人来说,无疑是一个天文数字。台湾《幻象》杂志社通知韩松去出席颁奖仪式,并领取这一块好大好大的天上掉下来的馅饼。可是,这时韩松已是一个新华社的国家干部,到台湾得经上级的批准。批复下来了,结论是韩松同志不宜去台湾。

这虽然有点遗憾,但韩松遇到的这一切却影响了他一生的道路,使他能充分使用自己才能中"奇"的一部分,使他最终成长为科幻大师。韩松在成长过程中,遇到了三个"伯乐",前两个"伯乐",一个是重庆29中的语文老师,一个是《科幻世界》的老编,他们识得韩松是"千里马",助他取得了初步成功。但是,他们却对韩松跨越常规、常理、常识去玄想的诡异行为接受度不高,不能容忍他的离经叛道。而韩松遇到的第三个"伯乐",台湾《幻象》杂志的老编们,不仅识得韩松是一匹"千里马",还识得韩松是一匹不同寻常的"千里马",是一个奇才,欣赏他的跨越常规、常理、常识去玄想的诡异行为,欣赏他的离经叛道。

不畏艰险，勇闯无人之境

伯格·奥斯兰（Borge Ousland）——挪威探险家，是世界上唯一曾经独自穿越南极洲和北冰洋冻海与北极点的第一人。他证明了人类能够完成"不可能的任务"。奥斯兰与人们分享他独自经受挑战和面对地球上最为严酷自然条件的经验。

他是如何严密计划，克服恐惧，甚至在最绝望的时刻是什么动机，导致他的多次获得成功的？5月12日，在上海科技节开幕之际，《勇闯无人之境》讲座在卢湾区青少年活动中心举行。听众踊跃，座无虚席。

2006年，伯格·奥斯兰和麦克·霍恩（Mike Horn）排除万难，在极端恶劣的条件下挑战人类极限，以科学探险为目的，成为在北极漫长冬夜期间不借助外援抵达北极点的

勇闯无人之境——奥斯兰在卢湾区青少年活动中心作北极科普报告

首批人物。这是有史以来前往北极点技术难度最大的一次远征。这次远征进一步体现了合作、同情、信念和远见的价值理念。

多年以来，奥斯兰一直在挪威极地研究所负责测量冰层厚度的任务。作为北极探险家，他因为其长达25年的经验而成了气候加速变化的一名重要目击证人。奥斯兰已在国家地理杂志发表了五篇文章，并获得多个国际奖项。《美国国家地理》杂志2006年2月将伯格·奥斯兰誉为当代最为成功的极地探险家。

伯格·奥斯兰1962年出生在挪威首都奥斯陆，从小伴随着冰雪和滑雪板在挪威长大。在青年时期就喜爱探险活动。在1984至1993年之间，他经过培训成为一名职业潜水教练，曾在北海下潜到360米的深度。

在完全不用援助的条件下，奥斯兰及其队友厄灵·卡格由于1990年在一次前往北极的探险活动中率先抵达北极点而一举成名。

然而，真正使他引起国际关注的事件，是他1994年从西伯利亚出发独自穿越冰封险恶的北冰洋并抵达北极点的壮举。此前，没有人能够在没有援助和沿途补给的情况下独自完成这一行程。

奥斯兰独自在雪地里拖着行李艰难前进

奥斯兰于 1995 年再次在没有额外补给的条件下独自远征南极。他是在没有外援的情况下独自滑雪抵达南北两极点的世界第一人。其后一年，他在没有援助的情况下独自穿越整个南极大陆，行程 2845 千米。

2001 年，奥斯兰再次树立了新的里程碑，成为第一个独自从西伯利亚经北极点穿越北极抵达加拿大的人，用时 82 天。

2003 年，奥斯兰与好友托马斯·乌尔里奇在不借助外援的情况下首次成功穿越了阿根廷和智利之间的巴塔哥尼亚冰原。《美国国家地理》杂志 2004 年 8 月号报道了这次壮举。

奥斯兰曾两次攀登喜马拉雅山脉 8000 米以上山峰，他曾于 1999 年成功登顶卓奥友峰。

2006 年，奥斯兰进行了最为艰难的探险活动，在冬季前往北极点。他与伙伴麦克·霍恩从俄国西伯利亚的阿提克斯角出发，开始了在冰天雪地和漫漫黑夜中与危险的北冰洋浮冰进行搏斗的历程。在经历了无冰水域，遭遇北极熊、零下四十摄氏度的低温和险些使麦克丧命的感染之后，他们终于在两个多月之后的 3 月 23 日抵达了地理意义上的北极点。因为极夜现象和极度严寒，冬季前往北极探险曾被认为是不可能的。作为在冬季完成这一探险的先驱，奥斯兰和霍恩为人类的极地探险史又增添了新的篇章。

2007 年，为了追寻前人的梦想，奥斯兰和乌尔里奇沿着传说中弗里乔夫·南森（Fridtjof Nansen）和夏尔马·约翰森（Hjalmar Johansen）的足迹穿越法兰士约瑟夫地群岛。他们于 5 月 1 日从北极出发，用了一个半月穿越了危险的夏季浮冰抵达了群岛东北部的夏娃岛（Eva Live Island）。在那里，他们继续沿着南森的路线逐岛前进，最终于 7 月 24 日抵达了群岛南部的芙罗拉角（Cape Flora）。在那里，他们不得不等待将近三个星期，仅靠陆地动植物维持生命，直至 44 英尺（1 英尺 =0.305 米）长的帆船"雅典娜号"找到他们。"雅典娜号"于 8 月 13 日将他们接上船，航行穿越巴伦支海，先抵达（俄罗斯的）摩尔曼斯克以便为他们的护照签注（法兰士约瑟夫地群岛属俄罗斯领土），然后从那里前往挪威本土的最北端——北角。托马斯从那里启程回家，而奥斯兰则继续向南航行到达博多。他在那里取回自己的自行车，一路向南骑车返回位于奥斯陆的家乡并于 9 月 18 日抵达，全部探险历时 141 天。

2009 年，在中国举办了大型极地探险活动"红牛勇闯南北极"中，两位民间探险员温旭和冯一骊（女），挑战极限成功，顺利抵达北极极点，而奥斯兰正是他们此次极地探险的向导。

目前，除仍然积极参与大型探险活动外，为了使人们实现领略极地独特风光和特殊体验的梦想，奥斯兰也举办讲座并带领短期旅游团队前往南北两极。

附录：

伯格·奥斯兰所著的出版物，演讲和文章：

奥斯兰依靠举办讲座为生。他是美国国家地理学会国家地理演讲人局旗下的少数演讲人之一，曾在英国皇家地理学会举办过数次讲座。奥斯兰已出版了数部著作，全部由本人撰写并配有本人拍摄的动人照片作为插图。

奥斯兰还用胶片将其许多探险经历拍成电影，其中几部影片曾经获奖。《美国国家地理》杂志经常刊登他探险活动的专题报道。奥斯兰因其电影和探险活动数次荣获国际奖项。

伯格·奥斯兰著作：

1987年《乌马讷克（Umanak）》

1994年《独闯北极》

1997年《单人穿越南极洲》（前言由爱德蒙·希拉里爵士撰写）

2001年《单人穿越北冰洋》（前言由莱茵霍尔德·麦斯纳撰写）

2005年《真饿（Skrubbsulten）》

2006年《无情的冬天》

2009年《追寻南森的足迹》

电影：

1991年《北极点——最后的竞赛》

1994年《独闯北极点》（法国迪戎探险电影节一等奖）

1997年《独闯南极》

2001年《白色冰原》（莫斯科探险电影节及图雷洛山地电影节一等奖）

2005年《巴塔哥尼亚群岛·世界尽头之旅》

2009年《伟大的极地之旅·循着南森的足迹》

文章：

《北极点苦旅》

《独闯北极点》

《大冰原》（巴塔哥尼亚群岛）

《北极点之冬》

《追随南森之魂》

欲知更多伯格·奥斯兰先生详情，请浏览下列网站：

http://www.ousland.no/about-borge/

女记者张建松的极地科普新作首发

8月19日下午,在上海书展的"世纪出版"的活动区,举行了新华社记者张建松女士的新书《最接近天堂的地方》首发式。她是去南极、北极的唯一一位女记者,在那里与科考队员一起工作了238天,这真是难得的经历。她的书图文并茂,文笔清新,对极地探索和科学研究有许多独到的见解。这本新书得到众多读者的喜欢。我阅读了她的新作,尤其是张建松笔下,写到第一次看到一座南极的冰山,那描述,是真实的激动人心地带着女性细腻的优美散文。摘录几段与网友共享:

一、目前,南极的"冰盖之巅"已然成为国际极地研究的热土。围绕冰穹A地区,除了我国开展的熊猫(PANDA)计划外,还有美国、英国、德国、中国、澳大利亚、日本联合开展的南极甘比尔采夫冰下山脉(AGAP)计划,德国的东南极冰穹断面探测(DOCO)计划,以及英国、美国、澳大利亚联合进行的冰帽(ICECAP)计划。2009年,我国成功在冰穹A最高处建立了昆仑站,为解开这些科学之谜创造了有利条件。

即使是在夏季,南极内陆冰盖的气温也在-35℃与-45℃之间,冬季测得的最低气温达到-82.31℃,高寒缺氧的恶劣环境非常不适合人类居住。因此,昆仑站目前还是一个度夏站,我国南极考察队员每年夏季才到昆仑站进行科学考察。昆仑站的建设目标是成为一个越冬站,使我国南极考察队员能以昆仑站为依托,在高寒缺氧、极端恶劣的南极内陆冰盖最高区域,常年开展冰川学、天文学、地质学、地球物理学、大气科学、空间物理学等领域的科学研究。

目前,我国正在大力加强昆仑站自身保障条件建设,直到站区的生活设施、通讯、发电、供暖、氧气应急供应、医疗保障等条件能保证人类生存时,方才考虑派遣队员越冬。

同时,我国还计划组建一支内陆车队和飞机应急救援体系,在中山站建立车队和飞机的伺服

新华社女记者张建松在她的新书首发式上

保障系统，保证昆仑站的日常补给，以及越冬人员在极夜紧急撤离时具备各种生命保障条件。

二、截至目前，世界各国已经在南极建立了82个科学考察站。其中常年站47个，夏季站35个，可容纳2500人左右开展科学考察活动，600-700人在南极越冬。在南极设立考察站最多的国家是阿根廷，一共有14个考察站；其次是智利，共有9个考察站；俄罗斯建有8个考察站，位居第三。南极考察强国是英国和美国，他们在南极设立的考察站数量虽然不算最多（英国有5个考察站，美国有3个考察站），但这些考察站都占据了最佳地理位置，美国阿蒙森—斯科特站位于南极点，位置极佳。还有罗斯海附近的美国麦克默多站，规模庞大，堪称一座"南极科学城"。

我国的极地考察始于1984年。虽然在国际南极科学考察大舞台上姗姗来迟，但在国家海洋局的精心组织和领导下，经过20多年持续不断的努力，目前已形成了"一船"，（"雪龙号"极地科学考察船）"四站"，（南极长城站、中山站、昆仑站、北极黄河站）、"一中"（中国极地研究中心）的业务支撑体系和科研平台，跻身极地科学考察大国的行列，但显然目前距离科学考察强国还有一点差距。

在地球最南端，长城站、中山站、昆仑站科学考察站的建设，不仅是中国极地科学考察的高峰，还是中国全球化战略的高峰！

三、直到航行到南纬62度0.4分、东经106度47.4分，第一座冰山才迟迟现身。当从船上广播听到这个消息的时候，我和许多队员一样，抓起相机兴奋地冲上驾驶台，大家的"长枪短炮"一齐对准了那座被企盼已久的冰山，惊呼赞叹声不绝于耳。

从长焦镜头里看过去，湛蓝色的海面上漂浮的那块冰山，透射出一种摄人心魄的美，令我惊艳万分，流连许久，同时也让我思绪万分。这一路远航，浩瀚无际的大洋时时让我感到人类的渺小，单纯的海上生活也常使我能更深入地思考人生。眼前的大海和冰山，用简简单单的蓝色和白色，搭配出地球最南端一幅最为经典的画面。我们的生命原本也是如此单纯而美丽，如同这座冰山，冰清玉洁地悠游于天地之间。是我们无休无止的欲望，将生命涂上乱七八糟的伪装，染得五颜六色。虽然，第一次见到的这座冰山，与以后所见的冰山比起来，一点也不壮观，造型也没有独特之处，却令我印象极深刻。

与人类以及地球上所有的生命一样，冰山也是有生命的。南极大陆数万年前的降雪，渐渐积压成冰，冰再经过数万年的缓缓移动，在大海边缘断裂而成冰山。我们所看到的大海中漂浮的冰山，平均寿命只有12-14年，最终会在大海中香消玉残，融化成水。冰山的生命与其漫长的形成历史相比较，何其短暂！在它短暂的生命中，我们能一睹其最美丽的芳容，感受这万年冰雪的积淀，又何其有幸！

大海中的冰山只能远眺，近距离目睹这些晶莹神奇的冰山，是在"雪龙号"抵达中山站一周以后。（张建松）

艰苦奋斗的知青　科技创新的楷模

——记知青创新者方国平

我和方国平都是北大荒知识青年，有着相同的生活经历。知青的大多数已进入了花甲之年，方国平又是上海市老科技工作者协会的会员，他跟我有了更多的交往。我了解他很热心知青的文化活动，编书写文章。后来，才知道他和一些纺织科技专家一起，兴办了上海帕兰朵高级服饰有限公司，取得了科技创新和经营管理双方面的显著业绩。

在不到十年的时间里，帕兰朵公司从一个知名度很低的年轻企业，转变为消费者心目中有了较高美誉度名牌公司，在业内具有较高知名度的主流企业；从最初年销售额3000多万人民币，到今年的将近2个亿；从单一产品发展到现在的七大产品系列；从只做一季产品，现在向四季产品发展。

据有关商业全国权威机构统计监测显示，帕兰朵内衣2005年度就进入中国市场同类产品市场综合占有率前三位，被中国纺织品商业协会推荐为2004-2005年全国消费者最喜爱的十大内衣品牌之一，被上海纺织品商业协会等共同评为消费者值得认购的十大纺织新品之一。现在，"帕兰朵"又荣幸地被评为上海市著名商标。

帕兰朵公司从众多的内衣企业中脱颖而出，成为令人瞩目的内衣强势品牌，是因为他们能依据纤维的特性，最有效地加以组合，产生极佳的舒适感。再如：他们的一款最新产品，以棉+大豆蛋白纤维作里料，也是有效组合了棉和大豆蛋白纤维对人体皮肤极具亲和性的特性，达到理想的舒适感。它们秉持的新理念是：不论是像羊毛、羊绒、棉、彩棉等天然纤维，也不论是像莫代尔、天丝、大豆蛋白纤维、牛奶丝纤维等等纤维素纤维，都要充分调动它们对人体最佳的亲和性和舒适性，加以合理地组合、调配，辅以科学的、先进的技术工艺和后处理，从而达到有品质的"舒适"，有品位的"舒适"，使人体的舒适度达到一种最佳的状态。

当人们都在拉毛磨毛磨绒上大做文章，保暖内衣厂商在拉毛磨毛上一哄而上，产品趋于雷同和同质化的时候，帕兰朵却反其道而行之，推出一面磨毛，一面异常光洁、平滑的产品，在显示产品与众不同的同时，又反衬出产品品位的上乘和高贵。

源自意大利的"帕兰朵"，其本身就显示出卓尔不群的形象定位，简单明快而又温文尔雅的三个字，让人品味出不同凡响的气质和韵味。由于它是国内注册、生产，又赋予了它独特的中国本土文化。公司与商标名称独特而又有机地统一，使它与同类企业明显地产生了差异。由此，把"帕兰朵"定位在一个在内衣行业中既适合大众化，又具有中高档品位的品牌层面上。这个定位有三层含义：1. 公司形象是高品位的，具有不同凡响的企业气质，但又是贴近大众的。因此，慎重选择了消费者喜闻乐见的具有高雅优美气质的国际影星关之琳和歌手齐秦，作为企业形象代言人；2. 产品是高品质、高质量的，与同类产品相比能显示出自己独特品位的，有与众不同的特性，能明显优异于同类产品，即"超凡脱俗"的；3. 产品的价值品位，即价格和品质是一致的，就是说实实在在的品质，实实在在的价格，物有所值，不虚化、不夸张、不搞低价竞销。这个定位，通过这四年多的运营实践，赢得了市场与广大消费者的认同和赞誉。

企业的方方面面都反映出差异化，就此沿着这一方向整合企业所有的资源，使差异化逐步形成核心竞争力。这几年，方国平领导的公司品牌战略的成功，就取决于差异化和定位的成功，取决于由此形成的核心竞争力。这一切成绩的取得，首先得归功于改革开放的市场经济的大环境，归功于上海提供的宽松有效的创业机制。其次，是帕兰朵人的创意，帕兰朵人的创造性思维，帕兰朵人的创新精神。正是方国平为代表的帕兰朵人的自主创新的能力，使他们获得了成功。

徐传宏《科普写作技法》读后感

一本五十万字的《科普写作技法》的著作摆在电脑前，作者是徐传宏先生。他是上海市科普作家协会成员，虹口区科普作家协会副理事长。我认识他，他是一位稳重和蔼的科普作家，经常能看到他的文章。而这次收到这样厚厚一本科普文集，真是为他的勤奋感到由衷钦佩。

这本文集包含了他精心收集的许多科普范文，有不少是他自己的作品；但更重要的，是分门别类写出科普写作的技法，从积累资料、选题选材、精选标题、构思布局、写出趣味、增添文采、新手起步、投稿诀窍等，涉及科普写作诸多的实际问题，从十六个篇章写来，全面细致，务实有用，是一本科普创作的应用工具书，对指导和提高书面文字类科普写作的能力，有很好的参考促进作用。

徐传宏毕业于华东师大中文系，因而他多年从事科普写作是要在科技知识的学习钻研上，必须付出刻苦学习的，否则很难胜任写好科普作品的。比如，《可燃烧的冰》、《太空垃圾》、《e时代的N个为什么》的科普作品，得到好评，是要对最新的科技新知，加以深入补课、弄清底细，才能表达准确清楚。因此，徐传宏早在2007年被中国科普作家协会表彰为"有突出贡献的科普作家"是名副其实的。

时代在快速前进，科学技术也日新月异。尤其是，科普传播的手段与方式，也在移动互联网背景下，发生了革命性的变化，从事科普创作的老兵，也面临新的挑战。徐传宏先生的著作中，在新媒体的科普作品的创作方法和技法方面，涉及较少，可能是需要进一步学习努力的。让我们科普工作者一起跟上科技创新的步伐，提高新的科普传播能力，把科普创作做得更加出色。

科普活动

科普随笔

科普游记

科普人物

文耕选录

诗歌及其他

科普新媒体

显微镜

[俄罗斯] 瓦·舒克申

这件事本来就该下决心的。他下决心这么干了。

有一次他回家来,心情激动,脸色蜡黄,对老婆也不看一眼就说:"这,这……我把钱丢了。"说这句话的时候,他那碰破的鼻子(一个带鼓包的鹰钩鼻子)由黄变红,"我丢了一百二十卢布。"

老婆惊讶得张着大嘴,脸上露出恳求的、疑问的表情:能吗?这是在开玩笑吧?不会的,这个鹰钩鼻子从不开玩笑,不会开玩笑的。她笨拙地问道:"在哪儿丢的?"

这时候,他惊讶地哼了一声。

"假如我知道,我就去找回来了……"

"哼,不行!"她大声喊起来,"你还笑呢,你笑不了多久啦!"她跑过去抓起平底锅的把柄。"我好容易攒了九个月,败家子!"

他从床上抓起一个枕头,以便防御老婆的袭击。(古代人拿闪闪发光的盾牌耍威风,他却用枕头!)他们在房间里追打起来……

"枕头!你弄脏了枕头!你自己洗!……"

"我会洗的!我会洗的,弯鼻子!我要打断你的两根肋骨!我要敲断你的肋骨……敲断……"

"那你用手打吧……"

"你这个钩鼻子!……弯鼻子!"她一边打,一边骂。

"用手打吧,你这个脏货!我明天去开病假条,你不更糟啦!"

"坐下!"

"打坏了,你就更糟糕……"

"糟就糟吧。"

"哎哟!"

"就该这么揍!"

"还没打够?"

"不,让我好好出口气!好好宽宽心,你这个弯鼻子的败家子!你这个啄木鸟……"

她一边骂着,一边趁他不备,就朝他脑袋上狠狠揍了一下,打完了,她自己也有点害怕。

他扔掉枕头,抱着头呻吟起来。她察言观色,看他是假装喊疼还是真的打狠了。她确信丈夫真的被打疼了,就放下平底锅,坐到方凳上号啕大哭起来。她边哭边骂,数落着自己的丈夫:

"唉,为什么我的命这样苦啊?……我攒下这些钱,好容易攒的!……唉,我舍不得吃一顿好饭!……唉,我连甜饼干也没给孩子买一回!……我省吃俭用攒下这些钱,你这个弯鼻子!……唉,我把一个个戈比攒起来,心里想:叫我的孩子到冬天有件漂亮暖和的大衣!……叫他们到学校去不要破衣烂衫,受冷挨冻!……"

"你的孩子是这样吗?他们什么时候穿过破衣服?"他忍不住顶嘴说。

"你还犟嘴,大鼻孔!住嘴,你吃掉了孩子们的钱!你吃了没有噎死,你噎死了我们还好过一些……"

"谢谢你这些好话。"他挖苦地嘀咕着。

"哼,大鼻子!你到哪儿去过?也许能想起来?可能忘记在什么地方了?也许上班的时候放在工作台下忘记了?"

"哪是上班的时候?我下了班才到银行储蓄所去的。上班的时候……"

"你上谁家去过?"

"谁家我也没去。"

"可能在小铺里和酒鬼喝啤酒了?……想一想。可能掉在地板上……你快去,他们还会还给你的。"

"我没到小铺去过!"

"那你能把钱丢在哪儿了呢?大鼻孔?"

"我不知道。"

"我等着用钱!……要不现在我们就可以带着孩子们去商店,试试那些大衣……我已经在那里暗暗挑好了。现在钱丢了。唉,你这个败家子,败家子……"

"够了,别一个劲地骂败家子,败家子!"

"你算个什么东西?"

"现在你要我怎么办呢?"

"你得干两个班的活,败家子!你得使劲干,掉膘也得干……你得戒酒。从现在起,想洗完了澡喝半斤,做梦!你要喝,就喝那井水吧……"

"我不在乎那半斤酒。没有酒我也能过。"

"你得走着去上班!不许你乘车。"

于是,他惊讶地说:

"干两班活，还得走着去上班？你想得挺好啊……"

"就得走着上班！用你的两条腿走着去，走着回来，大鼻孔！要想不迟到你还得跑步。钱是你丢的，就得你流汗挣回来，叫你永远记住这件事。"

"两班活我干不了，我可以干一个半班，干一个月没关系。"他一本正经地说，抚摸着打伤的地方。"我已经和工长说过了……"他预先没想到竟会说漏了嘴。当老婆向他投来疑惑的眼光时，他立刻改嘴说："我一发现钱丢了，就返回干活的地方，跟工长说了。"

"得了，把储蓄存折给我。"老婆看了看他，叹了口气，又痛苦地说了声："你这个大鼻孔。"

一星期来，安德烈·叶林在离村子九公里的"粮食采购处"的小作坊里当木匠，心里觉得不痛快。老婆还是发脾气：他接连不断地忍受"大鼻孔"的骂声，自己也一肚子气，但是不敢骂出声来。

可是，过了几天……老婆心平气和了。安德烈就等着这一天。他终于做出决定，那件事可以做了。

他晚上很晚才回家（他确实"干着"一个半班的活），手里捧着一个盒子，可以看得出盒子里放着一件沉甸甸的东西。

他常常把一些活儿拿回家来干，有时是一些用纸包着的小木头块儿、小箱子，因此，这次他带回东西来，并没使别人感到奇怪。安德烈暗自高兴。他站在门槛旁边等着，希望别人注意他，终于有人看到他了……

"你乐个啥？脸上发亮，像个月亮底下的光屁股。"

"这是发的……是因突击加班得的奖……"安德烈走到桌子跟前，解盒子解了很久……终于他打开了盒盖子。于是，他把一架显微镜……放到了桌子上。这是一架显微镜呵。

"你拿它干啥？"他老婆说。

这时候，安德烈忙乎起来，但不是像以往那样显得低三下四，而是带一点骄傲的神气。

"我们将要仔细地看看月亮！"他说着就哈哈大笑起来。正在五年级读书的儿子也笑了：在显微镜里看月亮！

"你们这是干什么？"母亲抱怨地问道。

父亲与儿子哈哈笑着搂在一起。

老婆把严厉的目光投向安德烈，他就安静下来了。

"你知道到处都有许多细菌包围着你吗？例如你舀一杯生水……也是这样的，你知道吗？"安德烈舀了一杯水。"你想喝生水吗？你喝生水吗？"

"去你的！……"

"不，你回答一声就行。"

"我当然喝生水的。"

安德烈看了儿子一眼,又情不自禁地哈哈大笑起来。

"她当然喝生水的!……岂不是傻瓜?……"

"大鼻孔,我现在就去拿平底锅。"

安德烈又严肃起来。

"你喝了许多细菌,亲爱的,你喝了细菌。连水带细菌一起喝下了。你吞下去了两百万个细菌,你统统喝下去了。吃凉菜,也吃下去细菌!"父子俩人克制不住地又笑出声来,凶女人又走到房角那边去拿平底锅。

"你到这里来看!"安德烈喊起来。他拿起一杯水走到显微镜跟前,调节旋钮拧了好长时间,倒了一滴水放在镜子般的圆板上,眼睛凑到镜筒上,看了大概有两分钟,似乎连呼吸也屏住了。儿子在他身后站着,眼巴巴地也想看上一眼。

"爸爸!……"

"这就是细菌,小狗①!……"安德烈低声嘟哝着。他显出极其惊奇的神态嘟哝着:"它们游动得挺欢呢……"

"喂,爸爸!"

父亲用脚踢了他一下。

"游来游去,游来游去!……咳,这些小狗!"

"爸爸!"

"给孩子看一看!"母亲严厉地命令,她也明显地表现出很感兴趣的样子。

安德烈十分惋惜地离开镜筒,给儿子让出地方。他急躁不安地嫉妒地盯着儿子的后脑勺,不耐烦地问着:

"看见了吗?"

儿子不吱声。

"你看见了吗?!"

"看见了!"小伙子喊起来。"白色的……"

父亲把儿子从显微镜旁边用力推开,把位子让给母亲。

"你看!她总是喝生水……"

母亲看了好长时间……一会儿用这只眼睛看,一会儿用那只眼睛看……

"我什么也没看到。"

安德烈简直被激怒了,变得十分勇敢。

---

① 安德烈看到细菌,把它们称作"小狗"。

"你瞎了眼！口袋里什么小钱都找得到，细菌就看不见啦。细菌都快跳进你的眼睛里啦！傻瓜！它们是白色的……"

因为父亲和儿子都看见了细菌，而她没有看见，所以也没法发脾气。

"看见了，我看见了……"可能她在撒谎，从前她撒过谎，这次可能又撒谎了。

安德烈毫不犹豫地把老伴从显微镜旁推开，自己就凑到镜筒上看起来。于是，他又呜噜呜噜地低声说起来。

"它们在干什么呀！它们在干什么呀！"

"是这样模糊不清的小东西吗？"母亲站在他身后向儿子细细地询问。"是不是好像菜汤里的油花？……它们是什么呀？"

"安静点！"安德烈紧凑着显微镜狠狠地喊着。"还油花呢……你自己是油花吧。你还是整块的火腿呢。"真奇怪，安德烈·叶林竟变成了威风凛凛的一家之主了。

上五年级的大儿子笑了起来。母亲就揍了一下他的后脑勺。然后把几个小儿子都拉到显微镜跟前。

"喂！你这个酸菜汤博士！……给孩子看看，你看得够累的啦……"

父亲离开显微镜，让出了地方，激动地在房间里踱来踱去，想着什么。

当全家吃晚饭的时候，安德烈还在思索着，他看一眼显微镜，摇摇头。然后舀了一勺汤，指给儿子看：

"这里有多少细菌？……大约有多少？"

儿子皱起了眉头。

"大约有五十万个细菌。"

安德烈·叶林眯起一只眼睛看着勺子。

"不少于这个数。可我们要一口把它们吞下去！"他把汤咽下后，就拍了拍自己的胸口。"好了，没有了。现在我们的机体正在跟它们搏斗。机体将会战胜它们的！"

"这东西大概是你自己要的吧？"老婆带着一丝不满的情绪看了看显微镜。"要是奖个吸尘器就好了，只要拿起来就会吸掉灰尘。可是现在呢，这东西就没有用。"

不，上帝造女人的时候，总想露那么一手，造物主爱夸张，就爱夸张，看来也像一切艺术家一样。可话又说回来，这并不是塑造"思想者"啊。

夜里安德烈起来两次，点上灯，朝显微镜里看着，低声嘀咕道：

"这些小狗！……它们搞什么名堂？它们刚才在搞什么名堂！它们总也不睡觉！"

"别发疯了。"老婆说，"你迷上什么，就迷得发疯。"

"我很快就会有所发现。"安德烈一边躺到老婆身边，一边说，"你什么时候和学者睡过觉？"

"不嫌害臊！……"

"你将要和学者睡在一起了。"安德烈·叶林亲热地拍拍老婆柔软的肩膀。"亲爱的，你将要和学者睡在一起……"

大概又过了一星期，安德烈好像在梦幻中生活着一样。他下班回来，仔细地洗脸，急匆匆地吃晚饭……就到显微镜上眯着一只眼睛看呀看。

"问题是这样的，人本来应该活一百五十岁。"他说着，"有人要问，那为什么他只活了六十岁，最多到七十岁就伸腿了呢？那就是细菌在作怪！它们这些坏蛋，缩短了人的寿命。细菌偷偷地潜入人们的机体，于是，一当人抵抗力削弱时，它们就得逞了。"

他和儿子俩经常坐在显微镜旁研究好几个小时，他们观察从井里、从饮水桶里取出的水滴……下雨的时候，他们观察雨水的水滴。父亲还派儿子到洼地里去取来水样……洼地的水样里这些白色透明的小东西密密麻麻多得很。

"他妈的！它们在干什么！……咳，这怎么跟它们斗争呢？"安德烈放下两手，"人走到洼地，又走回家，弄脏了地板……这时候孩子光着脚在地板上走来走去。你瞧吧，细菌就沾到孩子身上啦。可是孩子的身体很弱呀！"

"所以要经常擦脚。"儿子说，"可是你不擦脚。"

"问题不在这儿。应该学会把它们在洼地里直接消灭掉。要不然我就得擦脚，我现在知道应该擦脚，可是先卡和马罗夫……你就是讲给他听，这个傻瓜，他过去怎么走，将来还会怎么走。"

他们还观察汗水。为了得到汗水，安德烈叫儿子在街上跑得满头大汗，然后用小勺从儿子的额头刮下汗水，收集到一滴，他们就弯腰在显微镜下观察。

"汗水里也有细菌！"安德烈苦恼地将拳头砸在自己的膝盖上。"你想活到一百五十岁！……可是在皮肤里也有细菌。"

"检验一下血液怎么样？"儿子建议说。

父亲用针在手指上刺了一下，挤出一滴鲜红的血，抖落在镜片上……他弯腰凑着镜筒看了看就哼哼起来。

"完了，儿子，细菌爬到血液里去啦！"安德烈·叶林直起身子，惊骇地看看四周。"原来如此。那些学者们是知道的，这些混饭吃的家伙，他们比我知道得清楚，就是不说！"

"你说的是谁？"儿子不明白。

"那些学者，他们有比我们好得多的显微镜，他们什么都能看见。他们就是不说。他们不想使人们忧愁。为什么他们不说呢？大家在一起也许还能想出办法把细菌消灭。不，学者们商量好了，他们就是不说。他们怕人们知道了感到不安。"

安德烈·叶林坐到小方凳上，抽起烟来。

"就因为有了这么小的生物,人就得死啊!"安德烈显出一副绝望的表情。

儿子在显微镜里观察。

"它们互相追赶着!另外有一些小东西是圆圆的……"

"它们全部都是圆的长的,都是一个样子。不许对母亲讲在我的血液里看到了什么。"

"也看看我的血液怎么样了。"

父亲仔细地打量着儿子……于是好奇心和恐惧心一起在叶林老头的眼睛里反映出来。他那双艰苦劳动了多年的被烟油熏黑的大手,在膝盖上微微地发抖。

"不用了。也许小孩身上……唉,你们这些学者!"安德烈站起来,用腿狠狠地踢开小方凳。"他们就会消灭虱子、臭虫,各种各样的蛹,就会消灭这些东西,而这些小虱卵,最小的,你们就没办法了!你们的学问在哪儿呢?"

"虱子你看到了,而这些呢……你把它们怎么办了?"

父亲沉思了很久。

"用松节油?……不起什么作用。伏特加大概能比松节油厉害一些……我喝点伏特加,再看一看在血液里会发生什么变化?"

"伏特加能进入血液里么?"

"不进入血液又会到哪儿去呢?不然人为什么要喝酒呢?"

不知怎么想的,安德烈下班时带回来一根长长的细针……洗完脸后,他向儿子使了一个眼色,他们就走进了房间。

"咱们试一试……我把针磨好了,也许,我们能刺住一两个细菌。"

金属细针的尖端磨得很细很细,简直像头发丝一样细,安德烈用这根细针尖端在水滴里扎了好长时间。他呼哧呼哧喘着气……甚至累出了一身汗。

"这些传染病菌,都逃跑了……不,是针太粗了,没扎上。应该磨得更细一些,但是已经无法再细了,磨不了啦。好吧,我们吃晚饭吧,吃晚饭后再用电流来试一下……我去拿小电池,我们把两根导线连接在一起。那时候再看看会怎么样……"

正在他们吃晚饭的时候,一位不速之客谢尔盖·库利科夫来了,他和安德烈一起在"粮食采购处"干活。周末,谢尔盖喝了一些酒,大概是闲逛来到安德烈这里的。

最近以来,安德烈顾不得喝酒,他惊奇地发现自己厌恶喝酒了:人们的行为十分愚蠢,喝酒时还经常说些乱七八糟的话。

"和我们一起吃点吧!"安德烈有口无心地邀请说。

"不用了,我已经吃过了……我醉了吗?在墙角里坐一会就行啦!……"

"唉,为什么可怜巴巴地装成受气的孤儿了呢?"安德烈想。

"那随你便吧。"

"给我看看细菌吧？"

安德烈觉得不安起来。

"什么细菌？你睡觉去吧，谢尔盖……我这里没有细菌。"

"你还隐瞒什么呀？那个武器，叫什么来着，被你藏起来了吧？搞科学的嘛……我儿子絮絮叨叨地把什么都告诉我了：安德烈伯伯想消灭所有的细菌。安德烈！"谢尔盖用拳头在胸膛上捶了一下，把灼灼的目光聚集在"学者"的脸上。"我们要铸一个金质的纪念像！……我们要让你扬名全世界！我和你并肩站在一起工作过！……安德烈！"

尽管醉醺醺的酒鬼卓娅·叶林娜也感到无法忍受，但在听村子里的人夸她男人是学者的时候，她还是感到有些美滋滋的。于是她搭腔了，倒并不是真要表示什么不满，而是出于对任何事情老爱发点牢骚的习惯。

"就不能奖个别的什么东西呀？非奖个显微镜不可。现在我男人都发疯了，晚上也不睡觉。要是奖个吸尘器多好呀……那就可以吸尘用了，可现在没有东西用来吸尘，我们也不打算买了。"

"奖给谁？"谢尔盖不明白。

安德烈·叶林惊慌失措。

"就是发的奖金……那架显微镜呗……"

安德烈想方设法地使眼色，要让谢尔盖明白，不能多嘴……但是毫无用处！这个人迷惑不解地盯着卓娅。

"什么奖金？"

"就是上级发给你们的奖金呗！"

"发给谁的？"

卓娅瞧了丈夫一眼，又瞧了谢尔盖一眼……

"不是发给你们奖金了吗？"

"等着吧，等着他们发奖金吧！等再发一百次该轮到你啰。奖金……"

"因突击加班，上级奖给了安德烈一架显微镜……"卓娅说话时嗓音压得有点可怕，她心里已经都明白了。

"他们不会发奖金的，别想！"喝醉的谢尔盖在墙角那儿唠唠叨叨地说个没完，"我上个月都超额完成了百分之一百三十的工作量，还记了账，哪来奖金……是这样吧？安德烈是不许撒谎的……"

整个事情在一瞬间土崩瓦解了，可怕地急速地向着深渊塌落下去。

安德烈站起来……一把抓住谢尔盖的衣领，就把他带到房子外面。在院子里安德烈对他的后脑勺打了一下，然后问道：

"你有没有三个卢布？发工资时还给你……"

"有……你为什么打我？"

"我们到小馆去，你……这个坏蛋，挨门挨户多嘴多舌啰唆个啥呀！……唉……你这个成事不足败事有余的家伙！"

这天夜里，安德烈睡在谢尔盖家里，他和谢尔盖一起喝酒，喝得酩酊大醉。他们喝光了自己的钱，还向别人借了钱，答应发工资时归还。

直到第二天午饭的时候，安德烈才回家……老婆不在。

"她到哪儿去了？"他问小儿子。

"到城里去了，到……叫什么……寄卖，到寄卖商店去了。"

安德烈坐到桌子旁边，两手捂着脑袋。这样坐了很久。

"她骂人了吧？"

"没有，妈妈只是嘀咕了几句。你喝酒花了多少钱？"

"十二个卢布。唉，彼佳……小儿子……"安德烈·叶林没抬起脑袋，痛苦地皱着眉头，牙齿咬得格格直响。

"难道问题出在这件事情上吗？你年纪小，还不明白……你不明白……"

"我明白：她要把显微镜卖掉。"

"卖掉吧，对……应该买大衣。唔，好吧，买大衣吧……没什么……应该的，当然啦……"

为了一颗心！

[苏]舒克申

新年前三天，一个寂静寒冷的夜里，尼卡拉耶伐克村传出两声响亮的枪声，一声接着一声，打破了阴冷的寂静。这是大口径猎枪的枪声。接着，有人大喊了一声：

"为了一颗心！"

枪声的回响久久地飘落在村子上空。狗叫起来了。

到早晨才知道，是助理兽医亚历山大·伊凡诺维奇·卡祖林打的枪。

助理兽医卡祖林在这个村子里才住了半年。当他刚来这里时，没有引起尼卡拉耶伐克村任何人的注意。

他是一个很平常的人。五十多岁了，很胖而又虚弱……但是他走路走得挺快。眼睛总是看着地下。和别人打气招呼也是急匆匆的，接着很快地又垂下了眼睛。他很少说话，说起话来，声音很轻，含糊不清，好像总是为什么事情羞愧似的。又仿佛他知道人们的什么秘密，害怕看人一眼，就会露出马脚似的。其实他不是怕别人，而是腼腆和慎重。虽然妇女是尊敬冷静温和的男人的，但是她们也不喜欢卡祖林。还有一点使人不喜欢——他是单身汉，谁也不知道他为什么独身，但是五十多岁没有家庭，没有任何亲人——这总是不太好。

就是这个人深更半夜从房子里跳出来，朝天空打了两枪，并且大喊起来。

人们都感到莫名其妙。

中午，身材粗壮的地段民警跑得满脸通红，风尘仆仆地来到卡祖林的兽医站。

"你好，卡祖林同志！"

卡祖林惊奇地瞥了民警一眼。

"您好。"

"应该……到村苏维埃去报告一下，写一份记录。"

卡祖林正在地板上寻找什么……

"写什么记录？为什么？"

"什么？"

"为什么要写记录？我不明白。"

"昨天有人打枪了。肯定的，有人在夜里打枪了。"

"是我打的。"

"这就必须写一份记录。村苏维埃主席……想和您谈谈。为什么开枪？吓着人呢？"

"不……科学上有了重大胜利。我鸣枪庆祝。"

地段民警带着真诚的兴趣愉快地看着卡祖林医生。

"什么胜利呢？"

"科学上的胜利。"

"哦？"

"我鸣枪庆祝，这有什么关系呢？我是因为高兴啊。"

"在莫斯科，人们可以鸣礼炮。"地段民警教训着说，"在这里，这是破坏社会秩序，我们反对乱放枪。"

卡祖林脱下了工作服，穿上外套，戴好帽子，看样子他准备去一趟。

地段兽医站门口停着一辆带斗的摩托车。

村苏维埃主席正在等他们。

"就是他……在昨天夜里，鸣枪庆祝。"民警说，并愉快地看了卡祖林一眼。"卡秋林同志就是这样对我解释的。"

"卡祖林。"兽医纠正说。

"说错了？"

"对，是说错了。"卡祖林说。

"错那么一点……对！"民警明白了，他笑起来。于是民警费劲地坐到挺大的靠椅上。他从皮包里拿出记录公文纸。"对不起，我没有什么恶意。"

村主席把铬莱革的皮鞋踩得吱嘎吱嘎直响，用右手整整军便服的皮带（从另一个袖子里露出干净的油漆发亮的假手），他对兽医说：

"请坐，卡祖林同志。"

卡祖林也坐到安乐椅上。

"发生什么事了？为什么开枪呢？"

"昨天在开普敦市给一个人移植了心脏。"卡祖林庄严地说了一句，又沉默了。村主席和民警等着他，"后来怎么了？""从一个死人身上把心脏移给一个活人。"

民警拉长了脸。

"什么？什么？"

"把死人的心移植给活人，移植尸体里的心脏。"

"什么？把尸体挖掘出来……"

"干吗要去挖掘尸体呢，有一个人刚死。"卡祖林有些激动地说，"他们两个人都在医院。"

"哦,这是可能的,可能的,"村主席和气地赞同说,"人们常常移植个别的器官,比如肾脏……或者其他的器官。"

"其他的器官是可以的,而移植心脏这是第一次,这次移植的是心脏!"

"我还没有看出在这种病理学的事件与夜里的两声枪响之间有什么直接的联系。"村主席严肃地说。

"我很高兴……当我听见这个消息,就万分惊讶,眼睛里一看到枪,拿起来就跑到院子里放了起来……"

"在深更半夜放枪。"

"这有什么关系?"

"有什么关系?这是破坏劳动人民的社会秩序。"

"你在几点打的枪?"民警严厉地问。

"我也不知道几点,大概三点吧。"

"你在三点以前听收音机了吗?"

"我睡不着,就听收音机了……"

地段民警以询问的目光看了一下村主席。

"在三点钟莫斯科播什么节目?"

"《灯塔》节目。"

"整夜都播《灯塔》节目。"村主席证实说。但是他认真地看了看兽医说,"谁给您权利在夜里三点钟打枪惊扰村子的呢?"

"请原谅,在那时候,我没有想过……我是精神分裂症患者。"

"谁是精神分裂症患者?"民警不明白。

"我是精神分裂症患者,你们知道,我犯病了……就失去了自制力。"兽医在沉思中用手指头摸一摸前额,然后摸一摸眼睛。……接着又说了些"牙粉和其他什么"毫无意义的话。

民警和村主席莫明其妙地互相看了看。

"请原谅。"兽医又说了一遍。

"我们是可以原谅您的,卡祖林同志。"村主席关心地说,"而劳动人民怎样原谅您呢?他们有些人早晨五点就得起来……您是一个受过教育的人,您应该明白这些道理。"

"真是有意思。"民警善意地开玩笑说,"您为什么要急急忙忙地鸣枪庆祝呢?要知道这不是您的专业的胜利,您是兽医,也不是给母马移植了心脏。"

"不许您这样说!"兽医突然喊起来,并且涨红了脸。他沉默了一会儿,又轻声地痛苦地问:"你们为什么要这样啊?"

大家都沉默了一会儿，村主席先说起话来：

"不应该急躁。当然，这是科学家的重大成就。问题不在于人们给谁移植了心脏。我们大家，乃至整个生物界最终都会承认，这成就是重大的。更何况这是发生在人的身上。但是，卡祖林同志，我再次对您说：您在夜里鸣枪这不适当的主动性是对秩序安定的极大破坏。这样的成就还是少一些好！您对我们全体公民说来是病态心理患者。您要永远记住这件事。好吧，您可以去工作了。如果您需要的话，您可以走了。"

"谢谢。"助理兽医站起来，戴上帽子，朝门口走去。

他在门槛那里，停住脚步……转过身子。突然他皱了皱眉，闭上眼睛，并且像在营房那样出乎意外地大声地拖着长腔喊口令：

"向右看齐！立正！"

然后行了一个举手礼，轻轻地说：

"我的病又犯了……再见！"他就走开了。

民警和村主席看着门口，在那里坐了一会儿。然后民警在椅子里吃力地朝窗子挪过身去，看了看，助理兽医沿着街道走了。

"在我们这里大家都这样叫他：墙角里震破了的洋灰袋子。"他说。

村主席也看了看窗子。

兽医走了，像平时那样走得那么快，眼睛向下看着。

"应该没收他的枪"，村主席说，"鬼知道他会……"

民警哼一声。

"你想想他真的有怪脾气吗？"

"不是又怎么样？"

"他假装的！凭眼力我看得出来……"

"为什么？"村主席不明白。"他为什么这样干呢？在这时候……"

"咳，那怎么样——我们没啥责任。现在想调查吗——不用了。我敢拿脑袋担保——不用任何的调查。他有打猎证。用不着争论，现在去检查，他就是有证。打猎费也缴过了。怎么样？"

"我还是不明白：为什么他把自己说得啥也不是？"

民警笑了。

"这很简单——他要以防万一。万一发生什么事，人家问他为什么？他回答说：我是精神分裂病患者，就不用回答别的了。就这么一回事。"

小兴安岭伐木记

1968年,我们知青到查哈阳农场才两个多月,就要上小兴安岭伐木了。因为需要那么多知青的住房,盖起来要用很多木材。我不假思索就报了名。营部批准了。我们打好行李,收拾衣物在一个旅行袋里。出发那天,行李往大卡车上一扔,浩浩荡荡的伐木队伍就直奔拉哈火车站。上山啦!那年头,上山,有点像杨子荣到林海雪原夹皮沟打土匪的感觉。

列车向伊春林区小白林场行驶。单调的车轮滚动声,早让大家在车上睡着啦。等我醒来,趴在车窗向外看时,小兴安岭山林的景色,像一幕幕电影镜头一幅一幅地闪过。茂密的森林已披上一层银白色的雪装。山坡上也是白雪皑皑,朦胧茫茫。各种高大的树木,从树梢到树干都是银白色的,山峦叠叠,林木丛丛,全是排列整齐的宝塔式的美丽淡雅的图案。那夜,一定有月亮,淡蓝色的清辉洒在银装素裹的山林上,时而还有山民小屋的金黄色的灯光点点闪过。肃穆、宁静、寒冷,披着蓝莹莹的银白色,城市里从没见过的色调,似乎是在童话世界里见到过。列车停站了,而我见识的小兴安岭森林的第一幕,也定格了。那美丽,那清爽,永远地留在一个二十岁青年的脑海里。一瞬间,还冒出的片断,是高尔基的《我的大学》。我要走进森林了,要走进一所什么样的学校呢?

每个伐木连,都是由经验丰富的老职工和知青一起组成。大家都住在帐篷里。每人只不过有八十厘米宽的地方,晚上人挨人睡觉,勉强可翻身。那睡觉的床铺,是用树桩树枝搭的,用麦秸铺成的。帐篷是毡棉帆布做成的,能挡住零下三四十摄氏度的严寒。两面有小窗口,两头有门,其实都是棉毡片挡住,掀起就能走人,就能透气。那时候我不会抽烟,总觉得那么矮的帐篷里,都是蛤蟆头土烟的呛人味道。

伐木任务是要完成二万立方米木材,主力部队都开到深山第一线,锯伐成材。成材是指直径三十厘米以上的成年树木,红松白松落叶松,椴木楸子水曲柳等,得用刀锯把高高耸立的树木锯倒,截断,运下山。碰到粗壮的大树,就要用双人锯或油锯来操作。那时油锯很少,主要靠人力。树木将被锯断,嘎嘎作响正要倒下时,为了附近作业人员的安全,锯树人要大声喊叫,发出树倒的警告。按树倒的方向,喊叫有不同。树往山顶倒,喊"上山倒——",树往山脚倒,喊"下山倒——",树往山腰倒,喊"横山倒——"。听到喊叫声,如果觉得离放倒的树很近,在附近走动的人,就会赶快离开,以求安全。这是铁的经验。有一次,锯树人也许是累了忘了喊叫。大树倒下时,正好有两个人向树倒的地方走过来。一位是指导员，还有一位是女知青，指导员为了救她，催她先躲开，自己被大树砸倒，当场身亡。这件真事，是当年另一个农场伐木时发生的，就这样凑巧。老伐木工用血和生命，换取与森林交往的经验。

　　锯断的大树倒下的场景十分壮观，尤其是巨大古树下山倒的时候。这些大树相当于楼房七八层高，趁着山势，像一支巨大的利剑，仿佛储存了一辈子上百年的无穷力量，不甘心地向山林劈下去。它带着的大小枝丫，义无反顾地扫向阻挡它的本来静静站立的披着银白色雪装的大树小树。于是，那森林里的玉树琼枝，飞起千层万层雪，乱溅飞舞的雪晶，漫天闪亮，飘逸徜荡。如果有山风吹卷，更会慢悠悠地落下。在冬日太阳的照射下，呈现一幅气势磅礴的奇妙景象。同时，伴随着劈断树杈的"噼噼啪啪"声，大树撞击山体的"轰隆轰隆"声，令人十分难忘。在以后的人生经历中，看到过海浪拍岸卷起千堆雪，说真的，也没有这景象壮观。

　　我的工作是锯树劈柴。帐篷里放两个用汽油桶做的大炉子，上面开一个方孔，是往里扔木柴用的，还开一个圆孔，安装一个碗口粗的烟囱，通向帐篷顶部排放烟雾。下面也开个方孔，钩捅灰渣的。这铁筒炉子简单而好用。夜里，把劈好的板柴扔进去烧，每次扔笔筒粗的木柴八九块，把铁筒可以烧得通红。整个帐篷里暖和得很，累了一天的伐木工，可以安安稳稳地睡觉，第二天又能上山干活。但是，两个炉子烧一夜的木柴，我一个人要干整整八小时。

　　上午先用两小时，赶着一辆牛爬犁，上山拉站杆木。所谓站杆木，就是已枯死了很多年老树，光秃秃站立在山上，已经很干燥而好烧。因为活的新鲜树木有水分，烧不着。伐木工把站杆木放倒在山坡上，我用爬犁捆绑好它拉回来。然后，我用一把刀锯，把木头锯断。我带着狗皮帽，穿着羊皮袄，露天干活。垫块狍子皮，坐在路边的地上，要把长长的、三四十厘米粗的站杆树，锯断成十多段。真不容易呀，一来一去，拉一个最单调的体力动作，大约每天锯五个小时。这么干了一个冬天。我的胳膊三角肌二头肌特别健壮有力，就是这样练出来的。把锯断的树段劈开，是每天劳动最痛快的时刻，十几段圆圆的树桩，竖起，一溜排好，我高高抡举起大斧，使最大劲劈下去，常常是一劈两半，喊哩咔嚓十分钟就劈完了。那真是有成就感。可是，一大堆板材一夜就烧完啦。第二天又得干。为了磨刀不误砍柴工，我要在晚上把刀锯的一个个锯齿，锉得很锋利，这是老伐木工手把手教会我的。

　　有一天，我提前完成劈柴任务，赶着牛爬犁上山去，想再拉一根站杆木回来。那头黑牛慢悠悠地在雪地上走。到了目的地，我把一根挺粗的木头捆扎在爬犁上，举起鞭子，吆喝着"驾！驾！"可是这头黑牛站立着纹丝不动，我使劲喊，好像它听不懂我上海知青的口令。我举起鞭杆使劲抽打它的后背部，它还是不肯迈出半步。天色一点点黑下来，如果黑到看不见山路，会在山林迷失方向，那就危险了。我弄不清怎么回事，只能把捆好的木头卸下，牵着黑牛下山。它倒很听话，跟着我温顺地回到住地。我边吃晚饭边寻思：这黑牛今天为啥不肯走呢？我饭还没吃完，就听见有人大声喊：黑牛下崽啦！黑牛下崽啦！我放下饭盒，快步走进牛棚，那身上还湿漉漉的小牛，正战战兢兢地站立起来，黑牛正在舔着小牛的头。它的眼睛里充满着母性。哦，原来它要临近生产，所以在山上不肯走，它也不可能说话告诉我。如果小牛生在山地里，我还抓瞎了呢。我怎么把小牛背回来？弄不好路上就冻死了。黑牛还白挨了我那么多鞭子。真对不起这勤恳的母牛。我咋没看出它大肚子呢，不过，老职工也嘟嘟囔囔地在说：它大肚子要生了，咋看不出呢？这么说，我作为知青看不出，也可原谅。

山上也有娱乐活动，打扑克、看电影等。经常看的有南斯拉夫影片《多瑙河之波》，里面有一位勇敢的船长米翰。在运输战备物资的途中，德军的空投炸弹没炸死他。他就在驾驶台的桌面上，用匕首刻一道痕，加起来有十多道。居然，在山上我也可以，刻下从死亡线逃出的痕迹。第一次是：差一点儿被翻车的一堆木头压着。我坐在地上锯木头的路边，有一条汽车行驶的便道。山上伐好的木材，四米、六米、八米长的，用钢丝绳捆好，装满一车车往山下火车站运。运输车每次从我身边驶过，也没什么危险的感觉。我只管锯我的木头。可是，原本山路是由冰雪冻住的。接近春天了，中午太阳有点力气，晒得路上的冰雪融化了。道路开始不平坦，重车开过，道路被压出坑来。我一个知青，也不知道危险临近。那天，一辆满载的木材车开过，车轮在坑里一颠，在那边坑里又一颠，整个车身摇晃起来，钢丝绳脱扣。一刹那，满满一车粗大的木材，贴近我身边滚滚砸过。轰隆隆的巨响停息，帐篷里的老职工跑出来，看到毫无知觉的我，木然从小山一样的木材堆后面站起来，一齐惊呼：小陈你没死啊？命真大！

第二次是在装车的作业中，差一点儿被大木头压倒。伐木冬季作业完成，留下一百多个小伙子，组成装车连，负责把所有木材装车皮运回农场。有一台吊车，巨粗的木材用它吊装。但大部分木材主要靠人力装车。两人抬一杠，加上一根直杠、一副挂钩和四个麻绳套，四个人组成一组。两组八个人，抬一根木头。顺着搭好的跳板，向车厢上走。车皮停在铁路装货线上，用木头跳板四根，两根成对，顺着铁道，平行搭放一个木头跳马上。再有两根接着从跳马搭到车皮上。搭成的木桥，坡度约十五度。刚开始装车时，还有两根跳板，从车厢头搭到空车厢底部。跳板比体操运动员走的平衡木宽一点。没干过的人，看这些文字，还弄不清楚是怎么回事。八个人抬木头，靠一个人喊号，来统一步调。我有时也拉开嗓门喊起来："哈腰挂哎！——嗨！""长腰起啊！——嗨！"后半部那一声"嗨"，是八个人共同呼应的。劳动时，喊起这样响亮的装车号子，是很痛快的。"齐步走嘞！——嗨！""把住杠吆！——嗨！""向前走哇——嗨！""莫着急呀——嗨！"

"进车皮咯——嗨！""小心放——嗨！"……号子指挥着作业，起重要作用。

老职工很照顾知青,让我抬第三杠。八个人四根杠,头杠最吃重,也最重要。尤其抬到高处,要看车里的情况,指挥木头往哪里放。抬三杠,相对说来分量轻些,跟着前面走就行。一般的木头径粗30-60厘米,抬起来上跳板没问题。可是也会碰到大家伙,直径达一米以上粗的,八个人就要认真对付。有一次,碰到一根巨大的木头,齐腰高,两副挂钩也勉强卡住。号子浑厚低沉地响起:"稳住步啊——嗨!注意脚下——咳!不要急哦——嗨!慢着走啊——嗨!"领头人已感到这家伙的厉害,号子的气氛已不同于平常。压在肩头的杠子中间粗,两头稍细,感到很重的分量。我们缓慢迈出一致的步伐,在跳板上前进,快接近车厢。木头已装满平厢。当头杠踏进车厢,踩上车内木头时,发生了意想不到的事。我们六个人还在跳板上,头杠踩到那根木头没卡稳,移滚了一下,八人抬的木杠失去平衡。那么粗大的木头往下一沉,还没等大家反应过来,力量最弱小的我,吃不住失衡的重量,被压得蹲下,就像一只小麻雀被木棍打压,一下子趴下。亏得我是蹲下,不是跌落。"小陈被拍家雀了!顶住啊!"我就蹲在高高窄窄的跳板上,咬牙坚持着。旁边的人赶快把好几根横杆垫在跳板的空档处,小心招呼大伙把大木头撂下,我才得救。"拍家雀"的事故原来也是发生过的,已经是伐木生产的术语,我也是第一次听见,更是第一次遇到。这次结果算幸运的,没有散杠跌落下来,否则就惨不忍睹啦,伤人死人都可能……对我的感觉是。在心头又刻了一道死伤线逃出的痕迹。

装车的作业我们干了一年多。运木头车皮不是每天有,身强力壮的小伙子,待着没事干,得想出点事来。连队指导员是现役军人,戴红星红领章,当时很有权威。有一次,不知谁想到比赛吃包子,最多的一位齐齐哈尔知青一气吃了十七个菜肉包子。我只吃了七个,在上海知青里也排不上号。指导员知道了这事情,要参与比赛的知青作检讨。既然包子比赛吃得很过瘾很满足,那么检讨也是知青大伙儿一起"深刻认识错误"。吃得最多的那位,在连队"早学习"会上,站起来检讨说:"我们比赛吃包子,是最大的浪费。如果全国八亿人民都这样,每人多吃一个包子,要多吃掉八亿个包子。那么,支援世界上还在受苦的人们,就要少掉八亿个包子……"指导员说:检讨还算深刻。这件事就算过去了。于是,指导员向全队提出新的任务:学延安抗大开荒种地,向山岭要宝搞小秋收。我们人拉肩背垦荒,种出了菠菜茄子大倭瓜,改善了伙食还不错。但小秋收却给连队留下难以弥合的伤痕。

车皮不来,我们就上山。榛子、打松子、挖中草药。零星地学了点草药知识。五加皮是带刺的灌木,大补元气。五味子是藤科,一串串葡萄似的红果实,很好看。穿地龙,多年生草本,用根茎可治腰腿疼痛。碰到成年的党参,枝蔓茂盛,香气漫溢,为了不伤根须,要花很长时间小心刨土,才能挖出来。光翻阅《东北常用中草药手册》,也够你上四年中医药大学才弄得清楚,可惜那时大学停课啦。最令人难忘的是松果,当地人又叫松塔。采松塔是一件危险的事,而知青根本不知道。松塔长在红松雌树的顶部。每个松塔有两个拳头那么大，可剥出带壳松子约六两。采果人必须爬到树顶，用一根木棍把树顶长成的松塔打下来。这些都不难，难的是，每棵红松树都挺拔高大，直耸云天，树径有三四十厘米粗，从地面到长树杈的部位，有一段6—8米，甚至十米以上的圆光光的树木。我们不可能飞上去，要在两个小腿上，用绷带牢牢绑上一对铁钉。铁钉的形状如英文字母"L"，短小那段的头上，有一个约有2厘米长的呈45°角向下的尖钉，上树时双手用力抱住树身，如抱不过来可用一根绳带围拢树木，小腿用力将尖端扎入树木。像电工扣住电线杆那样，一步一步扎扎实实地，攀登完难度极高的树身。伸手能拉到树杈就轻松了，可如猴子般攀登而上，树杈有很多，就如梯子一级一级上升。够到树尖，打松塔很快就完成。下树时一段树程，又必须认真细心完成，那是性命攸关的事。天天爬树打松塔，手臂就有力气，拉单杠引体向上，在上海学校里拉到下巴过杠子，就算达标。那时候，我拉单杠一发力能拉到胸部，说起来令人不相信，别人会问：常爬树像猴子了？但是，人毕竟不是猴子。

　　果然不出所料，有一天真的出大事故了。北京知青潘教材下树时，因为铁扎松散了，扎不住树身，树木粗又抱不住。他从八九米高处，仰面背朝下，摔倒在山坡地上，当场就起不来了。后来医生诊断：高位胸椎第六节折断，从此第六节以下，身体没有知觉。他被送回北京治疗，算工伤。后面的日子，连队里郁闷低沉的气氛，压抑着每个人的心头。有一次，我竟然也抱不住树木，从大约六米高处掉下。所幸运的是，树根下边针叶落得很厚，我死抱着树不甘心放，双手虽然抱不住，还出于求生本能撸擦着树皮，顺着树身滑摔下来的。因而是两脚着地，再向后滚翻，居然没有损伤。这就是上山伐木时，在我心里刻划的第三道从死伤线逃离的痕迹。回到连队我没吭声，对谁也没说。男子汉的韧性，就这样在深山里无声地练就。

　　以后我们去北京，都要看望胸椎断折的潘教材。他活了几年，医药费农场给报销。但生活质量很差，长期卧床不起，身上长出褥疮，烂得看出骨头。他不久离开了人世。我们装车连都是男青年，大伙儿不经意说起的一句话："小潘媳妇也没娶，就走了。"这对一个男孩，是多么沉重的话语，想起来让人泪下……

　　要提有趣味的事，山里也不少。打下来的松塔，落满一地，捡起来可装大半麻袋。要两个人抬，才能运回住地。人还未从树上下来，机灵的松鼠已经来吃现成的果实了。我们在这边捡，它在松树那边，捧起松果就开吃。松果真是大自然为松鼠准备的食物，它用前肢捧着松塔，凑近嘴巴，只见松塔像战士摆弄机枪的弹夹，松子壳像弹壳，它的嘴像枪栓，松子仁只管吃进去，硬壳像子弹壳似的跳出来，它的嘴咋这么灵活呢。要不是在山里亲眼看见，真不知怎样才能想象得出，松鼠有这奇妙的能力。我后来从事科学普及和传播工作，还常常会想到这个镜头，会产生一个梦想，如果有足够的资金，有专业化的队伍，有好的组织，把我们伟大祖国自然界的有趣场景，拍摄成优秀科普片，一定会受人欢迎。

四十年弹指一挥间，那许许多多人生故事，仍然会在脑海里，如放电影似地回想起来。但最感慨的是，我多幸运，赶上改革开放和快速发展的年代，人生的内容那么丰富多彩。恢复高考，我考上哈尔滨师范大学。毕业后，就进上海市人民政府科委工作了十多年。以后，一直在科技系统做科技管理和科学普及工作。感谢北大荒，感谢兴安岭，感谢黑土地，感谢大森林，感谢老职工，感谢我生活工作了十年的农场。怀念那块我们知青把青春和生命注入留下的地方！那是一种永远说不尽的，不能用简单的"好与坏""否定与赞同"来表达的情感。这情感是挥之不去，融入梦中，常常浮现，永恒伴随知青人生的。那是一个时代的印记。

北大荒的自然情趣

到拉哈火车站，过诺敏江，就到了我们下乡的第一站，查哈阳农场。它位于大兴安岭余脉的地理位置，黑土地十分肥沃，千年沉积的腐殖质很厚。俗话说，插根筷子也发芽。嫩江水趁势而下，在上游筑坝，当地习惯称"渠首"，把江水引进五万多公顷耕田的松嫩平原。以种植水稻为主，渠网交织，稻花飘香。阳光充足，秋风吹起，田野成片的金光闪闪。齐整的圆叶白杨一排排一列列，绿色金色，陪衬蓝天白云，是何等美丽的景色！

后来我们到过都江堰，大家都知道这是李冰父子建造的水利工程，千年恩泽成都平原。而查哈阳，是一个以自流灌溉系统为特色的农场，在农垦数第一，在全国也名列前沿。不过，它是20世纪30年代，日本侵略军在东北时，为解决士兵吃饭，派出开拓团，强征中国民工建造的。这个过程中，充满血泪和伤痛。

北大荒真是一片肥沃神奇的土地。我作为知青在那里生活了十年，时间够长的。别说在装卸连干重活，经受过艰辛，付出了青春，磨炼了自己。人也奇特，人生中吃的苦不容易忘记，吃过几次鱼翅鲍鱼倒是记不清的。吃苦日子里的小小的有趣事物，常常是记忆犹新。比如，最鲜美的鱼汤，说实话，是在查哈阳吃的。东北话，叫鲶鱼烹茄子，馋死老爷子。是真的，馋死知青小伙子，而且是用白铁皮大水桶烹的，就鲶鱼和茄子，后来全国有名的天目湖奶色的鱼头汤,也赶不上。大概是因为那时我们真的没啥吃的。

农场有人物印上人民币,那可是个趣闻吧。查哈阳农场垦荒的第一位女拖拉机手,梁军,就是印上人民币的原型。知青回农场,见到她,八十多岁了,很健朗。人民币有一张一元钱,椒红色的,上面的图案就是她开拖拉机的形象。她与姐妹拖拉机手一起,站立在美国大马力拖拉机上,又是一派城里人感觉不到的精神。我作为一个知青,与北大荒第一位女拖拉机手合影,很高兴很荣幸。

这是一种表达,《走父母走过的路》。走在黑土地小路上的,就是知青的女儿陈笛。她说,走一走,你们在那时候,真的很艰苦。可是,你们知青穿的一样的,吃的一样的,笑容一样的,眼神一样的。哟,陈笛的父亲笑了说,是一样的,工资也一样的,32元拿了十年,是平均主义的年代。一瞬间感到,女儿长大了。

我们宿舍前面种的扫帚花,一到夏天开得很茂盛,粉红的、绛紫的、洁白的花朵,随风摇曳。上班下班的人看见,很是舒心。野地里最多的是狗尾巴草,太普通了,不起眼,什么地方都能生长,真像我们知青,到哪里都能生存。可是,在清晨初升的太阳光线的照耀下,狗尾巴草有多么美丽,那毛茸茸的细细的须刺,折射着阳光的灿烂。平时渺小平凡,就在草类里也是地位最卑微的,这时候,看上去,也显得很高贵、很辉煌。而这种紫颜色,正是王妃戴安娜喜欢的色调,的确是很典雅的。还有那院子墙角到处都有的牵牛花,蓝的、紫的,粉红的,一盏盏喇叭状的花朵,给农家院舍增添许多生气。北大荒这些普通的花,也是那么有情趣。

说起来,今天的人们不会相信,那时候老乡给我们一点花籽,撒在宿舍前的空地里,就能长出虞美人和罂粟花来。这两种花,都属罂粟科。只是虞美人的确婀娜多姿,细细的茎,开着如蝴蝶般的花朵,红黄白紫橙,五彩缤纷。而罂粟花,那真是盛开得妖艳,那是大大超过虞美人的。现在因为是毒品的来源,罂粟更是见不得人了。我们不经意种过见过罂粟花,倒是教人难忘的。它有重瓣的、单瓣的,紫色、红色、白色、黄色、多色相间的都有,那紫金色的罂粟花,被称作黑皇后,高贵美丽,深深印在脑海中。老乡用它的浆汁和花籽,吞服或咀嚼,来治牙痛肚痛,在医学上是讲得通的。那白色黏稠的浆汁浓缩提炼,就是鸦片。最鲜艳美丽的罂粟花,也是最毒烈的邪品。而北大荒岁月里,罂粟花有一片种在我们宿舍前。

秋风萧瑟微微吹,草尖见停红蜻蜓。

牵牛花

狗尾草与红蜻蜓

那扇动的翅膀，透明轻盈，在阳光下闪烁晶莹光芒。连居住丝网中央的蜘蛛，在北大荒的，好像也格外得硕大。而飞掠在河面的燕子，速度很快，要拍摄到燕子的尊容，很难。花间采蜜的蜂儿，会成双成对，别具风格。而向日葵的瓜子，北大荒的特别大，炒好很是脆香，吃起来就停不下来，有瘾。一脸盆大伙儿围在一起嗑，很快嗑完，瓜子壳吐一地。

老职工的自留地里，种的是向日葵、油豆角、西红柿、茄子、菇娘、萝卜、土豆、玉米、倭瓜、西瓜等等。当然，口感不同的是，北大荒的食物，特别面、酥、香、糯、甜、水灵。那油豆角炖肉，好吃的程度没一处能比得上。茄子炖鲶鱼，鲜倒老爷子，这样做法，只有北大荒有。南瓜土豆特别面糯，西红柿生吃也很好。西瓜比新疆的也不差，脆甜水多。向日葵花开的金灿灿，成熟时挑盘大籽熟的摘下来，现炒好吃，满满一脸盆，一会儿就磕完，吃起来又香又利索。回城后，再也没吃到过这样的葵花籽。我在城里的炒货铺，挑到同样大的葵花籽，但流通到大上海，已没有那份香脆了。

知青回农场，领导与老乡都热情欢迎招待。最有特色的，是扭大秧歌，中国的迪斯科。狂欢的激情表演展示，明快的唢呐音乐节奏，充满生活气息的调侃，不知劳累的肢体动作，让人沉浸在尽情地毫无拘束的快乐中。真爽，忍不住，加入进去一起扭秧歌。

哦，北大荒，你肥沃的土地，冗长的光照，清洁的水源，净新的空气，在今天又显得格外珍贵。没在你的宽厚怀抱里体贴过的孩子，是难于体会，你带给人们的情趣的，甚至还会埋怨你荒凉与粗犷。而我，永远不会忘记，北大荒的自然人文情趣。

而农场的年轻人与孩子们，是那么充满着生气活力。再看看那二人转演唱得笑声四起，精彩活力就俺东北人；再看看那农场小荧星的活泼歌舞，一点也不比大城市的孩子逊色；再看看那宽阔的道路，崭新的楼房，高产的水稻田，繁闹的早市，香热的大果子，浓郁的豆浆，最好的金针木耳榛蘑，丰硕的农产品，真是让人难舍。还说些什么，心里一句话：相信农场的未来如旭日东升。

老莱河

我下乡工作过的地方叫双山。其实,那里没有高山,只有平缓的丘陵,老乡叫作漫岗漫坡。在那起伏连绵的丘陵的低谷里,静静地流淌着一条不宽的河,叫老莱河。

我们的连队属九三农场的物资供应站,做煤炭、钢材、木材的装卸活儿,挨着铁路线。那个火车站名叫"双山",现在改名为"九三"站了。"九三"是一九四五年九月三日的简称。日本天皇宣布投降是八月十五日。九月三日那天,是在东北的日本侵略军放下枪正式投降的日子。

从火车站到九三农场局总部,有一条十多里长的公路。老莱河与公路垂直,为跨过这条河,在离车站一公里处,架起一座桥。老莱河离连队的宿舍也不远,在来自江南水乡的知青眼里,这条宽约十米的河流是我们的好去处。每年开春到夏天,老莱河两边的草甸子,郁郁青青,开满各色的野花,有常见的蒲公英、鲜红的百合、淡黄的金针、浅紫的蓟花、蓝色的菖蒲……在河边,我们散步、钓鱼、晒太阳、采野花、谈恋爱,夏天可以游泳,冬天还可以滑冰。河水是那么的清澈,空气是那么的清新。真是大自然赐予我们知青最好的礼物,是免费的公园,不亚于今天五星级宾馆的游泳池,甚至那水质和环境还远远超过。现在想起来,一个人在河边,脱光了,躺在细细的沙滩上,静悄悄地晒太阳,北方清新的

老莱河

风吹在年轻的身体上，这才体验到什么是青春焕发。

老莱河伴着我，度过整整九年。冬天，冰雪覆盖了河流，在桥下宽厚的冰面上，我们穿上冰刀，可以滑冰。最快乐的，就是五月开始，到立秋天凉，有好几个月可以在河里游泳。公路跨过老莱河上有一座双车道宽的桥梁，桥两边有人行道和栏杆。桥梁下面的河面最宽，水也很深很清，因为河水在不停地流动。水性好的小伙子，会站到栏杆上，离河面约有三米高，做一个跳水动作，扎入水中。如动作优美，还会得到大伙的喝彩。在流动的清澈河水里游泳，真是件快活的事。一天辛苦劳动后，能跳到河水里，洗去汗水污渍，还有什么比这更舒服的呢。

何况，我们的连队守着火车站，是农场物资供应站的装卸连，每天的劳动是卸煤炭、水泥、化肥、木材，常常是灰头土脸，卸煤卸水泥时只看到两只眼睛，满身满脸都是煤灰水泥。当年，我们都是二十岁上下的小伙子，还真是浑身有力气，干得动这些重活。知青离家远远的，吃的苦自个儿知道，从不跟家里说，否则爹妈肯定要挂念心疼。男儿回家，妈妈看着孩子挺结实，一顿能吃掉一个红烧猪肘子，除了心疼，还能说什么呢。妈妈替儿子洗衣服，有时会嘟囔两句，怎么衣服上也有大蒜味、羊膻味？我也会心里暗自嘀咕，如没有老莱河，说不定衣服上还能闻到煤炭味。

干那么重的活，我们的工资都一个样，大家每月每人三十二元。这样的工资水平维持了十年没变。我们是建设兵团，还有番号。我初来乍到，是五师55团2营13连的战士。地方企业实行计件工资了，我们还是三十二元。有时，我们两个人卸煤车，用大板锹一人把一头，一天卸60吨一车皮。可想胳膊练得多结实有力，要出多少汗。

那时，知青有点吃香，因为可以替老职工从城里买到自行车、手表、收音机，号称三大件。自行车上海有永久牌凤凰牌，天津有飞鸽牌；手表有上海牌，全钢的120元，半钢的100元。还有大前门、飞马牌香烟，受到老职工的欢迎。

买一块上海牌全钢手表，要花去知青四个月工资的钱。那年头，每月伙食费12元，实际上，什么也不花，每月剩余20元，也要攒半年才能买到一块手表。那年，我替老职工买了块表，在家坐在床边，欢喜地摆弄着，一不小心，手表掉在水泥地上。拧发条的圆钮，冲着地面，拿起来仔细看，指针还走，可是圆钮上已磕出细微的麻点。这块表就只能留给自己用，再买一块新的给老职工。

这块在水泥地上磕过的上海牌手表，我自己戴着，走得还挺准。有一天，我独自在老莱河公路桥下游泳，游得很爽快。擦干了身体，微风吹来，身上感到格外滑爽而舒服。真是比在城里游泳池里起来时，有那么多漂白粉和氯气的味道，感觉好多了。我穿长裤的时候，忘了手表放在裤兜里，随手一拎裤子，手表滑出来，掉进河水里。眼瞅着心爱的手表，慢悠悠地漂沉到河底，看不见了。偏偏大桥下的河岸两边，都堆着大块的石头，护卫公路堤岸的，底下不是平坦的砂泥。我再下河水，想在手表掉下去的位置，摸找一下，能找回来就好。摸了半天，全是大块石头，那些石头之间都是缝隙窟窿，手表飘落进缝隙里，手也摸不进去。我放弃寻找，只好自认运气不佳，让半年的积蓄埋入河底。

过了两个多月，秋天的河水凉，我不去游泳了。却有人告诉我：河边修堤的民工捡到了一块手表，可能是小陈丢了的那块，割羊草的两位老妈妈看到的。雨水少，河水退下去，民工搬石头修河堤，一位搬起石头，看到有一块手表，来不及放下石头，另一位就捡了起来。于是，两个人想分享这意外的收获。看这表估计还值一百元，拿手表的人要出伍拾元给不拿手表的人。真是戏剧性的表演，一个不想拿表，另一个也不想出钱。因为民工也穷，腰包里没钱。争执不下，才让在河边割草的老妈妈听到。

那时候民风很好，路不拾遗。老阿妈和我们知青很好，走过去对民工说："这是知青不小心掉在这里的，你们捡到了，要上缴，怎么能昧起来？你们如私分了，就很缺德，我们还会告诉公安局。你们看着办吧。"老阿妈这番正气凛然的话，还真的把民工镇住了。阿妈陪着我到桥头，民工说："这表是你的？"我说："游泳时掉的。上海牌，那圆钮在水泥地上磕过，有麻点。"那民工看一看，果然有麻点，只有手表的主人才能说得出。二话不说把手表交到我手中。我也有点感动，说："多亏你们修堤，手表才能找回来。谢谢你们！我去买酒答谢！"回头我就去供销社买了两瓶酒、两罐午餐肉，价值二十元，送到桥头。双方皆大欢喜。

这块上海牌手表居然防水，拿过来拧上发条，就走起来了，而且走得很准。我戴着它十几年，一直到电子手表问世，它才退役，静静地待在书柜的一角。有些普通的事情，也有珍贵的情节，让人难忘。

老阿妈、老领导对知青的关心，还不在于他们在捡回手表这样的事情上帮着我们，他们的人生经历给我们青年人所上的丰富课程，是学校里得不到的。

有一位山东籍阿妈，叫王会兰。她儿子是我们的副连长。我们常常到连长家串门，王阿妈就常常杀鸡宰鹅炒鸡蛋，热情招待知青，把我们当作她的孩子一样。杀猪时也要叫我们去美餐一顿。这对年轻的我们说来，是多么得解馋。我那时候就摆弄照相机，给连长的小女儿拍照，所以有一次就招待我一个人。吃饭喝酒到高兴时，无话不说，这么善良慈祥的阿妈，居然会掉眼泪，用衣襟擦着眼角，对我这个城里来的知青，倾诉她对自己儿子也不说的心里话。也许她认为，我有些知识，能理解她的苦衷。

有一个说法：新中国是山东人民用小推车推出来的。王妈妈也说，那时候她也为解放军打淮海战役，推小车，救伤员。最刻骨铭心的是，她的丈夫参加解放军，在战场上牺牲了。她成了烈士遗孀，可以领到一笔抚恤金。可是她不能嫁人，再嫁就不成为烈士遗孀。她年轻，不能一直守寡，又结婚了。抚恤金停发，丈夫就算白白牺牲了。谁也不会感到有什么问题，而且这是国家民政部的规定。朝鲜战争爆发，王妈妈的第二任丈夫，为抗美援朝参加志愿军,又去为新中国而战。令人伤心的是,丈夫又在朝鲜战场上牺牲了。她又成了烈士遗孀,有一笔抚恤金可领。但作为一个女人,她来到世上,不是为领抚恤金来的。而她如嫁人,就不是烈士遗孀。她选择再婚,抚恤金停发,她的丈夫又白白牺牲了。谁也不认为有问题。可是,她一直想不通:为什么我嫁人了就不能领抚恤金呢?她想起她的人生经历,只能伤心地对一个知青,诉说着心灵深处的难过,流下她一个女人,一个为共和国献出两个丈夫的女人没处可流的老泪。那时,我默默地听她说,无言地看着她擦泪。只觉得,她是一个再普通不过的女性,却是一位伟大圣洁的妇女,一直深深刻印在我的心中。我隐约觉得,她嫁人了没得领抚恤金,有点不合理,但也说不明白不合理在哪里。再说,我一个小知青能为她做什么呢。我在老莱河边散步时,常想起她的遭遇,也想不出什么结果。

时光迁移,到了1995年,我已在上海政府部门工作,随科技代表团到越南去办技术展示会。恰好遇上越南国会颁布法令,是关于抗美战争中牺牲了父亲、儿子、丈夫、兄弟等男性成员的家庭,他们的女性成员,可按规定领抚恤金,其中对牺牲丈夫的女性是没有再嫁不能领的前置限制。因为,为抗美牺牲的男性很多,以致女性人口比例很高,女性能再嫁是好事,不必去限制吧。这法令,是在汉语版的越南《解放日报》上看到的,但愿不会看错。居然,我会想到王妈妈,她如果是越南华人,再嫁就不会失去抚恤金了。可能我这想法有些可笑吧。王妈妈后来因小脑萎缩,动作不便,卧床七八年后去世。我一直记着她对我们知青的好,记着她流泪对我说的话。

在老莱河边生活,有九年光景。有一年,不宽的小河发起浩荡大水,真让我们大吃一惊。那天从上午开始不停地下暴雨,天上像打开了漏洞一样,瓢泼大雨下了三四个小时,老乡们说来到双山,从没遇到这样的大雨。方圆几十里漫岗漫坡,如无数的大盆接下这么凶猛倾倒的雨水,而能排泄雨水的通道,就是平时缓缓地慢慢流淌的不宽的老莱河。四面八方的雨水都汇集涌向这河道,原来河道两边的几里宽的草地,全成了河道,也不够这么多雨水一起奔泻。没亲自看到过大自然这样如此发威,你都不会相信。山洪暴发,又不像山洪,小河一瞬间变成宽无边际的长江!原来河面离那座公路桥的桥面,有二三米落差。我们游泳时,可以站在桥的栏杆上,向河心里跳水。汹涌奔腾的大水,像变魔术一样涨起来,那桥洞也不够它们涌过去。河水涨得快,离老莱河稍近的老乡家,还没来得及反应,河水已经涌进家门,漫过了炕。大水涨到高过桥面约有一米。只看见白茫茫宽阔的水面上,从老乡家冲出来的箱柜,从猪圈里冲出来的黑猪,在水中一浮一浮地向前漂移。大水退去也很快。当恢复原样的时候,河面又是几米宽,而那座桥,已孤独地站立在河上,看上去很滑稽。连着它的两头的公路不见了。虽然筑路时留着泄洪的涵洞,因不够大水涌过,整段的路基被大水冲走了。我们供应站通往师部的交通中断,后来花了一段时间才修复。静静流淌的老莱河,会变得如此狂暴凶猛,如此浩荡开阔,现在"九三"的人们再也没看见过。

站在桥上路边,拍摄到的画面,是恬静、轻松、美丽、田园式、牧歌般的韵调。心情是这样,照片韵味就这样。当然,更是因为农场的景致,本来就是这样安谧的。在河面上农舍倒影中的鸭群悠然自得地列队游过,在大路上牧羊人赶着一字排开的羊群向前从容走去。公路桥修建得比以前宽多了。青春活力无比的中学生,骑着自行车迎着初升的阳光,微笑地上学去。宽阔的林荫道上清早就有身材苗条的姑娘健步快走。

三十年前,自己是一名知青,在这条河里游泳、钓鱼。现在到河边溜达散步,真是一番宁静的心境。过去遥远年代的艰苦劳动,那灰头土脸、汗水疲惫,既记忆犹新,又烟消云散了。

想当年自己也那么年轻。而年轻的自己,仿佛向晨曦的雾蒙蒙远去,既有流逝的感慨,又有明朗的快乐。河水清澈,渔网静寂,晨雾飘忽,水草秋色,树林苍翠,葵花向阳。那桥头的大广告牌上,赫然写着十个大字:"相聚在九三,真情到永远。"老莱河,是我心中永远动听的歌,永远美丽的画。老莱河,记着知青的许多故事,令人难忘。我作为年轻知青的那段恋爱,也留在老莱河轻柔的水流声中。老莱河,永远在我心上流淌着……

鸟儿,我们的好朋友

1. 在无锡华东疗养院体检时,清晨、傍晚,在茂密的树林,在太湖的水面,在青青的草地上,都有鸟的身影。那天早上,走到疗养院的好望角,湖边的上,有七八只白鹭停留在那里。有时,它们飞起来,姿态非常优雅美丽。

2. 由于拍摄鸟儿,就开始遇上各色各样的鸟,就感到自己对鸟的知识了解太少,有关鸟类的

吃蚯蚓的鹩哥

生活习性，更是知道甚少。我悄悄地把镜头对准一只降落在草地上的鹩哥，结果看到它把泥土里的蚯蚓，叼出来，吃掉。鸟吃蚯蚓，拍下的照片为证。还真是意外的科普收获呢。还有很多的小鸟，我真的叫不出它们的名称，还得认真补课。

3. 到云南科协去交流，省科技馆就在翠湖旁边。那里的红嘴鸥，是与昆明市民友好相处的鸟儿。每年春秋，红嘴鸥成百上千飞来，把翠湖当作它们的家。市民们也对红嘴鸥很友好，传为美谈。我拍到一张有趣的照片：红嘴鸥看着一对恋人走去，仿佛在打招呼：嗨！你们走好。而还有一只，飞在水面上的倒影，似乎是神秘的精灵。

4. 鸟儿与我们能近距离相处，是一种很让人快乐的事情。有一次，在云南的园林碰到一只散养的美丽孔雀，我跟着它，它躲避我，始终保持十多米的距离。这是动物的本能吧，怕受到伤害。我只好调整镜头焦距，在较远的地方按下快门。咔嚓咔嚓的轻柔的快门声，让孔雀听了觉得好听？我也不知道。它居然不躲避我了，允许我靠近它，近到一米。我拍照，它似乎知道，还摆起了各种姿势，亮丽的眼睛放心地看着我的镜头。于是，我把孔雀近距离拍了个够。它的美丽，从各个角度被摄入镜头，收获丰富。

5. 在海上航行，会有海鸥跟着船一起飞。旅客会扔给海鸥食物，如面包块什么的。有一次，在赫尔辛基开往斯德哥尔摩的航程中，大型客船起航了，海鸥成群地在船的上空飞翔，还不时地叫唤着。它们胆子很大，飞在游客的头顶上，姿态各异。我用相机拍摄，很清楚。

6. 湿地有浅水的池塘，鱼虾在水里游动，鸟儿在天上飞，向下看得很清楚。它们一面飞翔盘旋，一面向下瞭望，发现目标，就快速俯冲，身体扎入水面，叼住了鱼儿就马上起飞，带着到嘴的猎物，飞上天空，大概是到安全地带去美食一顿。也有少数一两次，鱼儿太大，或挣扎逃命，从鸟嘴里逃遁掉入水中。由于喜欢鸟，开始注意鸟的知识，这种会捕鱼的飞鸟，叫须浮鸥。

7. 湿地，鸟类的乐园。走进扎龙自然保护区，满眼翠绿，河流漫溢，芦苇丛生，水草茂密，莲萍漂浮，菱角蔓延，是野鸟与水禽生活和繁衍的好地方。我耐心地等待在水边，静悄悄地观察水面的动态。不一会儿，就有水禽从芦草里游出来，从莲萍叶下钻出来，它们好像在和你躲猫猫。稍微有些动静，就游回密密的苇草丛里，或钻下水面，还很能憋气。大约二三分钟，又从七八米、十多米的另一个地方浮出水面。有的水禽，真是很美丽，我却叫不出它的名字。

8. 丹顶鹤，一直是人们心中吉祥、美丽、健康、长寿的名禽。这次应农场邀请，回第二故乡看看，路经齐齐哈尔，去查哈阳时，有机会到扎龙自然保护区，近在咫尺地观看丹顶鹤。每天，放飞四次，上下午各两次。在当地摄影发烧友的鼓励下，趁着落日西下，我们又跟拍了一场。拍摄丹顶鹤过足了瘾，也获得了许多好片子。扎龙，名不虚传是丹顶鹤的故乡。齐齐哈尔出去，不过四十分钟就到了，真值得去。

《杏花村》之村在池州

杏花村之名，源于晚唐诗人杜牧《清明》："清明时节雨纷纷，路上行人欲断魂。借问酒家何处有？牧童遥指杏花村。"这首诗，是唐诗的代表作，脍炙人口，流传很广。连小孩也会吟诵。因为诗中涉及"酒家"与"杏花村"，而且原有中国十大名酒的山西"杏花村"牌"竹叶青"酒，醇香好喝，名气很响。借问酒家何处有，牧童轻松一指，酒在山西，那杏花村当然也在山西汾阳啦。

其实不然，杜牧笔下的"杏花村"在安徽池州，并非山西汾阳。《辞海》和有关报纸等也有介绍。但是汾阳的酒名高盖过池州，甚至于池州要使用"杏花村"之名称，还引发一阵"商标名称权"的争议。根据池州方面的当事人陈述了事实和理由，国家的工商行政管理局认为，发生异议的"杏花村"、"酒"商标、"杏花村及图"指定使用服务名称，应按不同的条款区别对待。

结论简而言之，就是："杏花村"的酒之商标名称，在于山西有一个杏花村。

走进池州杏花村，就看见酿酒的黄舍，是为了纪念黄广润酿酒大师，将杏花村民间已有两百多年历史的旧宅，于2007年秋拆移过来，在旧遗址上重建该古宅。还有当年杜牧来此饮酒时题的对联："半亩山林半亩地，一曲牛歌一卷文"。这是一首杜牧名字的拆字联。半亩山林，为木；半亩地，为土；合则为杜。一曲牛歌，是牛；一卷文，是文；合则为牧。

黄舍的酒瓮，全在刻有"黄"字以作纪念。黄大师的酿酒技艺很有名，黄舍大门两侧刻的对联是"白锡壶腰中出嘴，黄铜锁腹内生须"。在这所古宅的左侧有个大石碾，即古时用来碾稻谷的，然后将碾好的米酿酒，形成一整套制酒工序。

在杏花村的山石上，刻有著名书法家启功的书法作品，杜牧的诗《杏花村》。池州的科协主席曹雪飞也能作诗，当场吟出，记录如下：

杏花村

曹雪飞

〈一〉

秀山门①外小城西,清明遭雨路人稀。
远眺杏林酒旗猎,香泉一杯诗作礼。

〈二〉

村人争相传新闻,杜公酒后作清明。
邻家顽童曾横笛,千古绝唱杏花村。

〈三〉

星移斗转花渐少,遗弃枯井不见糟。
盛世重建杏花园,百花争艳泉涌潮。

〈四〉

酒肆掌柜换新人,酿者自称黄公②孙。
主人不忘祖师训,年年清明祭诗魂。

九华山

九华山,因地藏菩萨而著名,与五台山文殊菩萨、峨眉山普贤菩萨和普陀山观音菩萨齐名。地藏菩萨是确有真人修成的菩萨。供奉他圆寂后的真身之肉身殿,位于九华山的神光岭头,是国务院确定的汉族地区佛教重点寺院。

---

① 秀山门:贵池古城西门称为"秀山门"。
② 黄公:黄广润,唐时杏花村酒肆店主。

神光岭，是安葬金地藏金乔觉肉身的地方，亦称地藏塔。金地藏，来自古新罗国（今朝鲜半岛东南部）。金乔觉（696-794），系新罗人，俗称"金地藏"。相传其人"项耸奇骨，躯长七尺，而力倍百夫"，"心慈而貌恶，颖悟天然"。24岁时，削发为僧，携神兽"谛听"来华。

金氏，原名守忠。唐朝玄宗时来华求法，初抵江南，舍舟登陆，经南陵等地上九华，见山峰状如莲花，峰峦耸秀，山川幽静，独居修行。当时九华山皆为青阳县居士阁让和属地。金乔觉向其乞一袈裟地，不意展衣后竟遍覆九峰。阁让和十分惊异，由惊而喜，先让其子拜师，后自己亦随之皈依。至今九华山寺殿地藏圣像左右的随侍者，即为阁让和父子。

唐至德二年（757），山下长老诸葛节等数人结伴登山，见深山峡谷，荆棘莽莽，寂静无人。到得东崖，见岩洞内唯有金地藏孑然一身，闭目端坐，旁边放一折足鼎，鼎中盛有少数白米掺杂观音土煮的剩饭，众长老为有如此苦修之人而肃然起敬，于是共同筹划兴建禅舍，供养金地藏。不到一年时间，一座寺院建成，金地藏有了栖身之地和收留徒众常住寺内的条件。其大弟子、首座胜瑜，身体力行，斩荆披棘，率众垦荒，凿渠开沟，造水田，种谷物，劳动自给，坚持苦修。建中二年（781）池州太守张岩，因仰慕金地藏，施舍甚厚，并奏请朝廷将"化城"旧额移于该寺。郡内官司吏豪族，纷纷以师礼皈依金地藏，向化城寺捐献大量财帛。金乔觉声闻遐迩，连新罗国僧众闻说，也相率渡海来华随侍。

唐贞元十年（794），金乔觉99岁，忽召众徒告别，趺跏圆寂。相传其时"山鸣石陨，扣钟嘶嘎，群鸟哀啼，地出火光"。其肉身置函中经三年，仍"颜色如生，兜罗手软，罗节有声，如撼金锁"。众佛徒根据《大乘大集地藏十轮经》语：菩萨"安忍如大地，静虑可秘藏"，认定他即地藏菩萨示现。遂建一石塔，将肉身供于石塔中，尊为"金地藏"，嗣后配以殿宇，称"肉身殿"。从此九华山名声远播，逐渐形成与五台山文殊、峨眉普贤、普陀观音相并称的地藏菩萨应化道场。

九华山肉身菩萨多。自唐时金地藏成为第一尊不腐肉身后，明、清至民国时期，九华山相继出现了无瑕、隆山、常恩、法龙、定慧等九尊不腐肉身；对外开放后20余年中，又先后出现了大兴、慈明、仁义（比丘尼）、明净和普文五尊不腐肉身。九华山计有15尊不腐的释子肉身，且有僧有尼，数量之多，实为罕见。九华山雨量多，气候条件不利不腐肉身形成，且肉身未经任何人工和药物处理，对于其成因，众说纷纭。不腐肉身，九华山人称为"肉身菩萨"。佛教认为是传承，已成为九华之奇和中国之奇，为地藏菩萨道场涂上了一层神秘的色彩。

海玉（1513-1623），就是一位五百多年前的肉身菩萨，供奉在九华山百岁宫中。海玉为明代高僧，字无瑕，顺天宛平（今北京市）人。嘉靖十五年（1536）年间来到九华山，在五台山出家。曾云游参访峨眉等佛教圣地。在插霄峰摩空岭结茅安居，取庵名"摘星庵"。

无瑕刻苦清修，戒律精严，终年以烟霞为伴，扬清吐浊，不食人间烟火，饥来食黄精、葛根，渴来饮山涧泉水，并刺舌血拌和金粉，抄写《大方广佛华严经》费时20余年，抄完经书81卷，为后世留下血经珍宝，如今仍珍藏在九华山历史文物馆中。天启三年（1623）秋，海玉占偈一首："老叟形骸百有余，幻身枯瘦法身肥。岸头迹失魔边事，洞口言来格外机。天上星辰高可摘，世间人境远相离。客来问我向何处？腊尽春回又见梅。"说完偈词又嘱咐弟子将其遗体坐缸，言毕安详入定。三年后启缸，肉身面色如生、身体完好，遂装金供奉。其徒慧广随即"建寺宇，造戒堂，立方丈"，易庵名"百岁宫"。明毅宗于崇祯三年（1630）敕封，海玉祯三年（1630）敕封海玉为"应身菩萨"，并题额"为善为宝"，赐海玉肉身塔名"莲花宝藏"。"文革"期间，山僧性能、普光、悟广为保护无瑕肉身，冒着风险将其秘密转移至地下，方逃过被焚烧的劫难。如今仍供奉在百岁宫殿内。

金乔觉居然有诗留在《全唐诗》，如下：

《僧地藏-送童子下山》
空门寂寞汝思家，礼别云房下九华。
爱向竹栏骑竹马，懒于金地聚金沙。
瓶添涧底休招月，烹茗瓯中罢弄花。
好去不须频下泪，老僧相伴有烟霞。

交响乐、东方红、玫瑰和历史变迁

《东方红》的歌词与曲调，是我们六十岁上下的人都熟悉的，张口就能唱，走路也会哼的。连上海外滩海关的钟楼报时的钟声，一度也改成《东方红》的调子。不过现在的年轻人很少有人会唱全，有的可能还从没听过。

全国青年歌手大奖赛时，要回答音乐知识题，屏幕上放出《松花江上》的歌曲，"九一八，九一八……满山遍野的大豆高粱"，那歌手也答不出来，因为没听过吧，只不过扣掉零点二分。

甚至于网络上一些用各种刻薄语言贬低毛泽东的,居然也成为一派,恨不得说成《东方黑》才好。不过历史与文化的力量很大,容不得个人随便说大话说瞎话。今年五月十九日,上海国际科学与艺术展闭幕式,请来了台湾长荣交响乐团演奏《东方红》。演出十分成功,经典的曲目很精彩,有台湾特色的曲子更让人感到耳闻一新。答谢加演的流行歌曲,是节奏欢乐的《高山青》,和着观众的热情掌声,让气氛十分浓烈达到高峰。

然而,更有意味的是,台湾长荣交响乐团在中场演奏了殷承宗作曲的《黄河大合唱》。请注意,是由台湾的音乐家来演奏!

那激烈快速的节奏,所表达的抗日战争的历史场面,令人难以忘怀。乐章在胜利来临的那时候,响起的是《东方红》的熟悉的旋律。倒不是我重又听到这首曲子,所以心怀激荡。感慨的是,台湾的音乐艺术家在中国大陆上海的东方艺术中心的舞台上,奏响起《东方红》。如历史能倒退五十年,海峡那边的当局,恐怕对这些回来的演奏者要法办处罚呢。

今天,我们可以去台湾旅游访问,两岸友好直航。去年12月,我在台北,可进蒋介石住过的士林官邸游逛。看到蒋介石为宋美龄设立的玫瑰园,看到从法国、英国、日本等地移植来的珍贵品种,娇媚艳丽,红蓝白橙,姿态美好,赏心悦目。这些原本属于权贵私人的花园,也可以让大众观看了。

本来,交响乐、《东方红》、玫瑰花是风马牛不相干的,而现在看来,历史浩浩荡荡的潮流,流过了五十多年,海峡两岸发生了极其深刻的变化。两岸的人民思友好,是潮流。每个人,在潮流里,可能是一滴水,汇集起来就能推动历史潮流滚滚前进。

读俄罗斯科幻《守夜人》的感受

俄罗斯的科幻文学作品有丰厚的建树,但是随着苏联的解体,国家形态发生了激烈的变化。中国的读者较多地阅读欧美的科幻作品和观看他们的科幻大片。《哈利·波特》《阿凡达》《后天》等在广大成年受众与青少年中颇为流行。

很偶然的一天,我在上海作家协会旁边的玛赫咖啡馆,遇到作家秦一女士,聊天询问俄罗斯现在的科幻作家和创作的情况怎么样?她回答我:"我翻译了俄罗斯科幻文学家卢基扬年科的《守夜人》。"卢基扬年科是健在的"俄罗斯科幻文学之父",是俄罗斯一流的畅销科幻文学大师。

真是踏破铁鞋无觅处、得来全不费功夫,从身边的朋友这里就得到了俄罗斯科幻文学的最新最好的信息,她还是译者,令人喜出望外。回家在网上立即订购了一本《守夜人》,书一送达,就阅读起来。读完收获良多,这真是一本引人入胜的科幻作品。

一、作者卢基扬年科和译者的情况

谢尔盖·卢基扬年科1968年生于苏联的哈萨克斯坦共和国,毕业于国立阿拉木图医学院,毕业后担任内科医生和精神病医生。行医之余,他对科幻、奇幻小说兴趣颇浓,曾经担任《世界》科幻杂志副总编辑。1988年发表首部科幻短篇小说《毁灭》,其后较为著名的是《四十岛骑士》《原子能之梦》以及《地王星来的勋爵》等。他的长篇小说《幻影迷宫》在俄罗斯互联网上受到热烈追捧。卢基扬年科说自己的写作风格是"刚性行动幻想"或者是"路程幻想"类。他所获得的文学奖项数量众多:2003年获欧洲科幻大会年度最佳作家,2006年获俄罗斯科幻大会年度最佳作家。他被誉为"俄罗斯科幻文学之父",是俄罗斯畅销文学大师。对于普通读者来说,真正让谢尔盖·卢基扬年科成为家喻户晓的人物的还是他的"守夜人"系列。这个系列完美地体现了他的写作功力,把他推到一个前所未有的高度,使他得以站在欧洲最优秀的科幻奇幻作家之列。如今,卢基扬年科是俄罗斯文学界鲜有的亿万富翁,拥有自己独立的网站,仅是"守夜人"这个系列就给他带来了无穷的财富。

《守夜人》1998年由俄罗斯ACT出版集团首次发行,紧接着《守日人》与《黄昏使者》也相继出版。2004年6月根据这个系列所拍摄的第一部电影首映后,取得了极大的成功,全世界为之惊艳。小说也多次再版,在俄罗斯掀起了持续不断的购书热潮,现在已被译为多国文字,在欧美引起了极大的关注。谢尔盖·卢基扬年科乘胜追击,紧接着出版了《最后的守夜人》。《守夜人》系列现在不仅有书和电影,还开发了电脑游戏,可谓发展成了一个自成体系的庞大产业,令苏联解体后沉闷萧索的俄罗斯文坛为之一振。

因为我认识译者秦一女士,能直接了解她对翻译这本书的动因。秦女士的祖上就是俄罗斯贵族,后迁徙到哈尔滨,她的俄语很熟练,因而有了翻译这部作品的极好条件。

她写道:"《守夜人》的写作风格简练诙谐,文字极富特色,情节引人入胜。与一般的奇幻小说不同,作者还通过让人沉迷的故事情节把自己独特的生活态度和有关善与恶的哲学思考传达给了读者,让每个打开这本书的人掩卷沉思。一个真正自由的世界应该有不同的色彩和声音,应该有人把自己对生活的独特感悟呼喊出来,促使人们对自己的生活做更加严肃认真的思考。因此,我欣赏卢基扬年科,由衷地喜欢他在书中所展示的力量和勇气,喜欢他的特立独行。我也相信书中充满悬念的情节、飞扬的才智能够吸引中国的读者。""因此,我怀着对这本书的欣赏以及想和大家分享这种阅读快感的心情,产生了把《守夜人》翻译成中文的愿望。愿这本书能成为我们中国人认识新时期俄罗斯文化的一块砖,可以用来敲门,也可以用来引玉。"

电影《守夜人》被认为是苏联解体后俄罗斯第一部具有较高国际水准的影片,在俄罗斯取得了比《魔戒》《哈利·波特》更好的票房,创造了俄罗斯史上最卖座的纪录,拥有了一大批热烈的追随者,连一贯倾向艺术片的俄罗斯影评人也对它赞不绝口,称其"充满才智、非常血腥、优美而且昂贵"。但是,所有读过小说《守夜人》的人都会说,这部电影和小说本身相比还有很大的差距,也就是说电影远没有小说精彩。毕竟,一部长篇小说的全部内涵和魅力很难通过电影来完整地呈现。

卢基扬年科第一本科幻书——《幻影迷宫》,十年前就在中国翻译出来。那时候作者就"非常希望,这不是一位俄罗斯作家与中国读者的偶然邂逅,希望在第一本书之后接下来还会有其他的书。这一天果然到来了——《守夜人》就在您手中。"

"当我写这本书的时候,我觉得它是一本非常俄罗斯化的书。故事发生在俄罗斯,人物绝大部分是俄罗斯人,而且尽管情节荒诞离奇,但主人公所面临的复杂问题是每一个俄罗斯人都感到亲近和能够理解的。现在,随着《守夜人》在越来越多的国家出版,我坚信,我们所有的人都很相似。因为如果在俄罗斯流行的书成为英国人和瑞典人,荷兰人和以色列人,意大利人和德国人喜爱的书——这就意味着我们之间的相近之处远远大于差异。因此我希望对于中国读者而言,《守夜人》也会成为你们中国自己的守夜人。"

二、《守夜人》的科幻文学特色与创新

书名"守夜人",在未开卷前已经吸引了读者的思绪,也由此展开了本书的特色。守夜,相对于守日而言,这是作者有着很深思考的取题,既传承了俄罗斯文学恪守弘扬正义、祛除邪恶的传统,同时,展示了作者奇特的构思和娴熟的科幻写作技巧。

1. 科幻构思的结构创新。

科幻作品的基本构架,往往决定着内容引人入胜的程度,也就是作品情节的冲突怎么展开,是作者设计构想的关键。拿起此书,我居然很快被吸引,一气读下来。卢基扬年科这部著作的写作出版,是在苏联解体的1989年。一个世界性的国家政治实体经过(1919-1989)七十年的冷战对峙轰然垮台,其内在的社会存在,不能不在其作品中反映出浓重的影响。守夜与守日,留存着政治斗争和阶级斗争的痕迹,但却不是机械对立的两派,一反

绝对正义与绝对邪恶的对立格局,安排了交融转化的角色。

翻开书的首页,在作者序言后,映入眼帘的卷首语是:

"赞同本文作为光明事业的推动意加以传播。——守夜人巡查队",

"赞同本文作为黑暗事业的推动者加以传播。——守日人巡查队"。

读完本书最后的封三上印着:风靡俄罗斯的"守夜人"系列之首曲——《守夜人》。他们是莫斯科的一群他者,混迹于普通人之中。

我们如略知俄罗斯文学艺术的大致,就会感到《守夜人》有一种更为开阔的叙述格局。也就是,似乎展开了比天鹅与黑鹰、美好与邪恶的边界更宏大更变异的构思。我认为,这与作者对苏联的解体、对国际冷战对立结束和国内残酷阶级斗争终结的深层思考有关。他要表达的守夜人与守日人之间,其对立与纠缠,似乎事关一群人,或就是事关人类的命运的较量的思考。正因为是科学幻想的创作,作者可以较放开地表达,读者可以较轻松地阅读,思考更深层的文学含义和文学形象所体现出来的社会思想。

假如我们较熟悉诸如《天鹅湖》这样的俄罗斯艺术作品,明显知道正义与邪恶的界限是清晰的。美丽的天鹅与阴暗的魔鬼的形象也是明确的,阅读和欣赏是一览无余的。而《守夜人》在表述时就说:"善有时披着恶的外衣行善。恶有时披着善的外衣作恶。善与恶光明与黑暗界限何在?"守夜人是一群为了制衡黑暗而存在的光明斗士,同时作品也设计有守日人。守夜人既与守日人争斗,或者说是纠缠,于是情节中又有双方的休战合约,还有审判所,类似国际法庭似的机构,判别双方争斗行为是否合规。全书的角色行为都是在善中交织着恶,在恶中混杂着善。这样的写作手法,是让读者感到耳目一新的,因而吸引我们想看个究竟,一气读下来。当然,对全新的科幻新概念,读者也不一定马上明白。谢尔盖·卢基扬年科的确是从苏联体制里脱颖而出的科幻作家,当理论家、政治家、历史学家在纷纷论析庞大苏联解体的复杂原因时,他也想用光明界与黄昏界的科幻故事来启发读者也作一些思考吧。

比如,主人公在行动时常常会判断上司的指令是否合规。这在现实中是行不通的,而在科幻中就允许吧。我作为中国读者在阅读的时候,起码感到作为守夜人的主角,为了光明事业既忠于职守,又显现出调侃他的上司的幽默感;与中国式"将在外君命有所不受"的机动智慧,有着更深层的政治意义。作为读者,读到这些段落与对白,不禁会莞尔一笑。这正是中国读者的读后感。科学幻想之作品,如喻为一类车,他所拉的那个内容载重,好像能比现实更加沉重一些,更加深刻一些,更幽默一些。因为科幻小说可以穿越超越现实,可以尽情幻想。我以为,这也是中国科幻创作在升温、在前行的客观原因。

2. 科幻创作手法有特色

《守夜人》吸引读者,除了上述的大格局有特色以外,创作手法有独特的风格,有许多创新，也是重要原因。在人物设计、行为动作、道具选择、情节安排、语言对白等都有与众不同的写作特点，当然其特点也是具备科学幻想小说的固有要素的。比如，在表现科学技术的最新进展，人物使用新的科技手段，语言带有新的科技概念，都超越现实而富有想象力。

木雕猫头鹰

（1）角色安排，别出新意。作品的主角与搭档，一男一女，如同美国警察的方式，亨特和玛考尔，但守夜人巡查卫士的搭档却是一只猫头鹰，可以随时变为一位机灵敏捷的女战士。而猫头鹰在欧洲与俄罗斯是智慧的代表和化身。作者这样写搭档加重了笔墨。

摘录一段情节：

"问这个干什么？"头儿看看猫头鹰的眼睛问道。

"好决定我是否愿意和它一起工作！"

猫头鹰看了看我，像只被激怒的猫一般发出咕咕声。"你提的问题不正确，"头儿摇摇头说，"问题在于它是否愿意和你一起工作。"猫头鹰又发出咕咕声，动了一下毛茸茸的脚，站在了头儿的手掌上。"你不明白你多幸运。"

我不吭声了。头儿走到窗前，猛然打开窗，伸出手去。猫头鹰拍打着翅膀，朝下面飞去。好一个标本！

"它……去哪？"

"到你那儿去。你们两个搭档一起工作……"头儿揉揉鼻梁，"对了，记住它叫奥莉加。"

"猫头鹰？"

"猫头鹰。你要喂它，关心它，一切都会好的。而现在……你再稍微睡一会儿，然后起来。你可以不来办公室，等奥莉加到了之后就去工作。检查11号地铁环线。"

"奥莉加？"我望着走廊喊道，想象着那湖泊一样深沉的黄眼睛忧郁地看我的模样。

这样的描绘，无疑是很新颖且吸引读者的。

作为光明事业的守卫人，他们神通广大，技能超群，如同中国的孙悟空。但不是一个跟斗十万八千里，而是一刹那化为一股气，想到哪里就到哪里，想要多快就多快。而且用上了中国化的概念"气场"，看不见摸不到，但却变化无穷。我不是说"气场"只是中国人的专利，他那么写对中国读者说来是很有亲切感的。而作者自称：自己的写作风格是"刚性行动幻想"或者是"路程幻想"类的，这在科幻写作专业里是什么确切的定义，我真的不是很清楚，但这不妨碍我读下去。

他写道："一切都像类似的气场，一般是两三岁孩子才有的，似乎在一些大孩子的身上难以见到。姑娘的脸发生了变化,一下脸色拉下来,牙齿蠕动着,扭歪突长的,发着光,那已经不是人类所有的牙,是獠牙。很少见的,预示未定形的命运吗。"这种别出心裁的写法,奇峰突起的情节,读来饶有兴趣。

（2）道具新颖,得心应手。小说让主人公拥有一件奇异的武器,或称作护身符的玩意儿。也许作者故作玄虚,把带有暗能量概念的武器交给守夜人战士,用得得心应手,所向无敌。

他写道:"我尽量不朝她的方向看。把手伸到口袋里,我摸到了护身符——一根用缟玛瑙磨成的棍子。我迟疑了一下,试图想出别的办法。没有,没有别的出路。我把缟玛瑙棍握在手里。手指开始阵阵刺痛,然后玛瑙棒变热,散发出积聚的能量。这种感觉不是假的,但这热量不是温度计所能测量的。我觉得自己握着的是火堆里的一块炭。一块表面蒙了冷灰,而中间还炽热的炭……"

这可是比孙悟空的金箍棒还神奇的新玩意。金箍棒仅仅在外形上变变大小,其力量不过是孙悟空在人的力量就数量级上升到猩猩力量的水平而已,一般的妖怪不是他的对手。而玛瑙棍能够不知从哪里聚集来无穷的能量,可以升温到极高的温度,由主人公控制着向对手攻击。这倒真是很科幻的,人类在反应堆里可控制巨大的原子能,还没听说过将它玩于手掌之中的。这正是卢基扬年科科幻作品创新的亮点。

"我又开始牙床发痒,喉咙干燥。我进攻了。若是在车厢里,甚至在整列车上哪怕还有一个他者,那么它就会被粉碎。我看到一道能瞬间击穿金属和水泥的令人目眩的光芒闪过……我还从来没攻击过构造这么复杂的黑气。我也从来没用过带有这么强大能量的护身符。效果完全出乎意料。悬挂在其他人头上的那些诅咒被完全解除了。一个中年妇女疲惫地拍拍额头,惊讶地看看手掌,她的偏头痛突然消失了。一个年轻的小伙子呆滞地望着玻璃窗,然后浑身哆嗦了一下,他的脸松弛下来,眼里一种淡淡的忧郁不见了。姑娘头上那股旋转的黑气被冲走了约五米,蹿出了车厢。但它的结构没散,又曲折迂回地朝受害者反扑过来。"

我作为读者,思量卢基扬年科对情节安排了内在的逻辑关系。有了这种关系,一件玛瑙棍道具,又引发出必须合乎逻辑关系的情节之写法。聚在无辜人头上的黑气,蒙在女人身边的诅咒,似乎让我看到中国《封神榜》里针刺小纸人式的诅咒的影子,然而,卢基扬年科的写法不是玄幻的,是与现代科技联系在一起的。词汇的使用"诅咒""黑气"呀,在《守夜人》的词汇背后是有能量、有计量、有生物电场、有物理形态、有由此带出的后果。有趣的是,正是现代科技的研究进展,诸如量子纠缠的研究与应用,引发了科幻的进一步想象,甚至引发人文乃至宗教对万物因果关系的遐想与探究。

我引用《守夜人》小说中的有关段落,是想让没有读过小说的朋友,感觉卢基扬年科的科幻创作真的不亚于欧美的科幻,我一开始也是有疑问的。情节离奇,语言生动,构思独特,科幻味浓厚。

下面这一段就很典型：

我全身发紧，从脚后跟到后脑勺一阵抽搐，难受得叫出了声来。同时睁开眼睛环视了一下车厢。我的视线立刻锁定了一个姑娘，一个年轻可爱的姑娘。她身穿一件很讲究的毛皮大衣，手里拿着包和书。在她头顶上方有股黑色的气体，旋风般地旋转着。这种黑气我已经三年没有见过了。可能我的眼神有些不对劲，姑娘觉察到了，扫了我一眼，马上把身子转了过去。

……

人已经很少了，自动扶梯上只有我们四个人。小男孩在前面，他身后是一个抱孩子的妇女，然后是我。不远处有一位军人，生物电场很漂亮，由灿烂的钢灰色和淡蓝色的色调组成。我甚至嘲弄又疲倦地想，可以叫他帮忙。像他这样的人至今还活在"军人的荣誉"里。……我不再胡思乱想了，又朝男孩看了看，闭上眼睛去探寻他的生物电场。结果令人沮丧。他被一片闪烁不定、半透明的光辉笼罩着，这一刻渲染着红色，一会儿又流溢着浓绿色，有时又闪耀着深蓝色。

三、《守夜人》留下思考与想象的空间

《守夜人》能吸引你读下来，说明大部分是能够被读者读懂。但要承认，我也对有些表述和话语也没完全读懂。小说既有很传统的情节，比如欧洲常见的吸血鬼，在作者笔下也有描述。但被吸血鬼咬过后也要变成吸血鬼，以及双方缠斗的具体分寸，就搞不清楚了，也许我作为中国读者本来就对他们的传统就不明白，对时尚的现代科幻也不明白。

比如下面这一描述：

我离我的目的地近了。钻进大门时，我已经想好了结局——一动不动、心被掏空了、被吸干了的男孩的尸体以及正在悄悄溜走的吸血鬼。……"啊——啊——啊——啊！！！"吸血鬼拖长声音，号叫着向我扑来。还好，她没用獠牙咬小男孩：此刻她不能自制，就像刚把注射器从动脉里拔出来的吸毒者，像立刻就要达到性高潮的女色情狂。对一个普通人来说，她那纵身一跳的速度太快了，谁也拦不住她。但是我和吸血鬼势均力敌。我抬起手，把打开的酒直接泼向她那扭曲的脸。为什么吸血鬼们这么受不了酒精？可怕的嚎叫变成一种尖叫。女吸血鬼在原地转着圈儿，双手捶打着脸，脸上的皮和浅灰色的肉一层一层掉下来。那男吸血鬼转过身，撤退。

……

"别响！"头儿命令着一点过错都没有的话机，它马上就扑了下来。"安东，必须找到小男孩。逃跑的女吸血鬼本身没有危险。同事们能追上她，正常巡逻的巡查队也会逮住她。

但如果她吸了小男孩的血……或许，更糟的是，她把男孩变成吸血鬼……你不知道，什么才是真正的吸血鬼。现在的吸血鬼和真正的吸血鬼相比，就像吸血的蚊子之于诺斯费拉特①之类的吸血鬼。不过诺斯费拉特还不是最厉害的，即使他拼命攻击。"

与吸血鬼的战斗场面，那是很明了的。但涉及战斗结果与战斗原则的对话，却不太理解。这与欧美科幻的战斗双方，阵营分明，敌我清楚，有很大差别。而《守夜人》正是谢尔盖·卢基扬年科于1989年苏联解体之际写出并出版。我不能理解为作者已有先见之明，已经在科幻作品中包含对"阶级斗争"残酷性的反思；但又不能不联想到作者似乎朝着"黄昏界"与"光明界"调和进行思考。进一步推想，俄罗斯是个战斗民族，是大家公认的。正是从这一点，守夜人与守日人的战斗，小说的大格局还未跳出此巢穴。也正是从这一点，有学者研究指出，俄罗斯民族文化的定位处于纠结的状态：东不东西不西，既不是欧洲又不是亚洲，因而这种不确定，注定了俄罗斯文化的战斗性，注定了俄罗斯国徽上的双头鹰向东又向西看。

因此，在《守夜人》里，谢尔盖·卢基扬年科笔下的守夜与守日的战斗和纠缠，由此带出的极其丰富、引人入胜的内容，正是俄罗斯文化性格的折射和反映。

篆刻与科普

篆刻，是传统的文化技艺。与科普有联系，还是现代科学的普及使人认识的。阿尔茨海默症被称作为不可逆转的病症，但可以预防。失智的原因是人的大脑皮层毛细血管的萎缩，进而带来脑组织的逐步病变。美国科学家实验证明，人手从事精细动作时，大脑皮层毛细血管的血流量会增加17%—20%，有利于保持脑组织的健康。因而，养老机构的护理人员，指导老人多做手部动作，拧螺丝、织毛衣、填方块、写书法、刻石章等，都可以预防或延缓老年失智症。

---

① 诺斯费拉特，一个最有名的吸血鬼，源自一九二二年W.姆诺的电影《诺斯费拉特》。

我摆弄印章篆刻，是小时候受到邻居画家的影响。我家住在上海的江西中路广东路的区块。老上海人都知道，福州路俗称四马路，是书画街；广东路叫五马路，是古玩文物街。这一带，住着许多书画家金石家。如篆印家叶璐渊先生，是在西泠印社的大家，也到我家来走动。还有名号"八瓜"的书法家，他写的行草，古朴老练，给我难忘的印象。

我家邻居住着著名书画家徐子鹤先生，他家六个孩子，我家也六个。串门时，就目睹过老先生治印作画。那时，从小耳濡目染，应了"近朱者赤"这句古话。"文革"年代，艺术家成了"臭老九"，画作也没地方卖。孩子围在身边看他挥毫操刀，对他说来也是一种欣慰。后来他任安徽省博物馆馆长。而我，也就有幸看在眼里，开始操刀玩起石头，学着写篆字、刻印章。我弟弟是正式拜他们为师的，也加入了西泠印社。而我，只是业余喜好，加上1968年到北大荒农场务农，花在弄篆刻的时间不多，但我一直没放弃，已经操作四十多年了，总共治印五六百方。

摆弄石头，刻制印章，是个细心的活儿。刻好一个印章，从写字、描画，到动刀刻石头，花一个小时，就做好一个图章，按出红色的印迹，很有成就感。不管是名章、闲章、藏书章、肖形章，很实用，也有欣赏美感，送朋友，或留给自己，都有很自然的愉快感受。因而，我不为当篆刻艺术家，不为出名，有需要印章的，我就抽空刻制。

俗话说印章，方寸之间，变幻多端，气象万千。玩起来，迷进去，还真有趣味。篆刻的形式美，主要是指印面的形式构成美。世上任何物象都具有一定的外观形式，但不一定都是美的，有的稚拙、有的平淡。篆刻艺术也一样。在年代悠久的发展中，有的作品形式完美，给人以无限美的感受。而一般性的作品，则给人以平庸印象。因此，治印人都自觉或不自觉地对其形式的构成进行琢磨，使之达到完美的境界。密不透风，疏可走马，说的就是，布局构图时，疏密得当，获得独具匠心的运作效果。

丑小鸭

雅冰

同窗情深师恩永长

篆刻的形式美，构成的元素是点、线。由于点、线的不同外形，如长短、大小、粗细、方圆……千变万化。加之点、线是治印人的刀笔个性不同所产生的结果，这就使点、线具有了不同的个性特点，如动静、刚柔、雄强、秀雅等。点、线在篆刻家刀笔驱使下的运动，与不同位置的排列，书法上称"违和相"，篆刻上则是"揖让""顾盼""呼应""承应"等，产生了疏密、松紧、渐变、跳跃、参差，有方、圆、曲、直的变化。由于线的紧聚或分散，便产生不同的形与不同的块面分割，这就构成了更为复杂的形式；点、线和形块加以有机的组合，还有阴阳朱白的结合变幻，演化出不同个性的无穷组合，就会产生丰富的形式美。

篆刻有实用和审美的需要，形成的审美特点与物质材料、生产工具等有很大的密切关系。材料如玉印，它的质地坚硬、细密、刻琢不易，因而刻雕认真、工整、细致，其印面效果就产生光洁、细润、挺劲等形式美特征。铸铜翻砂拨蜡而制作成的铸印，就产生圆浑、丰满、充实等特点的美。以刀直接凿刻的铜印，就产生刀痕显露，笔画结体放任的粗率自然、挺拔锐利之美。石质材料较为松脆，易于受刃，施展自由，就产生个性鲜明的各种各样风格特色的形式美。

印章的实用性很强，尤其是名章，刻的名字，当事人肯定是很爱护的。大学毕业时，我给我们中文系办公室徐之光老师刻了一方名章。四年里他为我们刻印每周的课程表，是钢板蜡纸的，那字写得秀气清楚。20年过去，回母校同学相聚，我到办公室去，没想到徐老师正好坐在桌子前，他看见我，但没说话，等我走到他面前，说声："徐老师好！"他从口袋里摸出一个印章，说："你叫陈积芳，毕业离校时给我刻的印章，我用到现在。"这让我心中涌起感动的热流。同学聚会，我赶制刻好一枚《同窗情深师恩永长》，盖印在纪念册上。

沪杏科技图书馆是香港杏范教育基金会捐赠近千万元和上海市科委共同建成的。原理事长是熊知行女士。图书馆落成典礼时，恰逢全国第八届运动会在上海举行，原国家体育局局长伍绍祖，是熊知行女士的外甥，也来图书馆与谢丽娟原副市长为之揭牌。他还挥毫题写《崇尚科学》，但没带印章，我就马上为他刻制一方名章，加盖在他的墨宝上，现在还悬挂在图书馆。

闲章、肖形章，刻制起来也很有趣轻松。比如，科技工作者退休了，刻一方《年逾花甲始所悟》，来提醒自己，乐观地对待人生，在老年生活中保持宁静心态，健康地过好当下每一天。许多朋友对自己的属相较喜爱，为属龙的，刻制一条飞舞腾跃的龙，象征人生与事业的兴旺和上升，也是令人赞赏的。还有的朋友是画牡丹的高手，想要一方盖在画作上的印章，指定要"心画"二字，我就把"心"字，处理成一朵开放的花儿。画家陈玉兰看了，特别喜欢。还有精于书法的朋友，家在亲水的环境，就刻制一方《水岸斋》，用于山水画，也是搭配适宜。最近，为纪念抗日战争胜利60周年，我刻制《起来不愿做奴隶的人们》、《冒着敌人的炮火前进前进》两方印章，以铭记历史，珍爱和平。

值得一提的是，篆刻作为传统文化的一脉，经久传存，为许多人爱好，乐此不疲。因为，动手做精细的动作，大脑要指挥人手的十九块肌肉，刻、切、推、琢、敲，要屏气专注，心思宁静，一般在一个时辰里，认真并用一定的手劲力气，才能完成。每刻好一枚印章，脑部微微发热，额头出微汗，周身轻松，心情愉悦。

本文刊录的印章，都是博主在业余时间，为领导、首长、老师、朋友、同事、外宾刻制的。一般说来，当章事人对自己的名都很珍惜，书画印、闲章也常在手边使用。通过自己的一份劳作，看一方印章诞生，赠送与人，真是件快乐的事情。

起来不愿做奴隶的人们

冒着敌人的炮火前进前进

顾聪女士名章

水岸斋——书画家书斋章

科普活动

科普随笔

科普游记

科普人物

文耕选录

诗歌及其他

科普新媒体

哀悼诗

沉痛悼念汶川地震遇难者

悲伤地震祸,扼腕恸深情。国殇汶川难,大爱天地倾。
最痛肺腑裂,孩子可再醒?每年五一二,九州警笛鸣。

六一节短信与科普谜语

大人和孩子们一起过"六一"儿童节。朋友们发来的短信也充满童心。记录一条在下:"不管是过去了二十年,还是过去了三十年,不管是你戴过小红花,还是曾经满脸泥巴,只要你还保持着一颗童心,你一定会快乐面对、倍加珍惜、潇洒辛勤、浪漫向往人生的每一天。"

有一位同事的孩子,儿童节给我用短信发来一则谜语,给大人猜:

"看不到,摸不到,溜走了,捉不到。(打一天文术语)。"

我算是做科普的,随意用手机用短信回答:"暗物质",而且很自信,孩子们的这点小测试,还不容易吗?

很快回过来一条短信:"不对。提示:在我们每个人身边都存在。"

我又随意回答:"空气。"又来提示:"每天都遇到的。"啊,我这才不得不在儿童节里老老实实的承认,童心真的很重要,我与孩子们比的确是老陈了。空气不会溜走,与谜面没对上。我第三次回答:"时间。"

时间对每个人都是公平的。每人每天二十四小时,不知不觉地流逝。我们虽增多了丰富的知识与经验,也减少了天真的童心。愿在儿童节里拾回一些。

工程师之歌

在都市城镇，是我们建造千幢万座的高楼，
在乡村田野，是我们调度收割庄稼的农机，
在原野戈壁，是我们竖起钻探地层的油井，
在公路国道，是我们驱动滚滚飞转的车轮。

在流水线上，是我们装配高速运算的电脑，
在实验室里，是我们研制征服疾病的新药，
在近海远洋，是我们引航劈浪斩涛的舰艇，
在白云蓝天，是我们试飞搏击高空的雄鹰。

在崇山峻岭，是我们建筑横截江水的大坝，
在平原荒漠，是我们耸立输送电流的铁塔，
在长河大江，是我们架设飞跨天堑的彩虹，
在天空苍穹，是我们发射探星登月的火龙。

哪里有工程技术，哪里就有我们！
我们是光荣的工程师，
我们想象，我们严谨，我们创造，
我们用智慧，我们用双手，
把祖国建设得更美好和繁荣！

科普志愿者之歌
乘着科学的新风，
似轻盈蒲公英飞扬，
为了传播科技知识，
飞向田野，飞向草原，

飞向四方。

沐浴科学的阳光，
象勤快小蜜蜂飞翔，
为了弘扬科学思想，
采集知识，忙碌不息，
酿造蜜香。

纵身辽阔的海洋，
如健儿在波涛里冲浪，
为破除迷信与愚昧，
顶风踏浪，搏击向前，
勇敢远航。

注视深邃的太空，
思想如飞船出发远行，
为探索未知的世界，
奔向火星，驰骋深空，
登临月亮。

穿越隧道显微镜，
似好奇的旅行者游逛，
追求生命的完美，
基因排队，细胞跳舞，
珍惜健康。

我们是科普志愿者，
平凡的称号无上荣光，
崇高的使命担在肩上，
传播科技，建设小康，
就是我们的理想。

蒲公英之歌

科普志愿者标志

河边的青草地，
开着一丛蒲公英。
早晨的阳光斜射过来，
映出小绒花的白光。
小伞兵，小伞兵，
风吹起来，就飞起来。
随清风飘荡，
想降到哪里，就降到哪里。
你是最自由的小生灵。
永远地延续着，
你的平凡的生命。
你随着清风吹拂飘向天空，
只要有一点泥土就可以降落。
你是科普志愿者的象征，
自由地飞翔，辛勤地传播。

蒲公英

高科当今竞争处

2012年来临之际，12月30日，闵行区科委科协孙金康先生邀约老领导聚会。上海张江高科技园区管委会执行主任于晨也到场。会后，于晨发来一首词令：

积芳兄：送上新填词一首以共贺新年！

《青玉案》——到张江示范区一年有感

男儿自古金钩竖，更无惧，坎坷路。创业艰难关无数。多少鏖战，几经寒暑，不减威严铸。云舒云卷天连雾，花落花开地长度。又见人间棋子舞。跑车飞象，楚河汉界，谁将无常处？

2012年元旦于晨

我收到即回填了一首：

《青玉案》—和于晨张江示范区一年有感词

高科当今竞争处，无闲暇，风险路。创新英杰出无数。网络粒子，奔腾闪烁，苹果失索罗。浪高浪低深潜殊，幕开幕落气悬浮。再看天宫长练舞。中微超光，越过百年，科学普及处。

2012年元旦前子夜积芳

老有所乐是老年首要之义

——老乐歌

上海市老科技工作者协会有一万多会员，他们是在科研开发的岗位上，辛勤工作了一辈子，现在除发挥余热外，享受快乐晚年人生。老科协的康乐委员会，开展了丰富多彩的活动。

老有所乐，归纳起来，有四十八则之多。趁春节闲暇之际，写成一首《老乐歌》。与老年朋友们共享。老年快乐阳光的心灵，是自己亲手拢起来的！

《老乐歌》

盛世之时，老人长寿。常娱常乐，
快乐是金。数来即有：读书之乐，
抚琴之乐，箫笛之乐，闻钟之乐，
听乐之乐，欢歌之乐，起舞之乐，
练拳之乐，打球之乐，风筝之乐，
养鸟之乐，赏花之乐，品茶之乐，
集藏之乐，日浴之乐，月光之乐，
踏浪之乐，泼水之乐，泛舟之乐，
垂钓之乐，登山之乐，摄影之乐，
诗吟之乐，作文之乐，上网之乐，
短信之乐，博客之乐，绘画之乐，
书法之乐，治印之乐，玩玉之乐，
弈棋之乐，将牌之乐，诵经之乐，
焚香之乐，烹饪之乐，饮酒之乐，
服饰之乐，缝纫之乐，绣织之乐，
美容之乐，散步之乐，携手之乐，
弄饴之乐，洒扫之乐，濯足之乐，
沐浴之乐，夜话之乐，静坐之乐，
高卧之乐，助人之乐。老有所乐，
多有五十。何其之多，多于36计。
康乐在心，怡情延寿。齐来乐之，
福享天年。

感人的诗

那春天最初的蝴蝶
橘黄而紫红
轻快地飞过我的路
一朵飞翔的花
改变着日子的颜色
（上海地铁里车厢挂出的英国诗歌）

科普活动

科普随笔

科普游记

科普人物

文耕选录

诗歌及其他

科普新媒体

信息科技的迅速发展，使科普的传播手段与方式发生了深刻变化。我向年轻科普工作者交流学习。采用微信、美篇、ppt 等方式，自己学习，在朋友圈等发送，取得较好的传播效果。如有的科普与文化的美篇，已有两千多人阅读过。有的讲课 ppt 图文并茂，得到教育工作者的表扬。但还有视频、微电影、航拍……有待学习。

八色鸫，中华鸟儿的精灵

蒋振立先生从虹口区科委科协的岗位退休后，成为拍摄鸟类的发烧友。常常去云南、贵州、安徽、山东、黑龙江……的山林里，守候鸟儿。扛着 500 毫米的长焦镜头，穿着迷彩服，不畏艰苦，乐此不疲。功夫不负有心人，拍到了许多精彩的鸟儿照片。其中，一只美丽无比的"八色鸫"，真是中华大地上鸟儿的精灵，连美国、英国的爱鸟摄影家也来等候她。在这里，把蒋振立拍摄到的"八色鸫"的漂亮照片，刊登出来，让更多的朋友欣赏到。

原上海虹口区科协主席蒋振立先生

八色鸫，蒋振立摄于河南董寨

一位可亲可敬的百岁老人

——熊知行

熊知行女士，今年一百岁了。在我心目中，她是一位可亲可敬的老人。她曾是香港杏范教育基金会主席。20世纪90年代初，她要捐赠一笔六百万港元的钱款，为上海家乡做点贡献。我当时在市科委工作，为选址落实建科技图书馆，就这样认识了她。

她是上海青浦人，当时已经为青浦捐赠了一座青杏图书馆。她还想为市区捐建一座，初衷是来看书的人可以多一些。她领导的基金会曾为国内捐赠了四座希望小学，一个老年中心，助学奖学金等，达到较可观的金额。我见到她时，熊女士才七十多岁，看上去清癯文雅，讲话慢稳和气，目光亲切和蔼，让我肃然起敬。

知行女士早年在西南联大做过教授，经历抗战的艰难历程；1949年她作为香港记者，见证了第一面五星红旗升起，见过骡马拉着山炮在天安门广场检阅驰过；她的家族在海外做实业很成功，她在香港中文大学当数学教授。她历经沧桑，才更深切地体会中华民族复兴的坚韧不易。我因工作之缘，与她相遇相识，是真实看到一位爱国的香港女士，掏出心来为家乡为国家贡献力量。

上海市科委匹配等额资金建馆，1997年沪杏科技图书馆落成了。我有幸担任馆长。那年恰遇全运会在上海举行，国家体育局伍绍祖局长在沪。开馆典礼是由伍绍祖局长和谢丽娟副市长揭幕。伍绍祖一走进门，见到熊知行女士，就很亲切地叫一声"姨妈"。哦，原来他俩是亲戚。而在众人的场合，国家体育总局局长这样做小辈称呼她，给我留下极其深刻的印象。伍绍祖先生在馆里题写："崇尚科学"。他已离开我们，而墨宝还挂在沪杏科技图书馆的墙上。

时光蹉跎，转眼十几个春秋过去。期间熊女士居住在香港，她年寿增加，但还心系家乡的科技教育事业发展。有一天，在图书馆的理事会上，她微笑着对我说："陈馆长，你带领员工为科技界服务，做得不错。我想为你的家乡捐一座希望小学。"

百岁老人熊知行

我听了笑出声，回答说："熊博士，我的家乡在上海浦东的洋泾乡。我建议，这个希望小学捐到西藏去，那里更需要。我们有科技援藏干部在那里，会做好的。"她说，"好！就捐到西藏。"

我们向香港杏范教育基金会申报捐赠手续，获得30万元的款项，悉数用于日喀则亚东县的希望小学的建设。当希望小学落成时，上海科技代表团到亚东县去参加开学典礼，我致辞说："帮助建这座学校的是香港的一位九十多岁的老奶奶。她知道你们上学走很远的路来，就捐助资金建新的学校。"脸庞红彤的藏族孩子们间响起了热烈持久的掌声。

当熊知行女士九十多岁时，我们提出到香港去看望她。她却说省下这点钱，用到更需要的地方。她捐助慈善事业慷慨献出几千万元，而为自己的事情，却省而又省舍不得花。

2012年秋，我、副馆长葛同舟与小沙，到香港看望熊女士，那年她已高龄九十五岁了。沪杏科技图书馆成立二十年了。馆里的东方科技论坛、科技创新论坛、科普微信公众号、科技围棋沙龙等，都为科技事业的发展发挥了很好的作用。图书馆还将与香港杏范教育基金会一起，探索设立青年科技创新论坛。

熊知行女士的品格给图书馆的员工和我，树立了爱国主义的榜样，教育并引导我们尽心尽力为科技活动做好服务。

在新春来临之际，我们诚挚祝愿熊知行女士和曹锡光先生福如东海、寿比南山、健康长寿。

幼儿阅读的科普与优质科普图书的进展

幼儿阅读专题报告会
暨"好灵童"杯故事大赛颁奖活动

幼儿阅读主题报告很精彩，关注了目前幼儿远离自然的实际状态，寻找补救举措。她们的创作与实践，引导孩子走进自然，靠近自然。从认识注意一片落叶，一根羽毛，一个鸟窝，一粒种子开始。

报告内容：

1. 从自然缺失症到自然观察绘本（芮东莉博士，优秀科普作家，上海教育出版社编辑）

2. 如何创建校园"自然触碰角"（周斌老师：上海宝山在顾村中心校高级教师，全国十佳科技辅导员，市教委教研室中心组成员）

芮东莉博士的讲解深入浅出，娓娓道来，从手掌状的一片落叶，讲是哪棵大树上落下，寻找树妈妈，来引导孩子关心自然。绘本是《叶宝宝找妈妈》

她在美国学者理查德的《自然缺失症》专著的启发下，创作出国内第一部《自然观察绘本》，系列生动，颇有情趣，吸引孩子阅读。她做的是学前教学的优秀的创新工作，将科学普及与自然知识教育下移，让幼儿受惠。

可以说，这对培养我们的未来劳动者与人才有重要的意义，功德无量。我们有理由为年轻的优秀人才，刻苦做这样细致深入的学前教育，很大分量的科学教育的幼龄化，感到由衷的欣喜。

而周斌老师的工作更为务实，在校园里寻找自然触摸角。看这些透明塑料盒里的标本，是如此丰富多样，真是颗颗果实、粒粒种子、片片羽毛，浸润着学前教育工作者的爱心和责任心，让幼儿园老师和科普工作者，顿生由衷的敬意。

会上介绍幼儿教育资源：

1. 复旦大学出版社学前图书，由黄乐（复旦大学出版社学前教育分社总编）演讲；

2. 让我们的孩子有趣读世界，趣读文化 CEO 莫祺女士演讲；

3. 公益项目进园项解读，由"一米智联"介绍。

复旦大学出版社学前教育分社推出系列幼儿读物，内容丰富，引进国外作品琳琅满目、印刷精良，看去令人喜爱，让人很想买给孩子阅读。

德国、韩国的幼儿读物，也各有特色，系列多样，客观上让上海的幼儿读物的创作与推广开始进一步融入国际。

趣读，是有声的让孩子互动点触，就可以传出读书讲故事的读物展板，有相当的吸引力。

故事大赛闭幕，由上海市儿童文学推广研究学会会长张锦江致闭幕词，并宣布"2017上海市好童书绘本走进幼儿园"项目启动。

从事《好灵童》幼儿教育的队伍，已走过八年春秋，她们由朱勤奋老师领御，团结努力，不辞辛苦，整合社会资源，为孩子们和幼儿园辛勤服务，取得了较好品牌效应，推进并丰富了幼儿教育内容，为幼儿园老师提供了学习交流的平台。

从事青少年教育的沈自骥老师（83岁）和学前教育的专家黄铮老师。他们一面为幼儿读物丰富而高兴，同时也提出幼儿教育是非义务教育，政府并不严格监管，因而如何保持这一领域的科学与理性、安静不浮躁，也是应予关注的。

校园科普行　培养小科迷

12月28日下午,在卢湾区中心小学参加了"校园科普行"2016年总结活动。该活动由上海市教委体卫医科处主办,由九三学社科普讲师团、上海教育报刊总社承办,上海科普作家协会协办。著名脑科学院士杨雄里任科普讲师团团长,今天出席会议,并与同学们一起活动。

杨雄里院士为孩子们在科普书上签字,回答孩子们的提问。《少年报》小记者采访杨雄里院士。

校园里科学与文化氛浓郁,墙上画满了科学家、学者的肖像。

活动安排了三个科普微讲座:1.《中医五味》苦酸甜辣咸,让同学们品尝,并介绍药用功效,生动而活泼,受到同学们欢迎。

2. 讲介《古地图奥秘》的孙正凡博士,正好坐在我旁边,讲得丰富有趣,引人入胜。

3. 讲介《机器人NAO及原理》。

我2016也参加过"科普校园行"活动,到多所学校讲介《提高科学素养,增强创新思维》的科普讲座。

今年11月,我已为静安区风华中学同学,讲介《从阿尔法Go围棋赛战胜看人工智能发展趋势》科普报告,受到欢迎。

我在上海市科委工作时,总工程师芮钧如老师,培养了九段女棋手女儿芮乃伟(她先生江铸久),影响我们对围棋的爱好。我还担任市科委围棋队长,想想也有趣。

静安区工程师协会会长宋仪龄专家评价我的讲座:讲座很成功,效果很好,师生听后很受益。我听了也很受触动,时代在进步,知识在更新,技术进步突飞猛进。您结合围棋技艺,加之渊博的知识,最新的人工智能发展信息及联想,使讲座深入浅出,引人入胜,风趣活跃。你百忙之中汇集资料,撰写讲稿,制作ppt……为青少年科普努力,体现了社会责任。

上海中学生创客马拉松竞赛

2016年11月,上海中学生创客马拉松竞赛在实验中学拉开帷幕。十五支创客队伍参加中学生科技创新活动比赛。上海市教委医科体卫处处长丁力出席致辞,上海市老科技工作者协会会长陈积芳到会致辞。

上海市实验学校是一所集教学与科研的十年制中学。坚持在完成对学生的基础教学同时,开展紧跟最新科技发展的创造性学习的科普活动。

学校校园与教学楼里科技与人文氛围浓郁。

校长徐红,是语文特级教师,又执着地开展科技教育,真是让人感到由衷的钦佩与尊敬。

徐红校长宣布中学生创客马拉松竞赛开幕。

上海市实验学校的教学模式,通过援藏工作移植到日喀则,市政府先后支持近5千万元,在那里建设了一座实验学校。

走到学校的名著书籍墙和伟人学者墙,似曾相识,我开始以为是因为学校一般都有这样的装饰。当小金老师把学校网站记录的2010年世博会期间,我来上海市实验学校做过科普报告的新闻记录给我看时,才想起,哦,我是第二次来这里,是科普让我与实验中学结缘。

上海市实验学校当时记录的科普课的报道如下:

培养科学态度,追求科学精神——沐雨讲坛:高一学生听科普专家陈积芳先生谈科技发展与创新培养

2010-9-9 21:46:00 阅读次数:701

"同步辐射光源、大直径盾构机、南极内陆冰盖"这些科学术语不是来自哪本科普读物,而是新学年开学之初从实验报告厅传出来的。

2010年9月6日上午,上海市科普作家协会副会长陈积芳先生在报告厅为全体新入学的高一同学做了一堂精彩的讲座,报告的主题是"上海科学发展纵览和培养青少年科学创新"。

因为在上海科学界工作30多年的缘故,使得陈先生对科学界的各种人和事都能娓娓道来。在讲座中,他就如同讲故事一般讲述着各领域科学名家的卓越贡献。

他提出"知识就是力量"是在过去非常流行的一句话,但是,利用网络搜索知识的能力逐渐成了新时代的必备能力。由此他开始了这场大信息量的报告,并不断提示学生记下感兴趣的关键词,循着知识线索将自己带进知识的殿堂。

陈先生真是高效，在短短一个多小时的报告中，从李政道的"黑洞研究"谈到阿蒙森的"南极探险"，他细数了近十位中外科学名人的经典故事；从"企鹅能活多少岁"到"振华港机的大盾构"，他风趣幽默地讲述了一个个科学研究背后的故事；从"杨福家谈青年科技创新"到"吴冠中作创意文字画"，他语重心长地介绍了科学创新的理念并表达了他对同学们创新成才的期盼。

陈先生讲座的第二个特点就是，他以"科学与艺术"为主线，在介绍科学的同时，他总会渗透人文素养的教育。他提出，科学是美丽的，人的认识在自然中越来越走向文明。也许是摄影家协会会员的缘故，陈先生喜欢摄影，他经常利用各类会议间隙，拍下科学家的成果和工作照片，这让他的讲座生动而具有亲和力。

在讲座的尾声，陈先生辩证分析了科学思想与科技知识、科学方法、科学精神既有内在联系又有区别的，他希望同学们不断提高科学鉴别力，在学习生活中培养优良的科学态度与科学思想，形成具有人文素养、科学能力的现代知识青年。

最后，虽然已经满头大汗，但是陈先生还是欣然接受了学生提问的请求，认真回答了学生的一个个问题，他还表示随时愿意为同学们答疑解惑。

沐雨讲坛是实验中学努力打造的校园文化之一，新学年的第一讲虽然因为台风而推迟了，但是它很好地开启了学生思考的头脑、激发了学生求知的兴趣，正如陈先生所言，对知识有兴趣是创新的起点、是学习的动力。

旅游途中的科普及人文

到冰岛、意大利旅游，是我们退休的快乐之旅，开开心心地观光游玩，收获最多的是历史人文故事，悠久古老的建筑，大海火山帆船的景色，与科学普及隔得较远，也很正常。轻松的游玩，的确不会动脑筋去思考科学问题，但是科普偏偏要找上游客，当然更要找上科普工作者。

比如，意大利就是人类科学的发祥地。比萨斜塔是游人必到之处，伽利略在斜塔上做了自由落体下落速度的著名的科学实验，证明木块与铁块下落速度相同，与重量无关。

在佛罗伦萨，匆匆经过伽利略博物馆，没时间进。外边有一根纪念性立柱。立柱中间部分有字母与数字，代表什么意思呢？还有一条蜥蜴爬在上头，又是什么意思呢？宣传旗上的图案又代表什么呢？立柱顶上有一个蓝色圆球，寓意什么？我认为，可以确定是地球的象征吧。因为，太空中看地球，是蓝色的小球。伽利略宣布地球是圆的，是天文科学的开端。

在小城市，好几次看见有星球的宣传画，好像是科普电影的海报。但赶路匆匆，不可能进去看一场电影。

再比如，在欧洲猫头鹰是一种吉祥的鸟，代表知识，夜晚不睡，还在用功读书。象征智慧，知识多，就让人聪明。而在中国，猫头鹰是不祥之鸟，夜晚行动，是诡秘阴暗的动物。民间至多传说用它治脑病。这在科学上文化上有什么由来，我真的不清楚。

又比如，在意大利五渔村有一种装置，一根细竹竿站立，顶上横装一细杆，又吊了一些小细杆，在海风中慢慢悠悠地转动，导游说，这是一种风向标。看上去，很巧妙，风吹不倒，见风而转。这是什么原理？

我们在意大利游览了庞贝古城。是世界上唯一的火山喷发遗址，由专家除去厚厚火山灰后，复原当时生活与文化的场所情景。

海对面就是在公元前79年喷发的维苏威火山，洒落六至七米厚一百摄氏度高温的火山灰，掩埋了两万人的庞贝城。人们来不及逃生，大多窒息而死。现正在发掘恢复城市房屋街道。意大利导游朱莉女士讲得很清楚，中文流利，十分友好。

墙上有用庞贝红画的壁画。更重要的是壁画下面，可以看见一根金属水管，材料的质地是铅，罗马人长年喝流过铅管的水，慢性铅中毒，红葡萄酒盛在铅杯里也是，损害健康。

罗马人男性寿命不过七十。还有一个原因，学者认为罗马人崇尚健壮裸体，性开放过度，造成疾病的流播。因此，缺乏科学常识成为罗马衰亡的原因之一。

那么，好心的游客也会询问，当时人们有没有警觉一些、聪明一些的人，提前预防灾害呢？据查考，当时有一位专业人士拉勃拉特，并没想到火山会在公元前79年喷发，因为公元前62年他预言判断维苏威山是死火山。即使分析出可能要喷发，什么时间喷发也是一个难题。人们眼光往往受到自己寿命周期所限，大多数人关注三五年之内眼前的事，如房地产价格的升降，不太关心40年上升一厘米的海平面，更不用说预报火山喷发了。这座火山最近一次喷发，是1944年，现在又是已经七十年没动静了，会什么时候再次喷发呢？

再举一例，上海人都顾名思义，认为冰岛很冷。冰岛位于北纬66度的北极圈边缘上，应该被称作为极地国度，想想应是很冷的，其实不然。

大自然之手把冰岛摆放的位置有奇特之处，大西洋暖流与北冰洋寒流对冲的结果，使

冰岛公路边沿的黄色木杆

冰岛并不那么冰寒，冬季的最低温度在零下12摄氏度至零下摄氏18度之间。海中有冰，但海水还保持冷水鱼类能洄游生存的状态，因而冰岛的捕鱼业很发达。冰岛冬天气温与北京差不多，这是这次冰岛行的科普收获。

公路上，边沿有六七十厘米高的黄色木杆，知道是什么作用吗？冰岛冬季暴风雪很大，下得很厚，积雪漫盖了道路，黄色木杆较高，露在积雪外，给车辆指示方位。

还有，观察极光有客观尺度，分成九度。我们团队10月8日、9日的夜晚，在天空可能出现极光强度，只有2度，而雨天就看不到。10月14日极光大爆发，中冰联合极光观测台的胡泽骏博士发来的极光照片，绚丽多彩。

阿克雷里小镇，有一个淡水湖，岸边有一座小屋，湖深150米，冰岛又少有人类活动干扰。这个湖，有与尼斯湖同样的奥秘：有大型湖怪。当地农民目击，并拍下录像，专家鉴定，录像是真实的，不是拼接的。还有多人目击，这个湖里的怪物，如巨蟒，但有突出骨节。为准确起见，且容收集翻译资料，整理了再说。旅途中的科普，还不少呢。

在佛罗伦萨的小镇里，有现场做陶器的匠人，他背后的墙上嵌贴着石雕陶塑，有对称的花，有生动的骏马，如同中国汉朝砖雕的奔马一样生动。

来到中冰联合极光观测台

10月9日是我们团组的冰岛科普之旅的最后一天，前往冰岛的第二大城市——阿克雷里。经过电影拍摄地瓦恩特，见识《星际穿越》里奇特火山怪石遍布的地貌，来到冰岛最温暖的海湾，阿克雷里。用去过的北大荒比较，这里的确是温暖的，冬天冰岛这一带只有零下10摄氏度到零下18摄氏度而已。黑龙江嫩江一带冬天零下30摄氏度至零下40摄氏度，那才叫真正寒冷呢。

经协商，一个民间私人农场按合同以 400 万元租借给中国极地研究中心，用于极地科学研究的极光观测业务。这是一座占地 15 公顷，建设面积 700 多平方米、三层的建筑物。地面一二层用于极地科研工作和极光观测，位于地下部分空间用于科普。目前，基本建设紧张运行，装备的采购安装，也繁忙进行中。

极光神秘而美丽。从文化的角度讲，极光像中国江南的梅雨一样，已融合到人们的生活习惯与诗歌文学里了。从科普的角度讲，极光，是由被称作太阳风的高能带电粒子流，从太阳飞向地球时，遇到了地球南北两极的磁场，其中一部分被吸引改变行进方向，而沿着磁场线向极地高空大气中的分子、原子和离子撞击，带电粒子的能量瞬间释放，激发产生的光辉。因此，极光是地球高磁纬地区上空一种大规模的放电过程，是一种绚丽壮观多姿多彩的发光现象，而且是规律性地集中在北极圈和南极圈的上空发生。

研究极光属空间物理学的范畴，涉及太阳风和太阳活动周期，因为太阳风暴对人类的高度信息化活动有密切关系，对通讯、电网、客机导航、人造卫星、GPS 信号等，都有很大影响。极光的科普知识与我们的社会发展息息相关呢。

我、秦惠婷、胡小兰因在科学技术协会工作，在 2004 年就由中国极地研究中心安排，到北极的黄河科学站（位于北纬 79 度的朗伊尔小镇）学习考察，较多地知道了极光科学研究和科学普及的情况与知识。这次到欧洲旅游，既来观光冰岛风景，又顺便来阿克雷里考察参观。进一步学习了解情况后，作为科普工作者回上海后，我还要尽点义务，来促成海外科普极光基地的设立，为上海的极地科普与青少年了解极光科学知识，做一些工作。"中

上海市科友摄影团来到冰岛

极光观测台的负责人（昵称雪狐）

冰联合极光观测台"胡泽骏博士，知道我们要来，已经身穿红色中国极地科学考察服，考察服上中国国徽与南极地图，鲜亮夺目。我们大巴下车时，阴云遮天，雨滴飘洒。我们大家握手拥抱，以观测站的建筑塔吊和建筑钢架为背景，拍照留影。在风雨中，我们展开蓝底白字的旗帜："上海科友摄影团科普之旅"，拉直绷紧，记录下愉快一刻。

胡泽骏博士介绍了情况，明天中国海洋局领导（一位副局长和随同人员）和冰岛科学教育部长一行，到阿克雷里出席"中冰联合极光观测台"填石仪式。上海极光科普之旅的来到，增加了这一中冰科学交流合作项目的人气，对提高更多人的极地科普的知识水平，有积极作用。

胡泽骏带领队员们，参观极光观测台的科研办公房的空间，条件还是较为简陋，但整洁宽敞。在已装好的极光观测仪的小屋，我们一一上去观察学习。对着天空的精密照相机，可灵敏地记录极光发生的实景，这是利用农舍的小屋上因陋就简装备的。

这时，太阳露出头来，明媚阳光洒满山谷，秋草金黄随风飘逸。山坡上杨树、桦树枝叶金黄，层林尽染，真是一派冰岛的浓浓秋色。黑色火山灰的深色调，西晒的阳光将一排杨树，照得秋韵与长天一色。

科考队博士胡泽骏研究员，其他队员：陈永祥（站务处处长），田文佳（科技处职员），黄飞（财务处职员），就四个人远离上海，还是难免寂寞的。他们紧张工作，忘了寂寞，为极地科研做出奉献。

当大巴驰离观测站时，我们挥手向科考专家惜别。再见，难忘的阿克雷里科普之旅。

极光观测台所处的山谷之美丽秋色

冰岛的国家冰川公园

离开宾馆,出发去冰川公园。清晨,柔和金色的阳光,将旅馆及周围的建筑和一草一木,照得挺美丽非凡。冰川公园占冰岛六分之一的面积,储藏着巨大的淡水资源。淡蓝间白色的巨大冰川顺着山谷,向着海湾延伸。

山顶上有一座红色教堂,可是来不及上去登高看一下。

我们住宿的宾馆,整洁舒适,早餐还是丰富自助餐,能保证一上午活动的能量。休息厅布置很雅致。

小草小花,在清晨阳光下,生气勃勃。

火山活动喷发带出的灰尘,洒在冰川上。蒙上黑色外衣的冰川,吸收阳光热量增多,也引起更快融化、更快消退。瀑布水量明显变小,尽管仍然在流飞泻奔,而累年地观察会发现冰川已退缩了许多。

还不错,我们来到一个海湾的湾口,有断离大冰川,也有漂流下来的一群冰川,耸立飘在海水上,也算有壮观可看的气势。

因为首次来冰岛旅游,对联系船只开进海湾,深入冰川缝隙观光;租借特殊钉鞋等攀行冰川体验,要雇有经验的冰川游向导;这些都要事先联系落实,否则就不能实际操作,我们就只好选择近距离景点,观光拍摄。

冰体大小不一,大的有排球场大,小的如巴士车大,也因不断融化断裂,奇形怪状、千姿百态。我看到有轿车大的冰块轰然断裂,滑入海水,漂流下去。

冰岛美丽的自然风光

冰岛位于北纬66度的北极圈边缘上，应该被称作为极地国度。大自然之手把冰岛摆放到一个奇特的位置上，大西洋暖流与北冰洋寒流对冲的结果，使冰岛并不那么冰寒，冬季的最低温度在零下18摄氏度至零下12摄氏度之间。海中有冰，但海水还保持冷水鱼类还能洄游生存的状态，因而冰岛的捕鱼业很发达。

在深秋季节，现在的温度是8摄氏度至12摄氏度，风很大，常有8级及以上的大风。今天傍晚回宾馆的路上，中型巴士在行驶时，车身都摇晃抖动。

公路两边的山脉，草地，生长着低矮的草种与苔藓，高大的树木较少，大多是人工种的杨树，也有桦树等构成的小树林。横亘的山体有点像西藏高原的风格，披着青绿的植被，不长乔木，草地上茅草、狗尾草等细小茎条，在秋风中摇曳抖闪，矮小树种叶子呈现金黄色彩。整个山体色调是绿色、黄色、碧翠色的交融，加上在阳光下的金褐色的韵调，让人感觉到金光闪烁，温暖鲜亮的油画般的调子，非常赏心悦目。

冰岛人的农舍房屋带着欧洲的特点，不时地跳出，粉桃色、朱红色、果绿色、湖蓝色、咖啡色，或干脆是石块砌的灰白色，映人游客的眼帘。虽然不是称为童话世界或圣诞式小屋的气氛，也是像朱良瀛先生一语中的，是过着平常小日子滋润生活的样子，给人轻松的闲适的感觉。

即使路两旁草场上，有羊群，马匹，牛群，也是悠闲的；尤其是那绵羊，一只只胖乎乎、圆滚滚的，静静地吃草，是真的吃得好，长的肥，当然羊毛也是蓬松茂密的，更显得胖而肥美。午餐时喝的土豆胡萝卜洋葱羊肉汤，是美味可口的，小面包沾着浓汤吃，很让游客满足的。冰岛的羊肉好，是与新疆一样鲜美无膻味，因为是喝着冰川纯净水，吃着极地洁净草长大的。

而冰岛自然的风光是独特的，我们这群自认为见识较多的上海人，感到这里明显不同于欧洲英、法、德这些经济发达、人文深厚的国家。

冰岛，是自然的、舒展的、开阔的、闲舒的、宁静的、清新的、从容的、不加雕饰的，更符合人性初始的生活生存状态的。让从大都市繁忙的、紧张的、创业的、快速的节奏里走来的人们，一下子感到的放松与轻盈，缺乏已久的那种舒缓的感觉，又找回来了。

连那使人感到有点冷，要穿上羽绒服冲锋衣，才能挡住的阵阵吹来的风，也是纯洁的流动的，来自北冰洋的，不带一点PM2.5的空气。这空气让为雾霾困扰的城市人，一下感受到自由呼吸的幸福，鼻塞鼻炎的烦恼，被抛进了北冰洋。在冰岛喝的水，也是纯净的冰川水。宾馆走廊摆着咖啡机、开水壶，一早沏上立顿袋泡茶，又一种质朴的享受。有时候，最基本的东西，例如洁净空气与水，竟然是珍贵无比的。

甚至阳光，在冰岛也是奇妙的、神圣的，让人觉得有宗教的神秘色彩。10月7日，旅游巴士开上公路不久，就遇到美丽无比的光亮。阳光透过片片浓厚云层的洞隙，放射出缕缕似舞台追光灯般的光线，洒落大地，照向山脉，映在草场，辉映水面。不知谁，在奉行基督教信仰的冰岛，说了一句：这是基督之光！是啊，顺着这宗教文化氛围的浸润，这美丽无比的"基督之光"，在很长时间里，展现在巴士的右侧。隔着车窗玻璃，拍摄总归不尽兴。司机约瑟夫，在一个安全的地方停车，大家下车，对着这自然的射落的阳光，拍下了佳作。大家高兴地说：上帝也关照我们，非但不下雨，还送来基督之光。司机也说，这是你们从上海带来的。

冰岛，最早以前人迹稀少。因为寒冰，人们赖以生存的农作物难以生长成熟，只有在南部才有足够的光照，可以长成土豆麦子，但只能满足冰岛20%的需求。直到目前，冰岛的粮食靠从欧盟进口。虽然靠海吃海，但历史上记载，为捕鱼而被海洋吞噬的渔民，每年要达两千人。因人死不能复生，冰岛较早废除了死刑。

冰岛冰川多，火山多，地震多，温泉多。全球温室效应，气候变暖，已经使冰川大大后退，许多的冰川融化。山体的森林冰川，变窄变小。在冰岛全球变暖后果非常明显。

当然，我们看到的落差65米的黄金大瀑布，与加美边境上的尼亚加拉大瀑布一样有名。水流湍急，水体巨大，轰轰然不停地滚滚向前。站在峡谷的高岸上，瀑布的雄伟一览无余。她的特点是，下午太阳在瀑布的西边，水流飞泻奔腾是自南向北，卷浪翻滚，水珠飞溅，水雾飘逸，细小的水气弥漫峡谷空间，正好有形成彩虹的条件。阳光不被云层遮掩，彩虹就清晰展现。赤橙黄绿青蓝紫，飞扬彩虹当空舞。我为女儿陈笛拍下以彩虹瀑布为背景的照片，很美，很有纪念意义。冰岛的美好，永远定格在镜头里，定格在脑海里。

间歇泉的喷发，也很奇特。景点中有一处观察间歇泉。这是由于地热和温泉资源丰富，在地下流动的泉水，被100摄氏度以上的岩浆热量烤热变成蒸汽，在地层岩石罩盖下，形成压力，热水带着蒸汽流到与地面透气的洞隙，就"嘭"的一声，水与蒸汽一并喷出地面，温度有摄氏100度。水柱升腾高的有二十多米，低的有五六米高。一般间隔十分钟左右喷发一次，有时隔一两分钟接连喷发。这样对摄影师说来，必须端着相机，眼睛盯住，耐心等这个不听人的旨意的热泉"嘭"的一声升腾。当你开小差，它喷了；当它喷发时，快门按慢了；当你按快门，景幅没竖起来，喷泉头缺了一点。那么要再从头等十分钟。

而快乐就在这端着相机，肌肉发酸地等来了一张满分的喷泉好照片。哲学抽象阐述，什么是快乐？快乐就是人们花时花力等待某个结果的来临，她如期如待地来了。而拍摄间歇泉，就是其中之一。

冰岛，就是让大都市的人们着迷的旅游的胜地。

小青蛙科普微童话竞赛颁奖

9月24日下午，上海市闵行区科委、区科协与市少年宫浦江青少年中心联合举办《中国科协全国科普日》的系列活动——《微时代-小青蛙科普微童话》竞赛及颁奖典礼。

微童话科普已做成吸引广大中小学生的品牌活动，参加同学踊跃，老师热心，家长支持，部分临近的江浙学校也积极参加。

微童话适合青少年的特性，能引导科学想象力与探寻好奇心，也培养同学创造性学习的能力，增加课外的知识点。

仪式上，给优秀项目颁发了奖状，对优秀辅导老师和学校，给予奖励表彰。

区科委科协主席雷志术和镇教育局、少年宫领导为2017年微童话科普创作赛按亮闪光球，宣布启动活动。

笔者为竞赛宣布特等奖：《睡莲与荷花》《投掷比赛》，并向获奖同学表示祝贺。

活动场地中，还安排了许多科普互动项目，吸引许多同学前来操作体验。

上海科学会堂的草坪音乐会

9月23日晚上七时至八时三十分在上海市科协科学会堂举行草坪音乐会。科学家、专家、科协委员和各方科技人员代表等出席。

科学家旗袍秀，一展陈赛娟院士等上海知识女性风采，优雅雍容，气质非凡。

主持人王勇是上海大学音乐学院院长。

曾凡一女士演唱《这就是幸福》等歌曲，女中音的歌声浑厚优美，委婉动听，赢得全场热烈掌声。

上海文广民族乐团艺术总监王永杰任指挥，他是民族音乐领域的杰出艺术家，主持指挥过上千场演出和民乐优秀重大作品。今晚指挥《东西南北中》《迎来春色满园》《春江花月夜》等曲目，演出效果气势恢宏，高潮迭起，掌声热烈。

刘雯雯作为女性唢呐演奏家，演姿端庄，独奏《迎来春色换人间》，别具风韵，音色纯正，激情荡漾，令人难忘。

草坪音乐会演出圆满结束。

VR科普成为孩子们的快乐殿堂

2016上海国际科普产品博览会以"科普让生活更美好"为主题，是由中国科协指导，上海市科协、市文广局、市科委以及上海科技馆共同打造的大型群众性科普展览活动。活动中，来自12个国家和地区的350余家单位展示了一批品质卓越、创新特色鲜明的科普作品。

9月17日是开幕第三天，参观人群非常踊跃。上海市副市长周波也来参观。

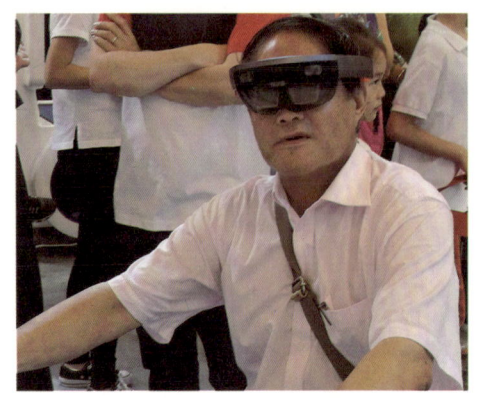

作者与 VR 技术亲密接触

发明和创新的科普产品很多，科普时尚的新款很多，吸引众多人潮。仅网上预约参观的人数就达 9 万人次，比去年参观人数多出很多。

馆内人头攒动，熙熙攘攘，尤其是大人带小孩一起参观，引起轰动的项目很多。

今年的重头戏是 VR（虚拟现实），加上机器人和人工智能产品。展台上，有 100 个机器小精灵在跳舞，很是吸引视线。

机器人拳击手会对打格斗，步法老练，挥拳准确，能把对手击打倒地，又能自己爬起来。家长与孩子们兴致勃勃地围着观看。

工作人员还招呼孩子，交给遥控器操控拳击手对打，十分有趣。孩子们当然笑声欢快，玩得开心无比。这可不仅是打架，更是机器人的智能新科技，引起孩子们的好奇心。

VR 是以立体全息影屏图像，展示现实与虚拟形象的新技术。观看者戴上黑匣眼镜，看到 VR 的虚拟立体影像，十分逼真，这些项目十分受欢迎，想要参与要排队，也需耐心等待。

黑匣里面，可看到跳芭蕾舞的美丽的女演员，舞步轻盈、动作优雅、非常逼真的艺技。参观者还可以用手拨弄里面的光亮点，让图像发生变换，很为新奇。

承蒙汉图科技公司工作人员关照，让我先行体验最新的 VR 游戏。戴眼镜，握扳机，身前有虚拟的卡宾枪，用双臂端持在胸前。视频开阔，看到前面是如同悲惨世界电影里的乞丐王国的大厅，光怪陆离，过道房间、平台吊顶都是神秘阴暗。

有毒蝎子在过道上爬行，有凶恶的吸血蝙蝠振翅飞舞，好像马上要俯冲下来咬你。你成了侠客，赶快扣动扳机，子弹飞出。开枪射击后，枪筒发出闪亮的轨迹，击中毒蝎身子，就马上爆毁，浓烟火星轰然燃烧，影像与真实战场一样。击中毒蝙蝠，也是燃爆闪亮，硝烟滚滚，仿佛身临战场。这是与看电视看电影完全不同的新的视觉体验。

你成为娱乐场景中的主角，不是旁观者。对着似乎要攻击你的毒蝎子和魔蝙蝠，只管扣扳机，不愁子弹会打光，一个个敌人被消灭，胜利的感觉令人陶醉，过瘾得很。是啊，以后要小孩不着迷也难，已经有教育专家在担心。

一年前，科普群里做科普的专业人士，还在问询：哪位能说一下，什么是 VR，AR（增强现实）？想不到，今天科普博览会上，VR 公司众多产品琳琅满目，热气腾腾。孩子们已经玩得不肯放手了。科技发展真是日新月异，科普也紧跟向前。

据说，那挺贵的黑匣子眼镜，被人偷走一副。顺手牵羊者大概是对 VR 太好奇了吧，拿回家还能悄悄地看跳舞的美女？可是没新的全息图像更换，会看腻吗？新科技与科普博览会，真有吸引力哦。

VR科普，为孩子带来快乐和好奇心的源泉。而好奇心，永远是孩子学习知识，探寻奥秘，追求科学的内在动力。

学驾驶低空飞机的时代来了

9月1日上午，这一天对我说来，挺新奇而有意义。在朋友联系安排下，我坐在直升机的模拟驾驶舱里体验了一把。我学开飞机啦！资深民航驾驶员李老师坐在右边，一手握推升把，一手握动力把，两脚踩住飞行踏板，协同操作。第一次体验，表达可能不准确，但就是这个意思，会开汽车的都能理解。这是培训练直升机驾驶员的模拟仓。我同样的，双手两脚要操作两把两踏。

就这个驾驶模拟仓，价值500万元，而一架直升机不过300万元。飞机原型照片附列在左侧。模拟的真实的飞机是真可飞上天的。看出去的机场、跑道、天空、大海、草地、绿树、小岛……都是虚拟软件逼真演示的。李老师说，我们起飞了。先向大海方向飞行，就感到机舱里的位置上升前进，离开跑道。很快来到洋面上，波光缥缈，海风吹起细浪，视野开阔。再飞回陆地，沙滩临近，树木后移。这时，飞机高度是60米。也可以找平坦的地面降落。飞机在绿树成荫的草地上方飞行，看到有半个足球场般的空地，飞机就慢慢地降低，停稳。

舱内的仪表也是完全真实的，速度、高度、倾斜平衡度、方向度……有十多个指示数据的仪表，清晰明了。如果要当合格的低空飞机驾驶员，那就得仔细记住，学会把握。这可是至关重要、性命攸关的基本功。

国家对开放发展通用航空的政策是明确的。广东、西安、宁夏等各地都积极组织人才、资金和成立机构，推动这项事业。上海是"中航飞翔"公司在鼎力开展。

通用航空（General Aviation），是指使用民用航空器从事公共航空运输以外的民用航空活动，包括从事工业、农业、林业、渔业和建筑业的作业飞行以及医疗卫生、抢险救灾、气象探测、海洋监测、科学实验、教育训练、文化体育等方面的飞行活动。通用航空具有机动灵活、快速高效等特点。通俗地说，相对在八千至万米高空航行的大飞机，通用航空是在 3 000—6 000 米飞行的小飞机航空活动。国家空管委办公室空管局领导说：十多年来，中国全面推进通信指挥和对空监视设施建设，逐步形成政府监管、行业指导、市场化运作、全国一体的低空空域管理运行和服务保障体系。中国通用航空迎来发展机遇期。近十多年来，我国通用航空年飞行时间的增长规模保持在 10% 以上，年总飞行时间达到 60 万小时。但与我国运输航空相比，通用航空产业在整个民航业中所占的比例仍然只是极小的一部分，其发展空间巨大。

从事非经营性通用航空的，应当向国务院民用航空主管部门办理登记。从事经营性通用航空的，应当向国务院民用航空主管部门申请领取通用航空经营许可证，并依法办理工商登记；通用航空企业从事经营性通用航空活动，应当与用户订立书面合同，但是紧急情况下的救护或者救灾飞行除外。组织实施作业飞行时，应当采取有效措施，保证飞行安全，保护环境和生态平衡，防止对环境、居民、作物或者牲畜等造成损害。因此，和驾驶汽车在陆路行驶不同，通用航空将需要许多合格熟练的驾驶员，安全性显得更为重要。

通用航空具有机动灵活、快速高效等特点，作业项目覆盖了农、林、牧、渔、工业、建筑、科研、交通、娱乐等多个行业。通用航空的具体内容包罗万象，人们熟知的通用航空有以下几种：航空摄影、医疗救护、气象探测、空中巡查、人工降水等。其他类型包括海洋监测、陆地及海上石油服务，飞机播种，空中施肥等。另外公务机飞机和私人飞机都属于通用航空范畴之内。

统计数字表明，而大型民航飞机只有 6 万架，约 40 万名飞行员，然而，通用飞机在国家经济中起着非常重要的作用。我国在"十一五"规划中已将发展通用飞机列入高技术产业工程重大专项。据了解，近年来，我国通用飞机的数量较以往有大幅度的增长。民航总局预测显示，我国需要各类通用航空飞机将由 1 000 多架发展到 12 000 多架。预计未来 5—10 年，通用航空飞机数量的年均增长率将达到 30%。

随着中国经济的发展，公务飞行、商用飞行、空中游览、私人驾照培训，正受到越来越多人的青睐，有了足够大的市场需求，这必然导致为之提供服务的领域呈现快速发展的局面。

2012 年全世界约有通用飞机 36 万架，占所有民用飞机的 90%。其中，美国拥有通用飞机 22.3 万架，占世界总量的 61.9%。2012 年，全球通用飞机交付量为 2 133 架，是 1994 年的 1.9 倍；销售收入为 188.73 亿美元。

近年来，我国通用航空业发展迅速。据有关研究报告显示：截至 2015 年底，中国通用机场超过 300 个，在册通用航空器 1874 架，2015 年飞行量达 73.2 万小时。而早在

2008 年年底，美国就已经拥有 19 990 个通用机场，22.4 万架通用飞机。因此总体上看，我国通用航空业规模仍然较小，基础设施建设相对滞后，低空空域管理改革进展缓慢，有待进一步发展。

美国的通用航空的发展，是在第一次世界大战以后，由过剩的航空器和飞行员促成的。1926 年美国就制定了《空中商务条例》。到 2001 年为止，美国约有 20.5 万架通用航空器（占总航空器的 96%）；而固定航班商业航空的飞机则有 7 100 架（占总航空器的 4%）。美国共有 63.5 万持有执照的飞行员，其中通用飞行员就有 37.3 万名（占总数的 59%）。美国现有 19 100 个公共或私人机场，而固定航班之商业航空仅在其中的 651 个机场运作。1998 年的纪录显示 20.5 万架通用航空器，共执行了 2 810 万小时的飞行。由于通用航空机场的建设成本小于高速公路 2 千米的造价，所以大量分布在美国各地的通用机场带动了小社区的发展，并缩短了城市和乡村的差距。

在迅速涌动的"通用航空冲动"之下，中国通用航空的现实障碍，如软硬件设施配套薄弱、产品研发起步晚、服务体系缺乏等，开始进入实质解决的进程。救援救护、勘察测绘、农林喷洒等公共用途需要通航飞机，国际化的企业、高端商务人士也热切企盼高效便捷的公务机。随着中国经济快速发展，私人飞行梦想也不断升腾。

虽然有许多实际问题要加快解决的步伐，但困难与曲折阻挡不了这一新兴事业与产业的壮大与发展。今年 8 月，在宁夏举行的"通用航空论坛"举行空中飞行表演，美国飞行队的队长，在表演高难度动作时，垂直旋转下降接近地面，未能拉起，坠地身亡。但其他队员，继续表演，为了纪念牺牲队长，要飞得更精彩。

上海相关部门与机构也开始通用航空的事务。但是，出师还未捷，已使泪沾襟，一架直升机在海湾坠落，区大人、政协、工会和妇联的负责人士不幸身亡。本是热心关注通用航空来的，却以悲伤作为收获。这更说明，发展低空飞航，培训合格成熟的飞行驾驶员，是当务之急。

通用航空这类现代产业和高新科技事务的顺利发展，有一条必须重视的规律，一定是科普先行。上海作为得风气之先的大都市，航模飞行、船模航行、赛车驰行等非常流行。在过去的岁月里，各类科技竞技的科普学习、体验培训、动手制作和竞争选优，开展得很活跃，有相当的普遍性，并培养了许多优秀选手。

目前，通行航空处于初创阶段，各项事务都缺少应有的专业理念、专业人才。有不少市民和大中学生，连"通用航空"的字眼没听说过；更不用说，社会人群中有不少具备渴望飞往蓝天翱翔的激情，却没有准备好投身好这一理想事业的心理训练与素质准备，而熟悉掌握小飞机驾驶的各种职业技术，那肯定是必须要过的坎。

这么一说，通俗易懂的科普图书，合格专业的培训教材，资深优秀的教师教练，设备先进的教育机构,乃至机场,都要从头规划、全面构思,包括这一领域科普创作、科普活动和科普竞赛的策划开展,都需要接地气的策划。甚至是微电影、航拍比赛都可以与通用航空挂上钩。

小飞机,就这么亲昵地称呼它吧,要更多地飞起了!你想开吗?你敢开吗?你会开吗?你想学吗?你敢乘坐吗?你想更清楚地看看你生活的城市和家乡吗?自由地安全地飞起来。哦,中国人坐小飞机,将是很现实的事。小飞机,飞来了。像以前的汽车那样,道路上一片红光,小区里停满了。你准备好了吗?小飞机!飞来了!

你想体验吗?开飞机的感觉,好有趣。来吧,到"中航飞翔"来。在虹桥机场附近的金钟路"就是那红色遮阳伞的门里边"等着你来呢!

科海星光

《少年宇航梦》照片获金像奖

这次我的照片《少年宇航梦》,参加国际"郎静山艺术摄影奖"摄影大赛(主题为"科学与人类"),获2016上海国际郎静山艺术摄影赛金像奖。

作品是上海市科协的科普事业中心组织的"科幻达人秀"竞赛节目中的青少年表演者。同时这一幅照片获得美国摄影学会spa优秀奖。

2016年的"科幻达人秀"于12月24日又展开决赛,专家评出了一二三等奖。孩子们在节目里表现出丰富的科幻想象力。

为杨教授刻《秉辉速写》印章

11.22下午去观看杨秉辉教授与儿子杨巍的画展——《黑白与彩色的对话》。在油画雕塑院的富大画廊。

杨秉辉教授是上海中山医院原院长，也担任过上海市科普作家协理事长，是健康医学科普的资深专家，他上医学科普课，普通市民也说听得明白。他还爱好钢笔速写，用黑色线条勾画现场的建筑、风光，精细、流畅、生动，记录了他到过的中外场景。多次办展，作品很有特色，颇受欢迎。我为他刻治一枚《秉辉速写》的篆印，他用在黑白线条的速写图画上，红印押印一角，也很好。

杨巍，是他的儿子，展出水彩画作品，绘画水平相当高，笔触灵动细腻，题材丰富，写实写意都有佳品，赏心悦目。

气象台见闻

听广播，大家习惯了首席气象预报员，但还有一个首席气象预报官，人们就不知道干什么的？有人在微信上编段子：

今天，给大家出道题，答对有奖。

你知道：咱中国有"一多"——官员之多，名目花色繁多，足可傲视于世，现在要问：上海最奇特的官员名称，是什么"什么官"？

上海人民广播电台每天播报天气预报，有首席气象预报员，这大家都接受了。你听：首席气象服务官！

瞧，又是不甘心当服务员，偏要当服务官！不知奖品是什么吗？

网上要传什么，要问"首席气象服务官"是干什么的呢？我在12月4日。下午在上海气象局开会，开的是"科普进校园"的总结会。会后，局领导和办公室热情安排科学家杨雄里院士等专家，参观气象预报的现场。

我们见到了首席气象预报官。

一位朴实的男士，微笑着站起来向我们点头。

他的工作，要在气象预报报出后，对社会开展多种的气象服务，做出专业精准的服务。例如，今日小到中雨，那么西边光大会展中心有会展上午十时开幕，十分钟内会下雨吗？奉贤体育场有风筝表演，下午二时的风会有多大？今天有严重雾霾，小学生要停课吗？……

哟，比预报员的工作还细还难，比当官还难。

南极寄来了明信片

圣诞节从南极邮政点寄出的明信片，约半年后，我今天在上海科学会堂收到了。

万里迢迢，漂洋越海，企鹅相伴，冰山闪亮……寄到上海。

邮票上是耐寒的驯鹿，替圣诞老人拉车给孩子们送礼的。

谢谢中国极地研究中心杨惠根博士给我寄信！

这南极的邮路真是遥远而缓慢啊！

仔细看，南极极地邮政局戳印是"2015.12.28"，到上海卢湾邮局戳印是"2016.5.13"，中间还有三个印戳盖上！

走了漫长的路，绕大半个地球！很有收藏意义！

捷克比尔森啤酒好品牌

捷克的比尔森啤酒，是世界上最早有品牌的啤酒。在中国国内没有瓶装的比尔森啤酒卖。

今天，参观啤酒博物馆，招待游客喝啤酒。我喝了两大杯，酒色稍深，口感很好，冰镇的，微甜渗带特别的轻苦味，队伍中的男士都评价好喝。

啤酒源于埃及，他们最早从玉米发酵中获得啤酒，喝了兴奋开心，也会醉。比尔森啤酒，据说是世界上最早的啤酒，比德国啤酒还资格老。酿制啤酒的技术发展久远，捷克成为世界上啤酒消费的老兵。

博物馆收藏丰富，捷克的作家、艺术家常常光顾啤酒馆。比尔森啤酒从这里，流向布拉格，而最早的酒吧，今天还在经营着。

那啤酒服饰的图案中，绿色代表植物麦子，白色代表泡沫，棕色代表酒色。坐在这里一边看短片《橡木啤酒桶怎么做成》，一边喝着比尔森啤酒。啤酒都储存在橡木桶里，可见其高贵，味道也好。还有队友给的鱼干，真是一种难忘的爽快享受！

派瑞斯把金苹果判给维纳斯

你知道星巴克咖啡的商标上的女人是谁吗？原来我真孤陋寡闻，不知道！陪我们的郝导，东欧之旅相伴十七天，认真地工作，讲解丰富的人文历史与地理知识，给大家留下深刻的印象，不愧为优秀的导游。美国咖啡、希腊神话、中国游客、东欧行程，他连在一起讲，够专业水平的。

世界性的故事，以苹果为题，有四个苹果，三个与欧洲有关。亚当与夏娃在伊甸园偷吃的一个；牛顿发现万有引力掉下来的那个；美国人乔布斯创造的那个。还有一个是金苹果，与美女有关！

《派瑞斯的裁判》，是一幅欧洲博物馆里著名的油画，讲得是一个写着"送给最美丽的女人"的金苹果的希腊神话故事。三位女神都讲自己最美,应得到金苹果,请天帝宙斯评判,天帝说,请派瑞斯评判吧。维纳斯对派瑞斯说,如果你讲维纳斯最美,就让你赢得海伦的芳心。为此,派瑞斯把金苹果判给维纳斯,一起带回希腊,引起以后的"特洛伊"战争打了足足十年,最后因那匹肚子里藏着二十士兵的巨大木马,半夜杀出来才结束。

而今天,派瑞斯就是法国首都巴黎的译名,代表着浪漫!

母亲雅典娜为了让阿喀琉斯刀枪不入,拎着他的脚后跟,在沐河里浸入,但只有母亲捏着的脚后跟,没浸到河水,成了软肋。以后,阿喀琉斯果然被箭射中脚跟,解除英雄的法力,再身中数箭而血洒战场。

而奥德修斯渡海前往希腊的途中,会遇到善于歌唱的海妖塞壬,歌声美妙动听,听了她歌声的士兵都会变成石头。真没想到,导游介绍,星巴克咖啡的商标图案上的长发女郎,就是善歌的塞壬。本来胸前还袒露乳房,后来才用长长秀发遮挡,以示文雅。咖啡美好的滋味,替代不可抗拒的美妙歌声,以表示咖啡同样美妙而不可抵抗。有道理。

波斯托伊那溶洞

国内的溶洞看得多了,差一点世界最好的溶洞没去,本来还想把它从旅游路线上勾掉,还好没勾。

1818 年,波斯托伊那溶洞,被卢卡·契切发现。他动情地说:这里是一个崭新的世界,这里便是天堂!

出发前,有队员说,国内的溶洞差不多看遍了,这个项目删去吧,后来幸好保留下来。在斯洛文尼亚的土地上,我们得以尽情地欣赏这神秘多彩的地下世界。世界上规模最大而且最负盛名的溶洞,非波斯托伊那莫属。近两百年来,3 000 多万游客得一睹其芳容,皇室成员、艺术家、科学家……都前来游览。洞内有 150 种动物,其最珍贵的当属溶洞"人鱼",中国人称作"蝾螈",我们在标准水箱中看到了她,乳白色的精灵,被人们称作为"神龙之子",盲眼,动作缓慢。溶洞景区管理设计科学合理,先乘电动轨道车进入核心区,道路两米多宽,平坦防滑。钟乳石有如长剑、宝塔、尖钉、玉柱、廊柱、骆驼、兵俑、修士、裙带、水母……无论你如何展示想象力,浮想翩翩,尽善尽美,几乎来不及拍摄……洞顶高大宽阔,景致变幻无穷。出洞时,再坐电动列车驰到出口。每个队员都评价,好,好过国内的溶洞景点!

《上海科普名家风采》编得好

《我的科学梦——上海科普名家风采》新书首发座谈会,4 月 10 日在科学会堂召开。

上海市科普作家协会组织，理事长褚君浩院士到会，常务副理事长陈积芳主持。

本书由协会原秘书长李正兴先生编著，他认真采访了上海46位科普作家，包括叶永烈、陈念贻、卢于道、王国忠、谈祥柏、杨秉辉、卞毓麟、胡锦华、颜其德、程不时、姚诗煌、李文祺、贺锡廉等科普作家。

王麦林先生，中国科普作家协会名誉理事长为书作序，他写道：我一直希望有人能写出中国科普名家的趣闻逸事，今天，上海科普作家协会做到了，上海科普作家协会的李正兴做到了。

陈积芳所写序二，提到：这本纪实文集，

生动地描述了科普作家成长成熟的路径，

真实地反映了科普作家爱心奉献的精神，

深入地记录了科普作家把握规律的特点，

深刻地体现了科普作家不畏艰难的品格，

形象地刻画了科普作家富有个性的风貌。

书中纪录的科普名家的事迹，将激励我们科普的团队和青年的后来者，做好科技传播的工作，为提高公众科学素质，建设创新型国家做贡献。

褚君浩理事长作了总结讲话。

与会者都是科普作家老朋友，还有许多科普新秀，都出自内心的钦佩，高度评价李正兴先生做了一件不容易的事，高度评价上海科技文献出版社出了一本好书。

《苍月丹魂》演出成功

上海老科技工作者协会帮助筹划描写上海近代科学家名人徐光启的话剧《苍月丹魂》，于2015年4月25日下午2:00，在徐汇区青少年活动中心一楼剧场演出。24日下午，值徐光启诞辰400周年之际，光启剧社演出了第一场。徐汇区人大、宣传部、科委、科协领导和居民、青少年五百多人观看演出。徐光启家族后人也前来观看。

演出十分成功，剧情是了东阁大学士徐光启，在钦天监执掌误报月食时间而被皇上要严办时，据理力争秉明真正原因，是大明历法需要修订。徐光启经爱徒遭诬、打入大牢，他仍不惧种种困难，循西历预报月食时间分毫不差，朝廷为之加封。徐光启为西风东渐、寻求科学与富国强民之路的精神，今天仍有激励意义。

导演曹禹，方歌饰徐光启、张玮饰小妹。

卡布基诺老年智能手机公司董事长赵玉涛赞助光启剧社。上海科技基金会也对演出给予支持。

升金湖候鸟很壮观

池州的升金湖畔的候鸟总数有 10 万只,我们遇到数千只,拍摄到成群结队起飞的壮观场面。

今天早起,由当地导游引导,在升金湖边的湿地寻找候鸟。第一站,有从头顶飞过雁行,但湿地里没有鸟群。到升金湖大桥一侧的湿地,有数千只鸿雁和小天鹅静静卧浮在湖面。天气阴沉,太阳被云层遮掩,鸟儿照样睡觉。只有少数在游动,有几只振翅扇动,大概是伸懒腰吧。深灰的鸟群飞起来,向大桥一边飞去,密集的飞翔鸟群十分壮观,从形体看是鸿雁。而那许多的白色小天鹅,还在睡觉。它们是从西伯利亚经内蒙古,飞到安徽池州来的,这里水草丰美。后来在另一块湿地,雁群离得更近,也是觅食青草。起飞时,也拍到优美的姿态。只是阴天,拍照阳光不够,有点遗憾。

升金湖

"太阳能 2 号"飞到中国南京

太阳能飞机从欧洲飞到中国重庆,又飞到南京,我出席了欢迎典礼。

太阳能电池是飞行的核心技术。我从团队提供的资料中看到:机翼表面上 17 248 块太阳能电池，比头发丝还薄，遍布在270平方米的表面上。有17微米厚的聚合物胶片，保护人阳能电池。有锂电池安装在吊舱中，驱动4个螺旋桨，总重量633千克，略多于飞机总质量的1/4。"太阳驱动2号"飞行员伯特兰·皮卡德有一句意味深长的话："'太阳驱动2号'不是用来载客，而是用来承载信息的：驾驶着它来进行环球飞行本身就是一个向全世界推广清洁能源的绝佳方式。"

"太阳驱动2号"采用白天飞行高度8 500米，最快140千米/小时，夜晚低飞高度1 500米，海平面飞行速度在45至90千米/小时之间，而喷气式客机巡航速度都在800至900千米/小时。

就目前技术看，太阳能飞机的长航程低载重比较适用于无人机。过低的全机重量，过大的翼展，高升阻比的气动设计，意味着还有挖掘"风能"的潜力，但目前"太阳驱动2号"抵御气流能力很弱。

驾驶飞机，围着地球飞一圈，却不用一滴燃料。这个"天方夜谭"终于在2016年7月26日，由一架完全依靠太阳能的载人飞机实现了！他们2015年3月9日起飞，行程跨越4个大洲，总计17段飞行；累计里程43 041千米，共飞行约558小时，总计约在天上待了23天，共使用太阳能11 655千瓦时。

当地时间2016年7月26日凌晨4点，飞行员伯特兰·皮卡尔（Bertrand Piccard）驾驶着太阳动2号（Solar Impulse2）降落在阿联酋首都阿布扎比，完成了人类历史上首次没有使用一滴化石燃料、完全依靠太阳能的载人环球飞行。实践证明——传统能源可以做到的事，太阳能同样可以。

这两个瑞士发明家，安德烈与皮卡丹，2014年在曾来过上海，由我联系安排由中科院太阳能中心主任褚君浩院士接待他们，讨论"太阳驱动

瑞士发明家安德烈（左）与作者在南京庆典上合影

"太阳驱动2号"停在南京机场

2号"降临上海的事宜,后来因上海空域实在拥挤繁忙,中国科协协调降在南京。这是伟大辉煌的开创性的科技发明。我当时写了科普文章,发表在上海科技馆杂志。

2015年5月瑞士创新研制的"太阳驱动2号"飞机从欧洲起飞经降重庆又起飞,已成功降落南京禄口国际机场。瑞士使馆大使邀请我(因2012年,我写了"太阳驱动1号"的科普文章《从太阳能飞机环球飞行说起》)出席5月25日在机翼下举行的庆典晚宴。这架飞机相较前一架机翼由64米增加到为72米。"太阳驱动2号"飞机飞达南京成功。我出席了庆祝晚宴。在南京禄口国际机场。这架全球唯一不使用燃料、仅仅依靠太阳能飞行的飞机是21世纪最华丽、最富创新性的传奇!"太阳驱动1号"可坐两个驾驶员,但是分量如一辆轿车,机翼长如波音飞机的奇迹。下个它将飞往美国。这架飞机,被安置在长120多米的活动房屋里,庆典也在此举行。

孩子和嘉宾纷纷请安德烈在纪念册签字。现在他完成了环球飞行,向他致以上海老科技工作者的诚挚敬礼!

让老人用上智能手机

卡布奇诺,是咖啡?又是一款老年手机,是赵玉涛先生领导开发的,想为老爸老妈制造的,能像喝着咖啡,悠闲使用的手机!

12月23日他的公司团队已升级推出第三代新款,售价1 799元,受到老年群体的欢迎与好评!

在新品发布会上,赵玉涛在《为爱而来》的主题下侃侃而谈他的科技创业的人文情怀。

他说:老家妈妈坐的沙发旧得不能再旧,也舍不得添新的。一旦硬换好了,会对村里人一直说儿子给我买了新沙发。老人嘴上说不要,心里也如孩子,给他们买了新东西,他们会开心得流眼泪。

他发现老人用的手机百分之六十是孩子淘汰的!那是手机技术更新太快了。年轻人觉得老人用正好,没想过老人们用得顺手不顺手!

于是,他下决心为老爸老妈开发一款手机,他在摩托罗拉公司干了19年,他构思中这样手机图标不要超过30个,联络人不要超过五百个,要简明,要好用,要方便,要好玩!老人手机的容量也要有32G,因为老人旅游也要拍好多照片。升级时,为老人设计金属质感的外壳,如苹果手机一样,老人也喜欢时尚些。

卡布奇诺手机,就这样在上海的老年群体中流行了。赵玉涛有大爱老人的心!

正像《零点》总裁袁岳深情的致辞,长寿是上海作为国际大都市的标志,老人平均年龄与国际先进水平接近,老人有雅致安逸的晚年,说起来应该有一款老年手机。上海老人一直有独有的文化形式——老克勒，就是展现多彩潇洒上海风格。科技发展迅速，乌镇互联网峰会上习大大讲到一点，要注意不要拉大数字鸿沟，使一部分人享用不好信息科技的成果。他幽默地说，机不可失，老人也不可没有一款好用的手机。

上海人熟悉广播金嗓蔚蓝女士柔美的声音，她说，我在用手机上很保守，不会发照片，不会发图案，不发微信，我落伍了，而卡布奇诺使我再次丰富起来！

身着华丽旗袍的漂亮模特，把上海老年手机与上海老年群体的优雅，演绎到令人赞美的气氛。

卡布奇诺，会走出大上海，会走向长三角，会走向全中国。

苹果核科幻在前进

上海科普作家协会科幻专业委员会，2015年6月12日在科学会堂成立。韩松、王晋康等科幻作家专程出席。在上海大学生苹果核科幻联盟近十年坚持开展科幻阅读、创作的基础上，今天是成立科幻迷自己社团组织的日子。复旦、交大、华师大、上师大、上大、海大、工技大等都有爱好科幻的年轻大学生热衷此道。倪瑜、丁丁等热心人，为大家奉献服务，形成今天的较整齐的科幻队伍。兄弟省市的科幻朋友专家也前往参加。会议发言热火，气氛融洽，相信会继续迷于科幻、创于科幻、乐于科幻，为科技创新营造想象的文化环境，奉献年轻的才干与智慧。

科幻要有中国元素

《文汇报》头版刊发了《科幻电影起飞要用好中国元素》。

记者沈湫莎采访上海科普作家协会副理事长陈积芳、达世新和著名科幻作家韩松等，展望科幻影视的前景，乐观期待创作逐步繁荣。

上海中心大放光彩

上海中心灯光工程大放光彩，漂亮美丽，把浦江夜空装饰得赏心悦目。简短科普一下：

高632米，上海中心高度国内第一，国际第二（第一高在迪拜）；

造型，像拧卷的麻花伸向蓝天，有美观设计别致独特的艺术性，又有减少风载28%的技术性，其中的钢结构精致高超，可抗强台风；

韩松为上海科幻迷签字留念

纳米马达

深，地下层下挖 60 多米，有两层；

宽，建筑基层占地 20 000 平方米，楼内的使用层面也有 10 000 多平方米。建筑史上的领先项目；如电梯装备 184 部，大多采用三菱公司的，上升速度 18 米 / 秒，632 米高楼一分钟即可达到顶层。

神奇科学堂启动

Mad Science 神奇科学堂发起，由上海市科学技术协会作为指导单位，由市老科技工作者协会及上海科学教育中心一起主办。

2015 年 5 月 7 日上午 9:00 在上海科技馆举办"中国（上海）儿童科学（STEM）素养提升高峰论坛"，此活动作为 2015 年上海科技节活动之一。

在论坛期间，我们邀请了美国科学老师协会（STEM 课题）演讲嘉宾以及上海科技界、教育界的专家一起探讨儿童科学（STEM）素养提升的课题。

老科协会长陈积芳会长在论坛上首先作了《儿童科学教育的实践与思考》，提出在科技迅速发展的当今，据以青少年科普教育的重要性，要针对儿童学习的特点，以体验、观察、互动、直觉为主导方式的 STEM 教育课程，在科技创新快速进展的过程中，加强这一方向的研究与实践。老科协将与神奇科学堂合作，共同推进未来科技人才的培养事业。

原市老领导谢丽娟女士，接受邀请参加此次论坛，并为《大手拉小手　儿童科普中心》揭牌。

科普微电影丰收

4 月 20 于上海科技馆举行由浦东新区科委科协主办《第三届科普微电影大赛》颁奖和论坛及第四届启动。十部科普微电影获奖，圆满成功！谨表祝贺！

组委会请上海科普作家协会荣誉理事陈积芳老师颁奖典礼上，上台点评，评语如下：

本届最佳创意奖是《爱情 = 化学反应》。我给这部短片满分 10 分，位于第一。它把原子、分子充当拟人化的恋爱对象，把相互碰撞、吸引、反应、重组、升华、气化、结晶、渗透，都用青年异性恋爱并相爱的浪漫语言描述化学反应地展示出奇妙、美丽、自然。编剧把科学变得艺术化、形象化、文学化，一改本来无情感的分子式字母与阿拉伯数字的单调，获得充满诗情的视觉效果和生动易懂的科普效应。我在十部获奖作品里，唯一给了《化学反应 = 爱情》十分！调侃一下，人也是具有心灵与情感美妙活动的碳水组合的最高等生物，他们的爱情也真的伴随着复杂的化学反应，从接吻、呼吸到新生命的诞生，都不例外。

感谢创作团队在这部微电影的科普创新。祝贺你们,你们获得这个奖项,实至名归!

《千人一面》很精彩

上海国际科学与艺术展上,有许多精彩项目:《千人一面》多媒体视频转换演示,受到观众尤其是孩子们的欢迎。

台上摆着面具,蜘蛛侠、超人、孙悟空、匹诺曹……只要你拿一个戴脸上,面对投影,屏幕上空白的大脸庞,就会自己涂抹各种色彩,展示美好的脸谱,尽有尽量,快速显现,真能满足孩子的好奇心。这款展示科技含量很高,内部软件备存影像与色彩的大数据。人文关怀温馨,让孩子与观众领略多重风采的性格角色,促进与群体相处,共融共生,和谐友好。真是科学与人文结合的好项目。

科学与艺术展闭幕

明天,上海国际科学与艺术展在中华艺术宫闭幕。前厅集中展示了科学家与艺术家的形象与格言,表达了人类文明的科学与艺术独立发展又融合提升的历程,有深度有强度,给参观者以强烈深刻的印象。

展览在微观纳米上,有精彩的图像与解说。出彩之处,是艺术家王小慧以美术绘图捕捉纳米的美图。她真的是用视觉艺术,巧遇纳米科学。她在同济大学楼宇遇见材料科学家,发现电子显微镜下发现纳米级原子图像如自然界的美丽图像,如海滩、如山峦、如森林、如白云、如中秋明月和月光下的树影和山坡。还有像大洋底的海藻,又有如密集丛生的伞形蘑菇,似窃窃私语的情侣,像花朵绽放,像画家挥洒自如的泼墨笔划……美妙无比。王小慧正将在本届上海书展上推出新作《我的视觉日记》,以她艺术眼光来见证了纳米科学的美,是很典型的艺术与科学的融合。

在纳米展厅,一位老妇人看我在拍照,问我,这是什么?我回答,这是比头发丝细小很多很多倍的物质原子级的显微镜下的美丽图像。她听懂了,哦,以前听说过纳米,可没想到原来它还这么美。

诺贝尔奖获得者李政道教授曾经说过:科学与艺术是一枚硬币的二面。科学反映的是物质世界的原理与规则,艺术反映的是人类的心灵与情感,两者常常密不可分。上海市科协举办的科学与艺术展,对受众综合素质的提升,起到了积极的促进作用!

航天农业造福百姓

上海市老科协与天箭生物科技公司、都市菜园,联合主办蔬菜节。会长陈积芳应邀出席,并做了发言。谢丽娟老领导,周伟民副会长出席,相关单位的领导、航天专家与嘉宾200多人出席。

老年群体的健康离不开绿色蔬菜水果。我国宇航科技已跻入国际先进之列,而开展宇航育种是中国特色、优势明显。因我国人口多、耕地少,人均耕地数只有美国的1/8,相较俄罗斯则更少。现已在上天的卫星和飞船上,搭载粮、菜、果种子,研究其在失重、真空、强磁、宇宙射线的特殊条件下的变化和效果。

目前已试种1 000多种植物农作物种子,370多种有显著效果,100多种取得实际栽培播种之生产应用,能够大幅提高产量,改善品质。航天高科技成果,造福民生。比如,南瓜可长到三百斤,西瓜一百斤,丝瓜一米五,黄瓜一米二,甜椒如碗大,水稻亩产860公斤,小麦780公斤等等。今天大家面临学习新的科普知识,借助航天技术生产的农副产品,如亚麻子油、杂粮面粉,都受到老科技工作者的认同与好评。

航天南瓜可长到三百斤

可以相信,这个航天科技惠民工程,会获得更好进展。

大境中学重视科学教育

在大境中学,由上海老科技工作协会举行"创新实验室"的校长研讨会。

首先,参观了大境中学的"科学探索隧道",布置了众多的科技发明与成果,蒸汽机车、机器人、互动装置、化学实验室……鼓励和引导同学们在基础义务教育课程学习完成之余,有好奇心钻研新的知识与方法!(校长介绍联合国教科文组织的官员,称赞大境中学此项目,是他见到的最好案例。)

五四中学校长说,我们是要给孩子一块田,让他们学会自己种,收获瓜和果。知识训练要教,提高创新素养,也很必要。

因此,创新实验室如何用好资金,科学布置,也很有学问。老科协专家与学校领导、科技辅导员进行交流切磋。如明年要对机器人与传感器开展辅导。在美国,机器人较迅速进入家庭对孩子的科学教学，也有系统丰富内容。

老科协会长陈积芳为老师和校长做了《儿童科学教育的理念与实践》的发言，提出进一步开展 STEM 教育的建议，也就是在科技迅速发展的形势下，就科学（S）、技术（T）、工程（E）和数学（M），组织学生综合全面的创新学习。

蓝窗，永别了

马耳他，是我们此次旅行的最后一站。停留三天。这是一个岛国，50 万人，比冰岛小，只有约崇明岛的一半大小。

因位居地中海中心的战略要道，历史上是兵家争夺之地。经西班牙国王封地，拿破仑革命占领又败退，英国进而统治，至 1964 年独立。

海岛以大海为家，蔚蓝的海水清澈晶莹，能看到透明的水母在浮游。

与中国桂林象鼻山相似的那样的山崖洞石，更为巨大，更为气派，伸展向海边，那空洞被大海与天空蓝色映衬，的确是美丽的景色，被当地人称呼为"蓝窗"。

这海水的蓝，是蓝得带有深色蓝黑的蓝，是似乎连着深沉历史的原始的蓝，是让人会遐想到悠远史前的蓝，仿佛从海中的深蓝里，看到那无数次海战时海浪拍打船舷激起的黑浪，看到骑士们鲜血滴流在海水里化开的黑影，看到成千上万牺牲了的士兵的暗魂在游荡……

小岛马耳他，

旅游收获大。

微信碎片小，

感受讲不完。

二十一天旅程，很快度过。

10 月 5 日从上海出发，10 月 25 日从马耳他—罗马—上海，26 日到浦东机场。

还有许多观感，回来再写。

补记：

我们去年科普摄友因去马耳他岛，游览过的著名景点"蓝窗"，不复存在了。

因风浪长期侵蚀而形成的天然岩石大拱门，还是耐不住

马耳他的蓝窗

海水风浪的自然侵蚀……

大风巨浪的冲刷，于当地时间 2017 年 3 月 8 号上午轰然倒塌，这一景点永！远！消！失！了！

心碎，马耳他标志性景色"蓝窗"坍塌了。

现在只能看到最后一张的景况啦。

中国散裂中子源

东莞建设世界级重大科学装置——中国散裂中子源，投资 22 亿元，占地 1000 亩，将于 2018 年前后建成。建成后，和美国、日本、英国的同类装置一起构成世界四大散裂中子源。将为我国生命、材料、核能科学和开发提供先进、功能强大的科研平台。

杨振宁教授评价：中子源建成后，将吸引顶尖专家云集东莞，这是一个深谋远虑的战略性投资。习主席去高能所关注此项目。英国大学与科技部部长戴维斯，中科院 14 位院士先后莅临考察。

太阳能广泛应用

皇明太阳能集团董事长、世界太阳能大会副主席黄鸣，参加巴黎气候大会，来上海作了一个内部交流报告。1 月 7 日下午在光大酒店将举行，但届时他又未能出席，是因为：在山东德州的皇明太阳能谷，凭借扎实创新的科技理念，赢得沙特迪拜的高官赛义礼，前来洁能企业洽谈利用太阳能的生态工程。中国企业将跻身世界改变气候、减少排放、务实推进的舞台。

皇明洁能控股公司提出《全息生态改气候、微排方案减雾霾》的科技与产业发展战略，把"一切皆可太阳能"的先进理念贯穿到社会生活与产业发展的所有领域，人人都来使用太阳能产品，充分利用清洁能源，改善生活，减少排放。

在山东实施农民住宅太阳能综合示范工程，政府扶持，企业推进，银行信贷，家庭使用，廿年回收。冬聚温暖、夏聚能源，做成不烧煤的微别墅，改善生活，不排污染，零能运转，可望形成新型生态住宅，采暖又赚钱，冬暖夏又凉，安捷又舒爽。

在生态庄园上，使用太阳能，种植蔬菜，保生态、无破坏，四季春，易运营，来客流，可观光，做成家门口的农植庄园，称为"全息生态未棚墅"，聚财气又聚人气。

他们做的太阳能产品也丰富多彩，琳琅满目。如太阳能微厨，能在十五分钟里达到 200°C—400°C，为户外野炊提供利器！加热鸡翅、肉串、烧开水、煮饭、烤面包……都能做好！无油烟排放，安全、卫生、环保！还有四倍太电宝，太阳能充电宝 360 元 / 个，晒一天就充满！

还有太阳能手提灯，晒一天，能点亮一晚上。北京送给西藏农牧民 76 万盏！……

这是一个前景广阔的新能源产业，又是事关改善生态、减少雾霾的重要事业，让我们一起推动壮大！

森林秀发

经"2016 发现中国之美·人与环境摄影大赛（展）"组委会最终评选，我的作品：《森林秀发（组图）》被评为优秀生态入展作品。此幅作品摄于西藏山南地区原始森林，"秀发"绿色丝状物是松萝：在洁净的松树上附生的植物，是鹿类动物喜欢吃的植物。

11 月 17 日将在上海群众艺术馆展示及后续巡展。

点亮 21 世纪新光明

11.30 下午，科学会堂卢浮厅举行《点亮 21 世纪新光明》2014 年诺贝尔物理学奖解读报告会。日本科学家赤崎勇、天野浩和中村修二（美籍日裔）共获物理学奖殊荣。他们因发明"高亮度蓝色发光二极管"，促进在红色、绿色发光二极管的基础上，加上蓝色而产生照亮世界的白色光源，为 LED 照明广泛使用起到奠基作用。这种新光源比白炽灯在同样的电能时亮十倍以上，节能效果极佳。

自 20 世纪 80 年代起，赤崎勇就向蓝色 LED 世界难题发起挑战。经 30 多年执着、缜密、协作的科研，攻克难关，技术障碍被扫除，人类第四代照明走进实际应用。日本目前获诺贝尔奖科学家已有 22 位。2008 年中村被聘为复旦大学客座教授，结缘上海世博会，指导大规模应用 LED。

报告会由上海科普作家协会理事长褚君浩院士主持，复旦大学郑玉祥教授主讲，张涛研究员、《解放日报》记者俞陶然为互动嘉宾。

昆虫小发夹有创意

《你看，昆虫小发夹》，获青浦区科协儿童科普昆虫绘画赛一等奖。

一位九岁的王诗怡小朋友画的，这是多么好的一幅科普创意画！

也许小瓢虫会落到女孩的头上，也许真是孩子的黑发上别了一只金色的瓢虫发夹。会的，妈妈阿姨时装的前襟上别着漂亮的蝴蝶蜻蜓的胸针。

可是，向上飘扬的秀发上停满了昆虫，蝴蝶、蜻蜓、瓢虫、天牛、金龟、蜜蜂飞舞，还有星星在发卷里，那就是儿童画夸张的想象呢！而且这么多，都是美丽的小发夹，装饰着自己的头发。小女孩大眼睛微微向上看，是很欣赏这么浪漫的打扮。这女孩的鼻子周围点绘了雀斑，神来之笔，表明孩子不但爱美，而且有点调皮，认为雀斑也不难看。钻在草丛里捉瓢虫也很快活。是啊，蚂蚁爬在右耳、青虫停在左耳，也不会尖叫害怕。这是一个亲近自然、喜欢昆虫的活泼女孩。

2013年医学诺贝尔奖获得者69岁的英国教授戈登，就从小喜欢毛毛虫。《昆虫小发夹》真的是一幅好作品。

七彩昆虫儿童绘画科普创意赛，想不到孩子们的创意想象能力这么优秀！老师、家长这么支持！

嗨，为孩子的创新想象力喝彩！

昆虫小发夹很有创意

科考队员顽强拼搏

新媒体舞蹈诗——《极境》

《极境》展示了中国科学家南极科考的探险故事

至美至险的环境

至真至乐的情感

对科学精神的赞美

对人文精神的礼赞